U0241027

"十二五"职业教育国家规划教材
经全国职业教育教材审定委员会审定
高等职业教育"互联网+"新形态一体化教材

修订版

楼宇设备监控及组态

第3版

主　编　姚卫丰　贾晓宝
副主编　郭树军　王坚锋　陈锦清
参　编　文　娟　赵子云　周韵玲
主　审　陈　红

机械工业出版社

本书从智能楼宇控制技术的发展入手，详细介绍了楼宇设备各子系统的工作原理、监控方式，直接数字控制器的工作原理及应用，并系统阐述了楼宇设备自动化系统组态软件应用，楼宇自动化系统工程的设计与实施等技术。

本书融入教学团队的教学经验和成果，采用基于工作过程的课程体系开发了一系列学习模块，贯穿职业技能主线，注重知识衔接。全书共9个模块，不同专业可选取不同模块进行教学，灵活性强。实训单元设计成项目单形式，可大大提高实训效率。

本书突破了传统智能楼宇相关书籍的内容范畴，详细介绍楼宇设备自动化技术组态软件的应用、系统设计等，为读者全面掌握楼宇设备自动化技术提供了必要的参考。

本书可作为高职高专建筑智能化工程技术专业及建筑电气工程技术、电气自动化技术等专业的专业教材，对从事楼宇智能化技术的工程人员和管理人员也具有较好的参考价值。本书提供有多个在线资源平台，读者可根据需要自行选择。

为方便教学，本书配有电子课件、模拟试卷及答案等，凡选用本书作为授课教材的教师，均可来电（010－88379375）索取，或登录机械工业出版社教育服务网（www. cmpedu. com），注册后免费下载。

图书在版编目（CIP）数据

楼宇设备监控及组态/姚卫丰，贾晓宝主编．—3版（修订本）．—北京：机械工业出版社，2021.4（2023.1重印）
“十二五”职业教育国家规划教材
ISBN 978-7-111-67553-2

Ⅰ.①楼…　Ⅱ.①姚…②贾…　Ⅲ.①智能化建筑—房屋建筑设备—自动控制—高等职业教育—教材　Ⅳ.①TU855

中国版本图书馆CIP数据核字（2021）第030512号

机械工业出版社（北京市百万庄大街22号　邮政编码100037）
策划编辑：于　宁　责任编辑：于　宁　王宗锋
责任校对：王　欣　封面设计：陈　沛
责任印制：单爱军
北京虎彩文化传播有限公司印刷
2023年1月第3版第4次印刷
184mm×260mm・15.5印张・382千字
标准书号：ISBN 978-7-111-67553-2
定价：49.00元

电话服务　　　　网络服务
客服电话：010-88361066　　机　工　官　网：www. cmpbook. com
010-88379833　　机　工　官　博：weibo. com/cmp1952
010-68326294　　金　书　网：www. golden-book. com
封底无防伪标均为盗版　　机工教育服务网：www. cmpedu. com

第3版前言

本书第1版于2008年出版，2012年成为国家精品课程资源库建设配套教材。2015年修订后被评为“十二五”职业教育国家规划教材，对应课程于2017年获得深圳职业技术学院慕课课程。本书不仅是深圳职业技术学院精品课程“楼宇自动化技术”所用教材，同时还受到不少大专院校师生的欢迎，被选为相关课程教材，也备受行业技术人员的欢迎。

2019年国务院公布了《国家职业教育改革实施方案》（下称“职教20条”），对高职院校教材提出了新的指导方向。本次修订在保持原有体系的基础上，依据“职教20条”中倡导使用新型活页式教材的指导意见，融入活页式教学及数字化视频资源，更有利于教师开展教学及学生自主学习。

本书主要修订方案如下：

1. 进一步丰富教材配套资源

本次修订高度重视教材配套资源建设，充分利用互联网资源，构建在线资源平台，学银在线、智慧职教、中国大学MOOC网均有齐全的视频、作业等网络资源。同时将重点的15个微课视频通过二维码放入教材，学生可以通过在线资源平台或者扫描教材上的二维码，学习教材附带的微课视频或虚拟仿真实验。

2. 打造新型“活页式”教材

本书共9个模块，可根据不同专业、不同学时选择相应模块学习，灵活性强。同时10个实训单元设计成项目单形式，可大大提高学生学习效率。

3. 融入素质教育

项目化教学以小组为单位完成，将实训工具摆放、桌面整理、互助精神等纳入实训考核，通过项目实施“匠”造育人，培养学生良好用电安全、节能环保的行为习惯，树立学生严谨的工程思维能力及职业使命感。

本书由姚卫丰、贾晓宝任主编，郭树军、王坚锋、陈锦清任副主编，文娟、赵子云、周韵玲参加编写。姚卫丰编写模块五～模块七，贾晓宝编写模块二中的第三～六单元和模块四，贾晓宝、周韵玲共同编写模块九中的第一～三单元，郭树军编写模块一，王坚锋编写模块三，文娟编写模块二中的第一、二单元，陈锦清、赵子云共同编写模块八及模块九中的第四单元。陈红教授担任本书的主审。

本书编写得到霍尼韦尔自动化控制（中国）有限公司及深圳市维纳自控工程有限公司的大力支持，在此深表感谢。

由于编写者水平有限，书中难免会有缺点或错误，欢迎读者批评指正。

编　者

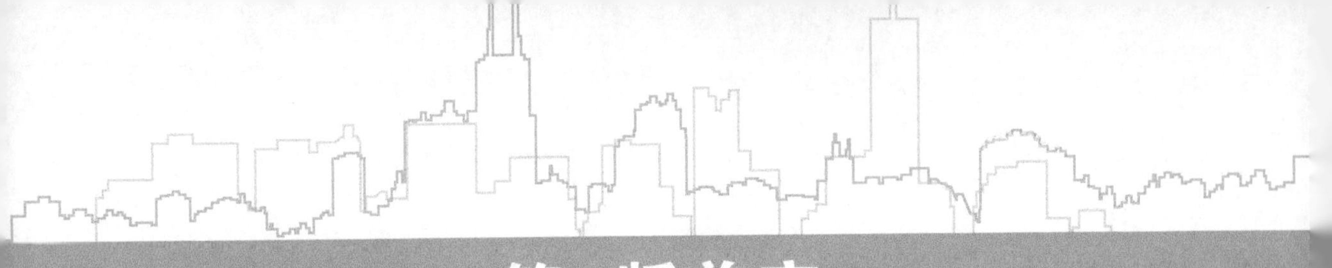

第2版前言

本书的第1版自2008年9月出版以来，深受相关专业院校师生的欢迎和厚爱，已多次印刷。随着高等职业院校教学改革的不断深入，本书此次修订，编写团队根据多年的教学经验积累和总结，重新优化和整合了教材内容，并更新了部分内容。在修订过程中，力求做到思路清晰、重点突出、叙述清楚、语言流畅，更加贴近教学，并尽可能融入教学团队的教学经验和成果。

本书主要修订方案如下：

1. 修订思路

考虑到Honeywell的权威性，并根据职业教育的特点，将Honeywell组态软件消化和吸收，作为课程的主要内容。软件从3.01版本升级到7.03版本，并将企业案例融合到教学中，教学内容既先进又实用。

同时将课程内容和顺序进行了解构与重构，将理论教学和实训教学融为一体。

2. 内容设计

内容设计以学生专业能力、系统分析能力和团队合作能力培养为核心，开发了10个实训项目。实训项目按照信号类型的递增及控制方式由简单到复杂的顺序排序，并将实训安排到具体的模块中。修订后本书的学习模块有9个，分别为楼宇自动化系统的基本概念、直接数字控制系统、电梯系统的监控、供配电系统的监控、给水排水系统的监控、照明系统的监控、空调系统的监控、冷热源系统的监控及楼宇自动化系统工程实施。

3. 课证融合

将课程与“智能楼宇管理师”职业能力培养相结合，实现课证融合。将10个实训项目与“智能楼宇管理师”职业资格（助理级）16个过程考核实训项目（占实操考试40%）对应，实现实操融合。理论融合：每个模块均安排了理论作业，期末还有一次理论考试，考试通过的学生即可免考“智能楼宇管理师”职业资格理论考试。对学生而言，只需要参加实操综合考试（占实操考试60%）即可获得相关证书，完全实现课证融合。

本书由姚卫丰任主编，贾晓宝、郭树军任副主编，参加编写的还有吴丽君、文娟、李宇中和周韵玲。姚卫丰编写模块五、模块六、模块七和模块八，贾晓宝编写模块二中的第三～六单元、模块四，周韵玲、贾晓宝编写模块九中的第一～三单元，郭树军编写模块一，吴丽君编写模块三，文娟编写模块二中的第一单元和第二单元、李宇中编写模块九中的第四单元。陈红教授担任本书的主审。

本书在编写过程中参阅了大量文献资料，大部分作为参考文献列于本书后，以便读者查阅，同时对文献作者表示衷心的感谢。

由于编者水平有限，书中难免有不妥和错误之处，希望同行及读者批评指正，我们及时做出修改。

编　者

第1版前言

智能建筑已成为21世纪我国建筑业发展的主流，作为智能建筑的主要部分之一的楼宇设备自动化系统，近年来得到了迅速的发展和普及，其应用技术得到了社会的广泛认同和重视，因此，尽快培养和造就大批掌握楼宇设备自动化系统的技术应用型人才，是我国高职教育的一项紧迫任务。同时，2005年国家劳动部发布了“智能楼宇管理师”职业资格证书，楼宇设备自动化系统为四大考核模块之一，是四大模块中比重最高且最难的模块。因此，编写一本体现当今楼宇设备自动化技术应用的特色教材显得十分必要。

本书共分六章。第一章介绍了智能建筑的基本概念、特征及发展趋势；第二章介绍了智能建筑的计算机控制基础、网络控制技术；第三章介绍了直接数字控制器系统的特点，Honeywell控制器；第四章讲述了楼宇设备自动化各子系统的监控原理及特点；第五章重点介绍了Honeywell CARE软件的具体应用；第六章以案例为主线，介绍了楼宇设备自动化系统的工程实施。本书的目的是让读者通过阅读和学习全面了解智能楼宇的计算机控制技术，楼宇设备监控原理及组态软件应用等，为今后学生从事相关智能建筑的设计、工程实施等奠定良好的基础。

本书第一章、第二章由郭树军编写，第三章、第五章由姚卫丰编写，第四章、第六章由周韵玲编写。姚卫丰任该书的主编并统稿。

本书由陈红主审，并提出了许多宝贵的意见和建议。在编写过程中还得到了Honeywell公司、深圳达实智能股份有限公司、深圳市赛为智能有限公司的大力支持，在此表示衷心的谢意。本书翻译了大量的Honeywell公司的英文资料，并引用了部分的参考文献，在此对这些资料和文献的作者表示感谢。

由于编写者水平有限，书中缺点和错误在所难免，热忱欢迎广大读者及专家批评指正。

编　者

二维码索引

目录

模块一
楼宇自动化系统的基本概念

第一单元　智能建筑产生的背景及发展趋势

智能建筑的英文是Intelligent Building，直译过来就是“具有人脑般聪明智慧的建筑物”。智能建筑一词，首次出现于1984年。1984年，在美国康涅狄格（Connecticut）州的哈特福德市，当时一座旧金融大厦的出租率很低。于是，美国联合科技集团UTBS公司着手对大楼进行改造，采用综合布线技术和计算机网络技术对大楼的空调、电梯、照明设备进行监控，建立了防灾和防盗系统、通信及办公自动化系统等，首次实现了大厦内的自动化综合管理，不仅为大楼内的用户提供语言、文字、数据、电子邮件和资料检索等信息服务，而且使用户感到舒适、方便和安全。该大楼改造后定名为“都市办公大楼”（City Place Building）。这些改造大受办公用户欢迎，租金虽然提高20%，可大楼的出租率反而大为提高。由此，世界上第一座智能建筑诞生，并显示了其极强的生命力。City Place Building以其全新的设计与服务成为智能建筑跨时代的里程碑。

一、智能建筑产生的背景

智能建筑的产生不是偶然的，而是有其深刻的经济、社会和技术背景的，归纳起来，有以下四个方面的主要原因。

1. 经济背景

经济是人类一切活动和社会进步发展的基础，对于智能建筑的产生，经济同样起到决定性的作用。20世纪八九十年代，由于亚洲经济的崛起，世界经济又进入一个突飞猛进的时期。这一时期的经济呈现出以下几个特点。

（1）第三产业的崛起　世界经济发展到20世纪中期，一些老牌发达资本主义国家的第一、第二产业的发展已相对平缓，经营利润不高。于是，有高利润附加值的第三产业——信息服务业便得以蓬勃发展。在这些国家，特别是在一些经济中心城市中，第三产业往往在国民经济生产总值中占有很高的比例，从事第三产业的人口急剧增加，从事金融、贸易、保险、房地产、咨询服务、综合技术服务（国外也称其为第四产业或信息产业）的人员比例逐年提高。为这些人提供有利于提高劳动效率的舒适、高效办公场所，便成为社会的迫切需要，而第三产业的高利润也使这些人在租用高级办公楼时，有了经济上的保证与可能。

（2）世界经济全球化　20世纪80年代中期以来，区域经济被打破，各国经济利益被纳入世界经济体系。世界金融市场已跨越国界，跨国公司的扩张使生产和科技国际化，加速了资金、技术、商品、人才的国际流动，大量国际化的办公人员产生，他们在世界各地办公，但彼此之间需要密切的信息交流与联系。于是，对办公室内公共手段与通信手段的要求相应提高，这就为智能建筑提供了广阔的买方市场。

（3）世界经济由总量增长型向质量效益型转变 自20世纪90年代，世界生产技术由高消耗型向节约型转变，生产方式由单纯追求规模效益转化为重视产品性能和质量，产品本身包含更多的技术含量。生产中脑力劳动成分大大高于体力劳动，这就需要由与之相适应的办公场所的大量出现。

以上三个经济特征是诱导和支撑智能建筑产生的经济基础。但只有经济基础是不够的，智能建筑的产生同时还受到另外几个因素的影响和作用。

2. 社会背景

20世纪70年代以来，许多国家为了解决长期以来困扰国民经济发展的基础设施落后的问题，纷纷将原来由国家垄断经营的交通、邮电等行业向国内外开放，使得信息技术市场的竞争日趋激烈，各种机构应运而生，这就为智能建筑的技术和设备选择提供了坚实而广泛的基础。

3. 技术背景

仅仅具备了经济条件和社会条件也还是不够的，智能建筑的产生还需要技术给予支持，由具体的技术来实现，并在技术推动下发展。

20世纪80年代以来，信息技术的飞速发展极大地促进了社会生产力的变革，进一步推动了计算机技术、微电子技术、信息网络技术等分支领域的发展，为智能建筑的实现奠定了硬件基础；工业控制通信标准的普及，自动化控制与软件集成水平的进步等，都为可持续发展的生态型建筑和节能型建筑创造了良好的软件技术条件。

4. 生产、生活的客观需求

随着生活水平的提高，人们对生产、生活场所的环境条件也提出了更高的要求，而智能建筑的出现正迎合了这种需求，它能为使用者提供更加方便、舒适、高效和节能的生产与生活条件。

总之，智能建筑是多种因素相互影响、共同作用的结果，未来智能建筑的发展也必将如此。因此，在实际工程的设计中必须综合考虑到这些因素和条件，才能设计出真正符合实际需求的智能建筑。

二、智能建筑的定义及构成

究竟什么是智能建筑？智能建筑作为建筑工程与艺术、自动化技术、现代通信技术和计算机网络技术相结合的复杂系统工程学科，它的定义是在不断地发展、补充和完善的。不同的国家有着不同的定义。

（1）美国的定义 智能建筑是通过优化其结构、系统、服务、管理四个基本要素及其相互关系来提供一个多产的和成本低廉的环境。同时，智能建筑没有固定的特征，所有智能建筑共有的唯一特性是其结构设计可以适于便利、降低成本的变化。

（2）欧洲的定义 智能建筑是创造一种可以使住户有最大效率环境的建筑，同时该建筑可以使住户有效地管理资源，而在硬件设备方面的寿命成本最小。

（3）日本的定义 智能建筑可从以下四个方面来定义：

1）作为收发信息和辅助管理效率的平台。

2）确保在建筑里工作的人们满意和便利。

3）建筑管理合理化，以便用低廉的成本提供更周到的管理服务。

4）针对变化的社会环境、复杂多样化的办公，以及主动的经营策略，做出快速灵活和经济的响应。

（4）我国的定义　智能建筑在世界各地不断崛起，已成为现代化城市的重要标志。智能建筑的定义在国际上，至今尚无一致的认同。在总结了智能建筑的多种定义的基础上，我国从事智能建筑学科领域研究的学术界运用现代科学与技术发展的观点来定义智能建筑，并强调其多学科性和多技术系统综合集成的特点。我国国家标准《智能建筑设计标准》GB 50314—2015 对于智能建筑的定义是：以建筑物为平台，基于对各类智能化信息的综合应用，集架构、系统、应用、管理及优化组合为一体，具有感知、传输、记忆、推理、判断和决策的综合智慧能力，形成以人、建筑、环境互为协调的整合体，为人们提供安全、高效、便利及可持续发展功能环境的建筑。

通俗地解释上述定义，可认为具有如下功能的建筑物称其为智能建筑：

1）智能建筑应具有信息处理功能，而且信息通信的范围不只局限于建筑物内部，应能在城市、地区或国家间进行。

2）能对建筑物内照明、电力、暖通、空调、给水排水、防灾、防盗、运输设备等进行综合自动控制。

3）能实现各种设备运行状态监视和统计记录的设备管理自动化，并实现以安全状态监视为中心的防灾自动化。

4）建筑物应具有充分的适应性和可扩展性，它的所有功能应能随技术进步和社会需要而发展。

三、智能建筑的特征

1. 智能建筑的复杂性特征

从系统论的角度来看，根据人们为智能建筑给出的定义，可以确定任何一座大型的智能建筑（群），都可以被看作是一个“复杂系统（Complex Systems）”，因为它具备了复杂系统几乎所有的特征。

复杂系统的一个重要特征就是系统的“开放性（Openness）”。一般来说，任何一个复杂系统，它首先是一个现实的系统，总是与周围环境有着密切的交互作用，进行物质、能量和信息的交换。从系统论的观点看，“智能建筑”是建筑、计算机、现代通信、自动控制以及人文、环境的有机集合体，通过互联网（Internet）与外部社会融合为一体，形成一个具有开放特征的复杂系统。

复杂系统的另一个重要特征就是系统的“复杂性”。任何一个智能建筑（群），总是存在着一个建筑智能化系统。它好像人体的心脏，在时时刻刻维系着智能建筑的运行，而存在于智能建筑（群）中的计算机网络，犹如人体的神经系统，不停地与外界联系和进行交互作用，作为“复杂网络”象征的互联网，把智能建筑（群）融合在整个社会之中。

2. 智能建筑的集成化特征

所谓集成（Integrated），是指把各个自成体系的硬件和软件加以集中，并重新组合到统一的系统之中，它包含删除与连接、修整与统筹等意义，同时不排除软/硬件并行工作，智能建筑的集成化特征可从技术与服务两个方面加以说明。

智能建筑的系统集成，一般说需要经历从子系统功能级集成到控制网络的集成，然后再到信息系统与信息网络的集成，并按应用的需求来进行连接、配置和整合，以达到系统的总体目标。

智能建筑由5个独立的自动化子系统组成，如图1-1所示，分别为楼宇自动化系统（Building Automation System，BAS）、安全防范自动化系统（Security Automation System，SAS）、火灾报警自动化系统（Fire Automation System，FAS）、办公自动化系统（Office Automation System，OAS）和通信自动化系统（Communication Automation System，CAS）。这些子系统通过智能大厦管理系统（Intelligent Building Management System，IBMS）有机地组合在一起，以满足用户不断提高的要求。

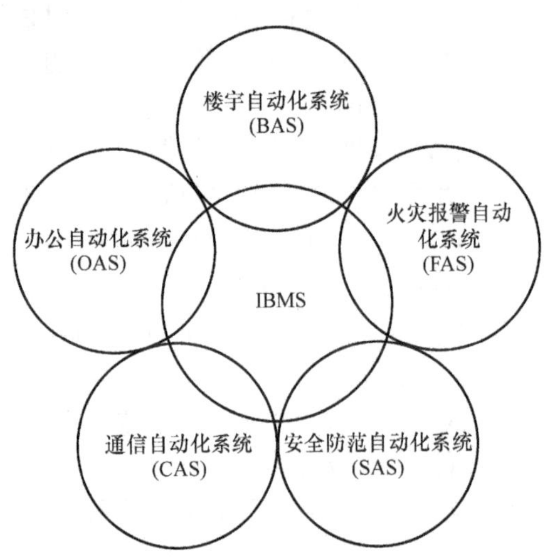

图1-1　智能建筑系统组成示意图

3. 智能建筑的先进性特征

智能建筑的先进性特征主要反映在建筑智能化系统的先进技术应用方面，其先进技术的内涵应该是现代办公自动化技术、现代通信技术、计算机网络技术和自动化控制技术等的综合体现和应用。随着时代的发展和科技的进步，各种先进技术在智能建筑中的应用层出不穷，主要表现在以下几点：

1）无线通信技术的充分应用。

2）数字化视频传输技术的推广使用。

3）控制系统的全数字化技术。

四、智能建筑技术的发展与趋势

自1984年美国建成第一座智能建筑以来，世界各国纷纷效仿，智能建筑迅速在世界各地展开。近年来我国智能建筑行业得到了迅速发展，呈现出巨大的市场潜力，社会效益和经济效益不断提高，在改造和提升传统建筑产业、改善人民生活水平等方面起了积极作用。经过多年对智能建筑的设计、评审、施工管理及验收评测，智能建筑在我国已经过了从无序到有序，从知道不多到全面认识的过程，如今已进入发展阶段。随着相关标准的出现，表明我国智能建筑已进入成熟发展阶段。

1. 智能建筑发展概况

我国智能建筑从整体上看有初级阶段和发展阶段，1990—1995年为初始阶段，从单一功能专用系统开始，并有多功能系统综合出现；1995—2000年进入了系统集成阶段，主要是楼宇管理系统（Building Management System，BMS）为中心的集成，并已见成效，发展较快；2000年到目前为止是一体化集成管理系统，现正在进行中，发展较慢。

2. 智能建筑及智能化小区发展的主流技术

1）随着信息技术的飞速发展，计算机局域网技术将是主流，到目前无论是大楼或智能化小区都在规划千兆以太计算机宽带网络，并有计划地分步实施。

2）有线电视和双向网络是目前实现图像、未来实现数字及图像传输不可或缺的网络，它不仅要能传输模拟图像也要能传输数字图像，实现IP电话、电视图像传输、计算机数字

通信，并已实现应用。

3）充分利用千兆以太网资源和有线电视宽带网资源，结合智能小区入住率的逐年提升特点，采用建筑结构充分预留和在网络上互联互融，按实际情况分批实施可扩展设计也是目前的主流技术，即将混合光纤同轴电缆（Hybrid Fiber-Coaxial，HFC）网和计算机千兆以太网互联分期实现，不论入户多少，均能实现低投入，满足10/100Mbit/s速率的要求。

4）综合业务数字网（Integrated Services Digital Network，ISDN）是使用较多的网络，虽然带宽比较窄，但覆盖面大、资源丰富易接入，也是智能建筑和小区设计时考虑分步实施和可扩展设计时考虑的技术。

5）控制网是智能小区和智能大楼的重要网络之一，目前应用控制网的技术主要是集散系统，但最好是朝着全面分散系统方向发展，实现全分散硬件和软件，实现自控测、自管理、自适应等几个环节，但目前许多硬件和软件还有较大差距。目前具有代表性的楼宇自控系统技术主要采用计算机集散控制方式，其比例占90%以上。

在智能小区建设中智能家居环境下，传输控制协议/互联网协议（Transmission Control Protocol/Internet Protocol，TCP/IP）应用存在不足，而在我国更加关注系统总体性价比问题。在家庭远程控制系统中需要一个稳定、高效、低廉的网络支持，Internet已成为IT技术发展的主流驱动力量，利用TCP/IP的控制网及产品已诞生，可实现远程控制管理。

6）移动通信网和无线网。在智能建筑中，除了应用有线网之外，人们越来越多地认识到无线宽带网络智能建筑给小区、社区以及数码城市带来的好处，它是与宽带有线网络平行发展和互补发展的技术，特别是在办公楼的办公室、智能住宅的家居里有着广泛的应用前景。未来的家电与网络连接，无线网能在短距离发挥着不容替代的作用。数字化的图像信息传送将在GSM、CDMA基础与家庭里的诸多家电控制网络发生联系，进行集成进入TCP/IP互联网。

7）智能建筑及智能化小区的结构化布线。结构化布线系统是与其他主流技术的实现和建筑结构紧密相关的设备，是一种称作光源设备的连接系统，即接插件、连线等。随着集成水平的提高，对于新技术的应用要求，例如未来的无源光纤网（Passive Optical Network，PON）的应用，光纤布线工具和新的光纤技术的应用都给布线管理提出新的工艺要求，而建筑钢结构化对布线的种类和方式也将有新的要求与发展。

8）系统集成技术。目前实际应用多为以楼宇自控系统为核心，实现多个子系统互联互融，以BMS集成为基础，进一步与OA、CA系统用TCP/IP形成集成，实现一体化的IBMS集成。系统集成对内是处理局域网问题，对外着重与城域网、广域网、卫星网或GSM、CDMA卫星网的接口接入的问题。

9）智能化小区的发展。除了安全和物业管理之外，对信息服务与管理也提出了更高的要求，智能家居系统已开始成熟。实现家居信息服务、多表远传、家庭保安综合服务的产品已诞生，正朝着TCP/IP方向靠拢，构成控制网和互联网相互连接、相互沟通的方向，简化集成发展，力图提高性价比，得到局域网的支持。

3. 我国智能建筑的发展趋势

从我国智能建筑发展的时间周期角度分析，目前正处于高速发展期，预计到2025年行业市场规模将超过118.83亿美元。随着2020年1月1日实施的《产业结构调整指导目录》将智能建筑技术纳入“鼓励类”产业这一政策的落地，我国智能建筑由一线城市逐渐向二、三线城市扩展，未来将普及至农村、城镇等更广泛的地域。

“双碳”是近年来我国各行业关注的焦点之一。作为当今的经济大国，我国碳排放总量较高，且增长趋势明显。因此，从智能建筑行业整体的发展趋势而言，其中一个最明显的核心要求和发展导向就是绿色化，形成以节约为导向的设备监控系统。另外，人们对高品质生活的追求，室内空气质量（IAQ）和室内环境质量（IEQ）在智能建筑中成为重点关注的问题。依据美国能源和环境中心的提议，IAQ 与 IEQ 监测系统对环境的测量包括：CO_2 浓度、总挥发性有机物（TVQC）、PM2.5、室内温度与相对湿度等。

第二单元　楼宇自动化系统的计算机控制系统

数字计算机在楼宇自动控制系统中的应用，主要是作为控制系统的一个重要组成部分，完成预先规定的控制任务。计算机控制系统又称为数字控制系统，是采用数字技术实现各种控制功能的自动控制系统。

一、计算机控制系统的组成

随着控制对象的不同、所完成控制任务的不同以及对控制要求和使用设备的不同，各个计算机控制系统的具体组成千差万别，但是从原理上说，它们的组成有共同的特点。

1. 硬件部分

计算机系统的硬件一般由被控对象、过程通道、计算机、人机联系设备和控制操作台几部分组成，如图 1-2 所示。

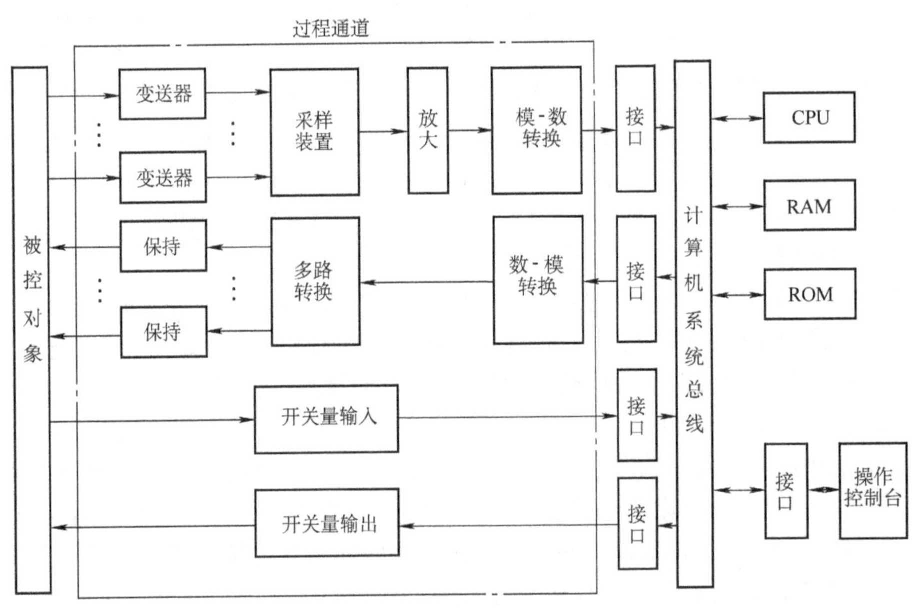

图 1-2　计算机控制系统的组成

（1）计算机　计算机在控制系统中也称为主机，它由微处理器（CPU），存储器 ROM、RAM 和系统总线等几部分组成，是构成计算机控制系统的核心。计算机的主要任务是按照预先编制好的程序进行数据采集、数据处理、逻辑判断、控制量计算、报警等。同时，通过接口电路向系统的各个部分发出各种控制命令，指挥整个计算机控制系统有条不紊地工作。

存储器用来存储软件和数据，主要包括用来存储固化系统软件和常用数据表格的 ROM、EPROM、CD-ROM 和用来存放操作数、运算参数和计算结果的 RAM。

（2）过程通道　过程通道是计算机与被控对象之间交换数据信息的桥梁，是计算机控制系统按特殊要求设置的部分。按传输信号的形式可分为模拟量通道和数字量通道，按信号的传输方向可分为输入通道和输出通道。

1）模拟量输入（Analog Inputs，AI）通道用来将被控对象的模拟量被控参数（被测参数）转换成数字信号，并送至计算机，它包括检测器件（传感器）、变送器、多路采样器和模-数（A-D）转换器等。

检测器件（传感器）用来对被控参数的瞬时值进行检测，即将连续变化的非电物理量转换成模拟量（电压、电流、电阻值等）；变送器用来将传感器得来的电信号经过放大、变换等环节，转换为统一的直流电流（0～10mA，4～20mA）或直流电压（0～5V，0～10V，1～5V 等）；多路转换器也被称为多路模拟开关，用来对多路模拟量信号进行分时切换，将时间上连续变化的模拟信号转换为时间上离散的模拟量信号；A-D 转换器将时间上离散的模拟量信号转化为时间上离散的数字信号，并送入计算机中。

2）模拟量输出（Analog Outputs，AO）通道用来将计算机输出的数字信号经 D-A 转换器变换为模拟量后，去控制各种执行机构动作。如果执行机构是气动或液动元件，还需经过电-气、电-液转换装置，将电信号转化为气体驱动和液体驱动信号。在控制多个回路时，在模拟量输出通道中，还要使用多路输出装置进行切换。由于每个模拟量输出回路输出的信号在时间上是离散的，而执行机构要求是连续的模拟量，所以通过输出保持器将输出信号保持后，再去控制执行机构。

3）数字量输入（Digital Inputs，DI）通道用于将现场的各种限位开关或各种继电器的状态输入计算机。各种数字量输入信号经过电平转换、光电隔离并消除抖动后，被存入寄存器中，每一路开关的状态，相应地由寄存器中的一位二进制数字 0、1 表示，计算机的 CPU 可周期性地读取输入回路每一个寄存器的状态来获取系统中各个输入开关的状态。

4）数字量输出（Digital Outputs，DO）通道用来控制系统中的各种继电器、接触器、电磁阀门、指示灯、声光报警器等只有开、关两种状态的设备。数字量输出通道锁存来自于计算机 CPU 输出的二进制开关状态数据，这些二进制数据每一位的 0、1 值，分别对应一路输出的开、关或通、断状态，计算机输出的每一位数据经过光电隔离后，可通过 OC 门（集电极开路电路，具有较强的驱动能力）、小型继电器、双向晶闸管、固态继电器等驱动器件的输出去控制交/直流设备。

有的计算机控制系统中还含有脉冲量输入（Pulse Input，PI）通道。现场仪表中转速计、涡轮流量计等一些机械计数装置输出的测量信号均为脉冲信号，脉冲量输入通道就是为这一类输入而设置的。输入的脉冲信号经过幅度变换、整形、隔离后进入计算机，根据不同的电路连接和编程方式，可进行计数、脉冲间隔时间和脉冲频率的测量。

综上所述，过程通道由各种硬件设备组成，起着信息变换和传递的作用，它配合相应的输入/输出控制程序，使计算机和被控对象之间进行信息交换，从而实现了对设备和生产过程的控制。

（3）接口部分　接口是计算机与过程通道之间的中介部分，计算机控制系统通常使用的接口为数字接口，其中分为并行接口、串行接口和脉冲序列接口。

（4）控制操作台　控制操作台是人与计算机控制系统联系的必要设备，在控制操作台上随时显示系统的当前运行状态和被控对象的参数，使操作人员及时了解生产过程的状态，进行必要的干预，修改有关参数或紧急处理某些事件。当系统某个局部出现意外或故障时，也在操作台上产生报警信息。操作人员在操作台上可修改程序和工艺参数，也可以按需要改变系统的运行状态。操作台一般包括以下设备：

1）CRT 显示器或 LED 数码管显示器、打印机、记录仪等输出设备，显示器用来显示操作人员所要了解的内容，或监视系统工作进程及画面显示等，打印记录设备用来打印、记录各种参数、数据和曲线。

2）键盘、功能控制按钮和扳键（作用开关）等输入装置，功能控制按钮和扳键完成对计算机系统的启动、暂停，对控制系统的启/停控制，对工作方式、控制算法和控制方式的选择功能；键盘即操作键盘，它包括数字键和功能键，数字键用来输入数据和参数，功能键使计算机进入功能键所代表的功能服务程序，如打印、帮助、显示等。现在大多数计算机控制系统在操作台上还配置了鼠标和触摸屏，使操作更为方便。

3）计算机外存器，如硬盘、磁盘机、磁带机等，用来暂存系统数据和程序。

4）状态指示和报警指示的指示灯和声报警器。虽然计算机系统有很强的故障诊断和报警功能，但在控制系统中，对紧急事件的报警仍然采用声光报警。

控制操作台上的各个设备都需要通过各自的接口与计算机相连，在计算机内部也需要配置相应的软件，对各个设备进行管理，这样操作人员才有可能利用操作台设备与控制系统联系。

2. 软件部分

计算机软件有系统软件和应用软件。系统软件是计算机操作运行的基本条件之一。它是计算机控制系统信息的指挥者和协调者，并具有数据处理、硬盘管理等功能，支持包括程序设计语言、编译程序、诊断程序等软件。由于计算机系统硬件发展很快，而且应用领域日益扩大，系统软件发展也很快，目前，大多数计算机控制系统的系统软件采用通用的 Windows 操作系统。

计算机控制系统的应用软件是用户根据自己的需要，执行编制的控制程序、控制算法程序及一些服务程序，它的质量好坏直接影响控制系统的控制效果。控制软件包括对系统进行直接检测、控制的前沿程序，包括人机联系、对外部设备管理的服务性程序，还有保证系统可靠运行的自检程序等。

二、计算机控制系统的分类

根据计算机参与控制的方式及特点的不同，一般将计算机控制系统分为以下几种类型：操作指导控制系统、直接数字控制系统、集散控制系统及现场总线控制系统。

1. 操作指导控制系统

操作指导控制系统也称为数据采集和处理系统，如图 1-3 所示，主要对现场随时产生的大量数据（如温度、压力、流量等）进行巡回检测、收集、记录、统计、运算、分析、判断和处理，最后由显示器或打印机列出处理结果，供操作人员掌握和分析生产情况，若遇到某个参数超过限定值，操作人员可进行处理，但是计算机并不直接控制生产过程。

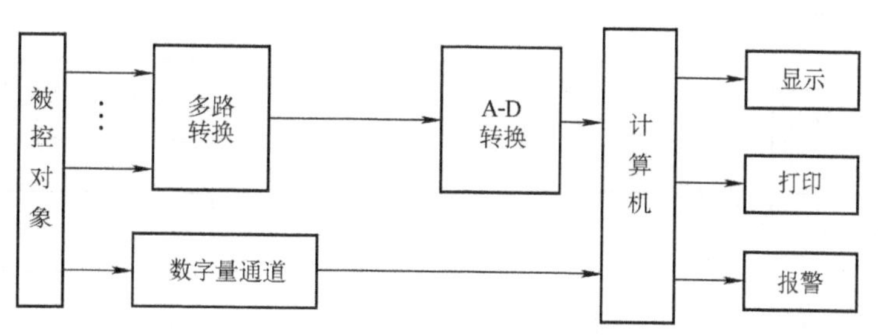

图 1-3 数据采集和处理系统

2. 直接数字控制系统

直接数字控制（Direct Digital Control，DDC）系统使用一台计算机对一个或多个参数进行检测，并将监测结果与给定值比较，然后按照事先规定的控制规律进行计算，并将控制量通过接口直接去控制执行机构，对被控对象进行控制，如图 1-4 所示。这种方式在工业生产中使用较为普遍。

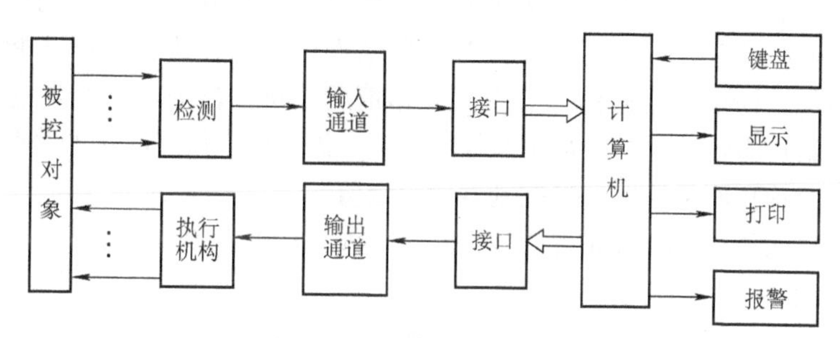

图 1-4 直接数字控制系统

3. 集散控制系统

集散控制系统（Distributed Control System，DCS）是采用集中管理、分散控制策略的计算机控制系统，它以分布在现场的数字化控制器或计算机装置完成对被控设备的实时控制、监测和保护任务，具有强大的数据处理、显示、记录及显示报警等功能。集散控制系统克服了集中控制带来的危险集中、系统可靠性差的问题，同时又避免了控制装置分散在现场各处、人机联系困难、无法统一管理的缺点，通过通信总线（现场总线或网络）使整个系统形成一个有机的整体，实现了信息和操作管理集中化、控制任务分散化的目标。集散控制系统的结构如图 1-5 所示，由图可见，它是一种横向分散、纵向分层的体系结构，其功能分层可分为现场控制级、监控级和中央管理级，如图 1-6 所示，级与级之间通过通信网络相连。

（1）现场控制级　现场控制级由现场直接数字控制器（Direct Digital Controller，DDC）及现场通信网络组成。DDC 是以功能相对简单的工业控制计算机、微处理器或微控制器为核心，具有多个 DO、DI、AI、AO 通道，可与各种低压控制电器、传感器、执行机构等直接相连的一体化装置，用来直接控制各个被控设备，并且能与中央控制管理计算机通信。DDC 内部有监控软件，即使在上位机发生故障时，DDC 仍可单独执行监控任务。

现场控制级的主要功能为周期性采集现场的数据、处理采样数据（滤波、放大和转换）、控制算法与运算、执行控制输出、与监控层及其他站点进行数据交换、实现对现场设备的实时检测和诊断。

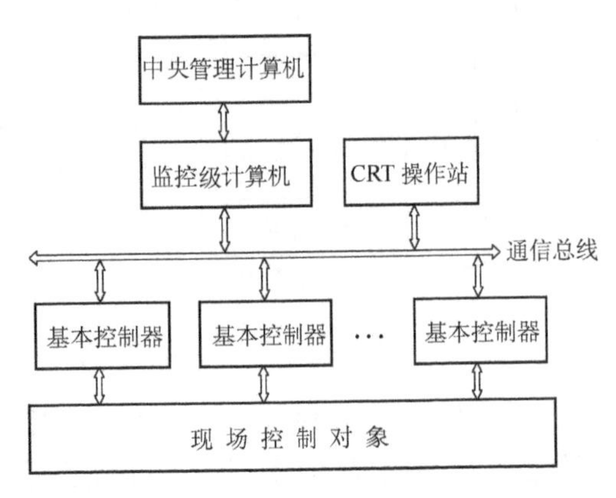

图 1-5　集散控制系统结构

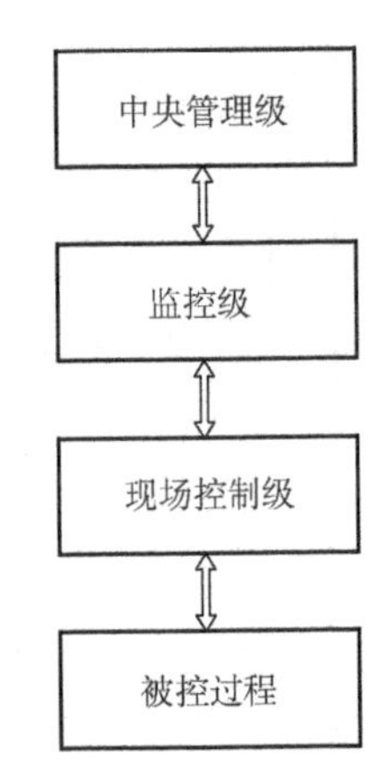

图 1-6　集散控制系统的功能分层

(2) 监控级　监控级由一台或多台通过局域网相连的计算机工作站构成，作为现场控制器的上位机，监控计算机可分为以操作为目的的操作站和以改进系统功能为目的的监控站。监控站直接与现场控制器通信，监视其工作情况并将来自现场控制器的系统状态和数据，通过通信网络传递给监控站，再由监控站实现具体操作。但需注意的是监控站的输出并不直接控制执行机构，而是给出现场控制器的给定值。

监控级计算机除了要求具有完善的软件功能以外，对硬件也有特殊的要求，必须可靠性高，因为现场控制器只关系到个别设备的工作，而监控级计算机则关系到整个系统或分系统的运行安全。通常，监控级计算机选用工业控制计算机或热备用容错计算机。

监控级的主要功能为采集数据，进行数据的转换与处理，进行数据的监视和存储，实施连续控制、批量控制或顺序控制的运算和输出控制，进行数据和设备的自诊断，实施数据通信。

(3) 中央管理级　中央管理级是以中央控制室操作站为中心，辅以打印机、报警装置等外部设备组成，它是集散控制系统的人机联系的主要界面。中央管理计算机与监控级计算机的组成基本相同，但是它的作用是对整个系统的集中操作和监视。

中央管理级的主要功能为实现数据记录、存储、显示和输出，优化控制和优化整个集散控制系统的管理调度，实施故障报警、事件处理和诊断，实现数据通信。

图 1-7 是集散式建筑设备监控系统的结构图，其中现场控制层实现的是单个设备的自动化；监督控制层实现的是各个子系统内的各种设备的协调控制和集中操作管理，即分系统的自动化；管理层协调管理子系统，实现全局优化控制和管理，从而实现综合自动化的目的。

系统的通信网路分为两层。分布在现场的 DDC 与子系统管理计算机之间构成第一层网络，用于在上位机与 DDC 之间上传/下送大量的检测与控制数据，以及各 DDC 之间相互通信协调，该层网络一般通过 EIA 标准总线 RS485 或 RS422 进行互联，为保证信息的实时性，通信速率一般不低于 9600bit/s。各子系统管理计算机及中央管理计算机之间构成第二级网络，由于在该级上传输的主要为管理信息，数据量大，故采用高速通信网络。

4. 现场总线控制系统

随着微电子学和通信技术的发展，过程控制的一些功能进一步分散下移，出现了各种智能现场仪表（仪表制造中就集成了CPU、存储器、A-D和D-A转换以及I/O通信等功能）。这些智能变送器、执行器等不仅简化布线，减少模拟量在长距离输送过程中的干扰和衰减的影响，而且便于共享数据以及在线自检。现场总线是适应智能仪表发展的一种计算机网络，它的每个节点均是智能仪表或设备，网络上传输的是双向的数字信号，这种专门用于工业自动化领域的工业网络，不同于以太网等管理及信息处理用网络，它的物理特性及网络协议特性更强调工业自动化的底层监测和控制。由于现场总线具有可靠性高，便于容错，全数字化，通信距离长，速率快，多节点，通信方式灵活，造价低廉，并且有很强的抗干扰能力等一系列优点，使它不仅将广泛用于工业过程控制，也将普遍用于智能建筑中。典型的现场总线控制系统（Fieldbus Control System，FCS）如图1-8所示。

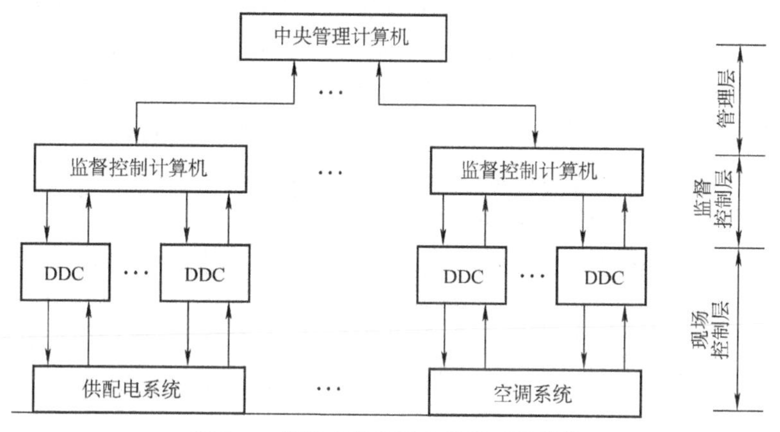

图1-7　集散式建筑设备监控系统结构

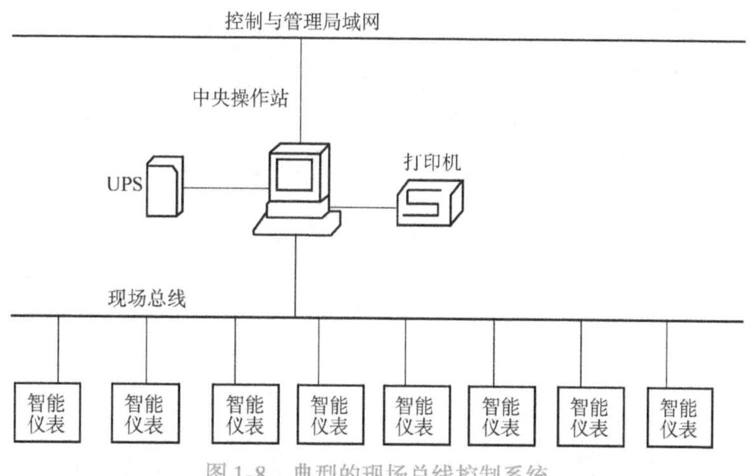

图1-8　典型的现场总线控制系统

计算机控制系统的发展趋势之一是：逐步实现全数字式、开放式的分布式控制系统。由于计算机网络技术（包括现场总线技术）的迅速发展，推动着计算机控制系统的体系结构发生重大变革，数字通信将一直延伸到现场，传统的4～20mA直流模拟信号制将逐步被双向数字通信的现场总线所取代，使现有的集散控制系统（DCS）换代为全数字、全分散、全开放的新一代控制系统——现场总线控制系统（FCS）。在FCS中，由于传统的控制分站的大部分功能已移至现场的智能变送器和智能化执行器，控制分站被取消，因此FCS有时又称为平面式计算机控制系统。

目前计算机控制系统正处在从 DCS 到 FCS 的换代过程中，典型的系统是采用了现场总线技术的集散控制系统。

第三单元　楼宇自动化系统的基本架构

一、BAS 体系

楼宇自动化系统（Building Automation System，BAS）针对楼宇内各种机电设备进行集中管理和监控，这其中主要包括空调及新风系统、送排风系统、冷冻站系统、热交换站系统、变配电系统、照明系统、给水排水系统、垂直输送系统等。它通过对各个子系统进行监测、控制、信息记录，实现分散节能控制和集中科学管理，为用户提供良好的工作和生活环境，同时为管理者提供方便的管理手段，从而减少建筑物的能耗并降低管理成本。

BAS 是建立在计算机技术基础上的采用网络通信技术的分布式集散控制系统，它允许实时地对各子系统设备的运行进行自动监控和管理。

网络结构可分为三层：最上层为信息域的干线，可采用互联网（Internet）结构，执行 TCP/IP，以实现网络资源的共享以及工作站之间的通信；第二层为控制域的干线，即完成集散型控制的分站总线，它的作用是以不小于 10Mbit/s 的通信速率把各分站连接起来，在分站总线上还必须设有与其他厂商设备连接的接口，以便实现与其他设备的联网；第三层为现场总线，它是由分散的微型控制器相互连接使用，现场总线通过网关与分站局域网连接。

BAS 是由中央管理站、各种 DDC 及各种传感器、执行机构组成的，能够完成多种控制及管理功能的网络系统。它是随着计算机在室内环境控制和管理中的应用而发展起来的一种智能化控制管理网络。目前，系统中的各个组成部分已从过去的非标准化的设计、生产，发展成标准化、专业化、系列化的产品，各种设备间的相互通信也有了专门的通信协议，从而使系统的设计、安装、调试、扩展以及互通互联更加方便和灵活，系统的运行更加可靠，同时系统的初期投资也大大降低。

现代典型的 BAS 一般由以下几部分组成，如图 1-9 所示。

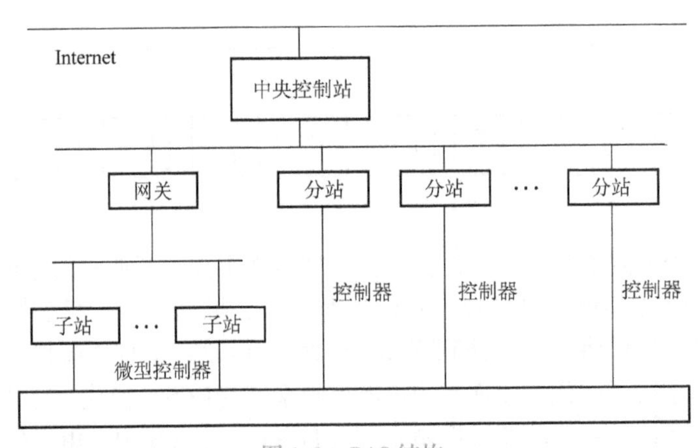

图 1-9　BAS 结构

（1）中央控制站　中央控制站直接接入计算机局域网，它是楼宇自动化系统的“主管”，是监视、远方控制、数据处理和中央管理的中心。除此之外，中央控制站对来自各分站的数据和报警信息进行实时监测，同时向各分站发出各种各样的控制指令，并进行数据处理，打印各种报表，通过图形控制设备运行或确定报警信息等。

（2）区域控制器（DDC 分站）　区域控制器必须具有能独立完成与现场机电设备的数据采集和控制监控的设备的直接连接，向上通过网络介质与中央控制站相连，进行数据的传输。区域控制器通常设置在需要控制的设备附近，因而其运行条件必须适合于较高的环境温度（50℃）和相对湿度（95%）。

软件功能要求如下：

1）具有在线编程功能。

2）具有节能控制软件，包括最佳启/停程序、节能运行程序、最大需要程序、循环控制程序、自动上电程序、焓值控制程序、DDC 事故诊断程序、PID 算法程序等。

（3）现场设备　现场设备包括：

1）传感器，如温度、湿度、压力、压力差、液位、流量等传感器。

2）执行器，如风门执行器、电动阀门执行器等。

3）触点开关，如继电器、接触器、断路器等。

上述现场设备应具备安全可靠的要求，且能满足实际要求的精确度。

现场设备直接与分站相连，它的运行状态和物理模拟量信号将直接送到分站，反过来分站输出的控制信号也直接应用于现场设备。

（4）通信网络　中央控制站与分站通过屏蔽或非屏蔽双绞线连接在一起，组成局域网（分站总线），以数字的形式进行传输。通信协议应尽量采用标准形式，如 RS485 或 LonWorks 现场总线。

对于 BAS 的各子系统，如安保、消防、楼宇机电设备监控等子系统，可考虑采用以太网将各子系统的工作站连接起来，构成局域网，从而实现网络资源，如硬盘、打印机等的共享，以及各工作站之间的信息传输。局域网的通信协议采用 TCP/IP。

除了以上介绍的四部分外，通常当需要的时候，可以增加操作站，其主要功能用于企业管理和工程计算。它直接接在局域网的干线上，例如网络的一个工作站，它的硬件、软件平台根据具体要求进行选择，这里不做详细介绍。

二、现场总线技术

通信网络是 BAS 各级设备之间以及同级设备之间联系的纽带，是整个系统得以协调运行的保证。BAS 的发展不仅表现在各种现场监控设备、操作员站设备的发展上，更反映在通信网络的更新换代。

通过从封闭式的单层网络系统到现场总线技术的应用，从 BACnet 协议的发布到 OPC 技术的引入，BAS 已从一个局限于制造厂商产品的封闭式控制系统发展成为今天符合开放标准，并可以方便与其他楼宇智能化系统实现集成的开放系统，成为智能建筑的重要组成部分。

1. 现场总线的标准化发展

现场总线技术将专用微处理器置入传统的测量控制仪表装置，使之具有数字计算和数字通信能力，采用可进行简单连接的双绞线等传输介质，把多个测量控制仪表连接成网络系统，并按公开、规范的通信协议，使位于现场的多个微机化测量控制设备之间以及现场仪表与远程监控计算机之间实现数据传输与信息交换，形成各种满足应用需求的自动控制系统。现场总线技术把单个分散的测量控制设备变成网络节点，以现场总线为纽带，把它们连接成可以相互沟通信息、共同完成自控任务的网络系统或控制系统。现场总线技术给自动化领域带来的变化正如局域网技术将众多分散的计算机连接在一起，使得计算机的功能、作用所发生的变化一样，现场总线技术使得自控系统的设备具有通信能力，不同厂商的产品也可以方便地连接成网络系统，自动控制系统开始跃入信息网络的行列。

现场总线作为应用于生产控制现场的网络系统，其开放性和标准化是所有用户及大部分设备生产厂商的共同愿望。为构建自控系统的开放互联系统，1984 年，美国仪表协会（ISA）下属的标准与实施工作组中的 ISA/SP50 开始制定现场总线标准；1985 年，国际电工委员会（IEC）决定由 Proway Working Group 负责现场总线体系结构与标准的研究制定工作；1986 年，德国开始制定过程现场总线（Process Fieldbus）标准，简称为 PROFIBUS。由此拉开了现场总线技术标准制定及其产品开发的序幕。

此后，不同行业还陆续派生出一些有影响的现场总线标准，大都是在企业标准的基础上，得到其他公司、厂商、用户以至国际组织的支持和认同而逐渐形成。这些现场总线标准如德国 Bosch 公司推出的 CAN（Control Area Network）、美国 Echelon 公司推出的 LonWorks 等。

由于各行业的控制需求各异，加上投资研发各种现场总线的各公司的商业利益，至今，控制领域仍然没有完全统一的现场总线标准，处于多种标准共存，甚至在同一控制现场有几种异构网络互联通信的局面。这一局面估计还将在今后一段时间内广泛存在，但发展共同遵从统一的标准规范，形成开放互联的控制系统，仍然是现场总线技术发展的方向。

2. 现场总线的特点及优越性

现场总线技术采用智能化的现场控制装置和开放的通信协议，使得整个控制系统的测控能力大大提高，同时，系统的构建、维护也更加方便。

现场总线技术改变了传统控制系统的结构形式，智能化的现场测控设备与具有数字计算和数字通信能力的现场设备使得控制功能能够彻底分散到现场而不依赖于上位机，真正实现了全分布式控制。现场总线采用数字信号代替模拟信号，不仅具有较强的抗干扰能力和较高的控制精度，同时可以利用数字信号的信道复用技术实现一对线缆上传输多路信号。相对于传统的一对一物理连接，现场总线系统结构简单，节约了连接电缆与各种安装维护费用。

现场总线系统的特点体现在以下方面：

1）开放性。符合同一总线标准的产品都可以方便地进行互联，不同标准的产品之间可以通过标准的协议转换设备实现互联，从而为用户提供了集成自主权。

2）互操作性和互用性。通过现场总线，现场设备之间、系统之间方便地实现信息传送与沟通，进行点对点的互操作，不同厂商的类似产品可以相互替换。

3）现场设备的智能化与功能自治性。现场总线技术将传感测量、补偿计算、工程量处理与控制等功能分散到现场设备中完成，仅靠现场设备即可完成自动控制的基本功能，并能随时诊断设备的运行状态。

4）系统结构的高度分散性。现场总线技术构成了全分布式的控制系统，进一步减少了传统集散控制系统中上位机所起的作用，简化了系统结构，提高了可靠性。理想的现场总线系统要求每一个传感器、执行机构都具有自我控制能力，各传感器、执行机构通过总线网络协同工作，而不依赖于其他上位设备。但实际上，要求每一个传感器、执行机构都具有自我控制能力，一方面成本过高，另一方面网络数据通信量太大。因此目前绝大多数楼宇自控系统利用现场控制设备（DDC 或 PLC）作为现场总线的控制节点，传感器、执行机构与现场控制设备之间大多仍然是传统的模拟连接，只有极少数传感器、执行机构具有自己的处理系统，直接连接在现场总线上。

5）现场环境的适应性。现场总线工作在控制现场，作为控制网络的底层，现场总线专为现场环境而设计，支持双绞线、同轴电缆、光缆、视频、红外线、电力线等介质，具有较强的抗干扰能力，并可满足安全防爆要求。

由于现场总线的以上特点，特别是系统结构的简化，使得控制系统从设计、安装、投运到控制运行及其检修维护，减少了费用，提高了系统的准确性和可靠性。

3. LonWorks 现场总线

LonWorks 是目前 BAS 中应用最广的现场总线技术之一。LON（Local Operating Networks）是由美国 Echelon 公司推出的一种现场总线。LonWorks 是 Echelon 公司为支持 LON 总线的设计而开发的一整套完整的开发平台的统称。

LonWorks 技术的核心是神经元芯片（neuron chip），它不仅是 LON 总线的通信处理器，同时也可作为采集和控制的通用处理器，LonWorks 技术中所有关于网络的操作实际上都是通过神经元芯片来完成的。一个神经元芯片拥有三个单元处理器：一个用于链路层的控制（MAC 处理器）；一个用于网络层的控制（网络处理器）；另一个用于用户的应用程序（应用处理器）。另外，还包括 11 个 I/O 口。这样在一个芯片上就能完成网络和控制的功能。

除此以外，LonWorks 技术的组成还包括 LonWorks 节点和路由器、LonTalk 协议、LonWorks 收发器、LonWorks 网络和节点开发工具等。LonWorks 之所以能够成为目前世界上流行的现场总线技术之一，是因为它具有许多其他现场总线不具备的优势：

1）在一个神经元芯片上可以完成网络和控制的全部功能。

2）支持多种通信介质（双绞线、电力线、光纤、无线等）以及它们的互联。

3）LonTalk 支持 ISO/OSI 七层参考模型，提供了一个固化在神经元芯片内的网络操作系统。

4）提供给使用者一个完整的开发平台，包括现场调试工具 LonBuilder、协议分析工具、网络开发语言 Neuron C 等。

5）由于支持面向对象的编程（网络变量），从而很容易实现网络的互操作。

此外，LonWorks 的标准性、规范性也是得到广泛应用的重要原因之一。LonMark 是与 Echelon 公司无关的 LonWorks 用户标准化组织，其目的是为了使 LonWorks 产品之间能够更好地互联。理论上，按照 LonMark 规范设计的 LonWorks 产品均可非常容易地集成在一起。

4. Modbus 现场总线

除 LonWorks 外，Modbus 在楼宇自动化领域也较有影响。Modbus 是 Modicon 公司为其 PLC 与主机之间的通信而发明的串行通信协议。其物理层采用 RS232、RS485 等异步串行标准。由于其开放性而被大量的 PLC 及 RTU 厂家采用。目前楼宇中许多电力系统、大型设备（如冷冻机组、锅炉机组等）的专业控制器及各种变频器都具有 Modbus 通信接口，可以在 Modbus 网络上进行联网。

Modbus 通信方式采用主从方式的查询——响应机制，只有主站发出查询时，从站才能给出响应，从站不能主动发送数据。主站可以向某一个从站发出查询，也可以向所有从站广播信息。从站只响应单独发给它的查询，而不响应广播消息。

Modbus 的串行口的通信参数（如波特率、奇偶校验）可由用户选择。Modbus 协议定义了一个控制器能认识使用的消息结构，而不管它们是经过何种网络进行通信的。它描述了一个控制器请求访问其他设备的过程，例如如何回应来自其他设备的请求，以及怎样侦测错误并记录。它制定了消息域格局和内容的公共格式。

当在 Modbus 网络上通信时，协议决定了每个控制器需要知道它们的设备地址，识别按地址发来的消息，决定要产生何种行动。如果需要回应，控制器将生成反馈信息并用 Modbus协议发出。如接入其他网络，需包含 Modbus 协议的消息转换为在此网络上使用的帧或包结构。这种转换也扩展了根据具体的网络解决节地址、路由路径及错误检测的方法。

Modbus 在规范性方面具有出色的表现，同时也具有良好的发展前景。Modbus/TCP（基于 TCP/IP 的 Modbus 协议）是目前在现场直接使用以太网技术的主要发展方向之一。

目前，现场控制总线已成为 BAS 现场控制级的主流通信网络，是实现底层控制设备之间数据共享与通信的基础。现场控制总线技术提高了 BAS 的可靠性，缩短了响应时间，减小了上位机的运算负荷，增强了楼宇自控系统的性能。

三、BAS 通信协议——BACnet 协议

现场总线仅仅是对 BAS 的现场控制级网络进行了定义，而 BAS 网络结构的标准化进程并不限于现场控制级网络，而需要追求整体通信解决方案的标准化。楼宇自动控制网络数据通信协议（A Data Communication Protocol for Building Automation and Control Networks）简称 BACnet 协议，是多家 BAS 厂商与建筑设备厂商共同达成的楼宇自动化领域数据通信协议标准。它由美国供热、制冷和空调工程师协会（ASHRAE）研发制定，提供了在不同厂商产品之间实现数据通信的标准。制定 BACnet 协议的目的是想通过定义工作站级通信网络的标准通信协议，以取消不同厂商工作站之间的专有网关，同时也使工作站直接与相应的控制系统相连，从而实现整个楼宇控制系统的标准化和开放化。

BACnet 协议最根本的目的是要提供 BAS 实现互操作的方法。BACnet 协议详细地阐述了 BAS 的功能，阐明了有关系统组成单元如何共享数据，可以使用何种通信媒介，能实现的功能以及信息格式，协议如何转换等方面的全部规则。BACnet 协议的产生使得系统集成不必考虑设备生产厂商，各种兼容系统在不依赖于任何专用芯片组的情况下实现相互开放通信成为可能，代表着建筑设备监控技术的一种发展方向。

例如要使 Honeywell 或 JOHNSON 等公司的一套 BAS 与其他公共安全及消防系统进行通信、交换信息，即可通过 BACnet 协议把它们连成一个整体并在一个工作站上可以实现对这些系统的全部监控。BACnet 协议的优点主要表现在以下几方面：

（1）开放性　BACnet 协议在 1987 年由 ASHRAE 提出；1995 年发布 BACnet1995 版本，当年就得到美国国家标准局（ANSI）的批准成为一个开放性标准；在市场的推动和西门子楼宇科技（Siemens Building Technologies）等公司的不断努力下，ASHRAE 在 2001 年又推出了 BACnet2001 版，同时也成为 ANSI 的标准；2003 年 BACnet 协议最终成为 ISO 16484-5 标准。因此任何厂商都可以按照 BACnet 协议开发与 BACnet 兼容的控制器或接口，在这一标准协议下实现相互交换数据的目的。

（2）互操作性　BACnet 协议采用面向对象技术，在 BACnet 协议中，对象就是在网络设备之间传输的一组数据结构，也是输入、输出、输入和/或输出功能组的逻辑代表，网络设备通过读取、修改封装在应用层协议数据单元（APDU）中的对象数据结构进行信息交换，实现互操作。BACnet 协议目前定义了 18 个对象，每个对象都具有对象标识符、对象名称和对象类型。

（3）提供全面的端对端服务　BACnet 协议在人机界面（HMI）和现场设备间或不同系统的现场设备间可以直接进行信息传输而无需特别附加设备。

四、OPC 技术

现场总线技术与 BACnet 协议为实现开放的 BAS 提供了可能。开放通信是实现信息传输与共享的基础之一。而当现场信息传至监控计算机后，如何实现计算机内部各应用程序之间的通信沟通与传递（数据源及这些应用程序可以位于同一台计算机上，也可以分布在多台相互联网的计算机上），即如何让现场信息与各应用程序连接起来，让现场信息出现在计算机的各应用平台上，依然存在一个连接标准与规范的问题。特别是工业 PC 在自动化系统中被广泛采用的今天，让自动控制系统和人机界面能充分运用 PC 丰富强大的软件资源，是十分有意义的。

1. OPC 简介

自动化技术在 20 世纪 80 年代以后因廉价 PC 的出现而获得广泛应用与发展。各类自动化控制系统不仅满足于单套、局部设备的自动控制，同时更强调系统之间的集成。然而，把不同制造商的系统、设备集成在一起是一件十分麻烦的事，需要为每个部件专门开发驱动或服务程序，还需要把这些制造商提供的驱动或服务程序与应用程序联系起来。图 1-10 就表示了这种应用状态。图中的应用客户表示数据的使用者，它从数据源获取数据并进行进一步的处理。如果没有统一的规范与标准，就必须在数据提供者和使用者之间分别建立一对一的驱动链接。一个数据源可能要为多个客户提供数据；一个客户又可能需要从多处获取数据，因而逐一开发驱动或服务程序的工作量很大。

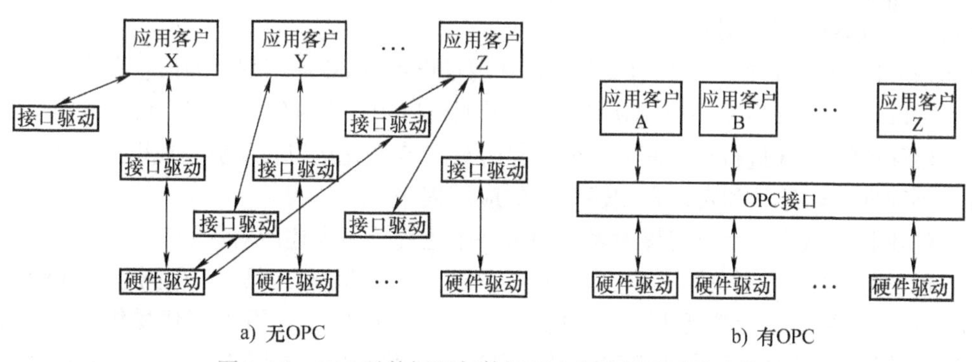

图 1-10　OPC 对数据源与数据用户间连接关系的改善

OPC 就是在这种背景下出现的。OPC 是英文 OLE for Process Control 的缩写，意为过程控制中的对象嵌入技术，是一项工业技术规范与标准。开发者在 Windows 的对象链接嵌入（Object Linking and Embedding，OLE）、部件对象模块（Component Object Model，COM）、分布部件对象模块（Distributed Component Object Model，DCOM）技术的基础上进行开发，使 OPC 成为自动化系统、现场设备与工厂办公管理应用程序之间有效的联络工具，将现场信息与系统监控软件之间的数据交换间接化、标准化。

2. OPC 是连接现场信息与监控软件的桥梁

有了 OPC 作为通用接口，就可以把现场信息与上位接口、人机界面软件方便地连接起来，还可以把它们与 PC 的某些通用开发平台和应用软件平台链接起来，如 VB、VC、C++、Excel、Access 等。图 1-11 描述了 OPC 解决方案中信号的传递关系。

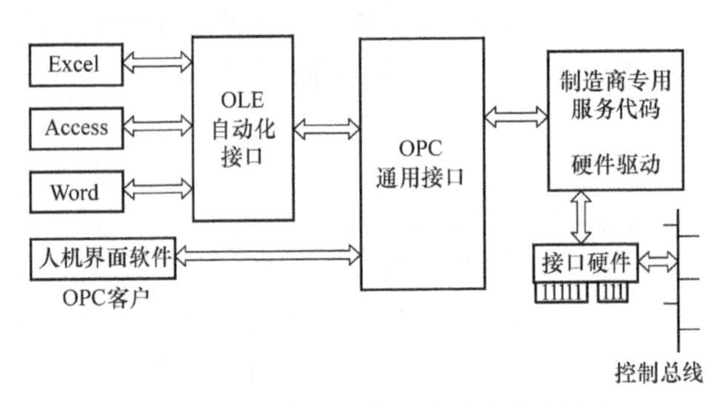

图 1-11 OPC 解决方案中信号的传递关系

图中可见，OLE 技术是其中的重要组成部分。OLE 技术把文件、数据块、表格、声音、图像或其他表示手段描述为对象，使它们能在不同厂商提供的应用程序间方便地交换、合成及处理。

OLE 由两种数据类型来组成对象：一类为表示数据（presentation data），另一类为原始数据（native data）。表示数据用于描述发送到显示设备的信息，而原始数据则是应用程序用以编辑对象所需的全部信息。在 OLE 模型下，既可实现对象链接，也可把对象嵌入到文档中。链接是把对象的表示数据和原始数据的引用或者指针置入文档的过程。和对象有关的原始数据可以放在其他位置上，如磁盘，甚至联网的计算机上。而对用户来说，被链接的对象就像已经全部包含在文档中一样。嵌入与链接的区别在于，嵌入是把对象的表示数据和原始数据确确实实地置于文档中，即文档中具有编辑对象所需的全部信息，并允许对象随文档一起转移，因而嵌入会使文件变大，需要更多的开销。而链接由于一个对象数据可以服务于不同文档，因而具有更高的效率。

从图 1-11 还可以看到，OLE 自动化接口在现场设备与 PC 应用程序的信息交换中发挥了重要作用。OLE 自动化接口是一种在应用程序之外操纵应用程序对象的方法，它用于创建能在应用程序内部和穿越程序进行操作的命令组。利用 OLE 自动化接口，能够完成以下任务：

1）创建向编辑工具和宏语言表述对象的应用程序。

2）创建和操纵从一个应用程序表述到另一个应用程序表述的对象。

3）创建访问和操纵对象的工具，还可嵌入宏语言、外部编程工具、对象浏览器和编译器等。

OLE 自动化接口具有类型描述接口，类型信息构造接口，用于创建操纵参数、数据、字符串的数据操纵函数，用来装载和注册类型库的类型库函数，用于编译类型库的对象描述语言，用于 OLE 测试的工具等。

OPC，这个过程控制中的对象链接和嵌入技术和标准，为自动控制系统定义了一个通用的应用模式和结构；为系统定义了一套规范的接口标准。它将系统划分为 Server 和 Client 两部分，Server 端完成硬件设备相关功能；而 Client 端完成人机交互，或为上层管理信息系统提供支持。同时 OPC 技术为 Server 和 Client 的通信定义了一套完整和完备的接口，为应用程序间的信息集成和交互提供了强有力的手段。

模块二 直接数字控制系统

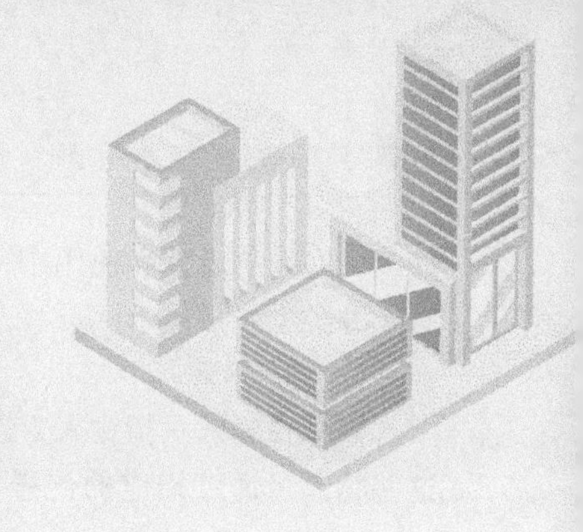

智能建筑中的集散计算机控制系统是通过通信网络系统将不同数目的现场控制器与中央管理计算机连接起来，共同完成各种采集、控制、显示、操作和管理功能。

智能建筑中的现场控制器一般采用直接数字控制器（DDC）。现场控制器根据控制功能不同可分为专用控制器和通用控制器。专用控制器是为专用设备控制研发的控制器，如BAS中用于变风量控制的VAV（Variable Air Volume）控制器、风机盘管温度控制器等。通用控制器可用于多个种类不同设备的控制。通用控制器一般根据结构又分为紧凑型控制器和模块化控制器，使得系统的应用更加灵活方便。在实际使用中，可根据不同需要，选用不同的模块进行DDC配置，并采用不同的冗余结构以适应不同的控制器要求。

现场控制器通常安装在靠近控制设备的地方。为适应各种不同的现场环境，DDC应具有防尘、防潮、防电磁干扰、抗冲击、抗振动及耐高低温等恶劣环境的能力。

第一单元　直接数字控制器概述

一、直接数字控制器的定义

直接数字控制器（DDC）在一套完整的楼宇自动化系统中又称下位机。直接数字控制器的“控制器”指完成被控设备特征参数与过程参数的测量，并达到控制目的的控制装置；“数字”的含义是控制器利用数字电子计算机实现其功能要求；“直接”说明该装置在被控设备的附近，无须再通过其他装置即可实现上述全部测控功能。它具有可靠性高、控制功能强、可编写程序等特点，既能独立监控有关设备，又可通过通信网络接受中央管理计算机的统一管理与优化管理。

近几年来，DDC代替了传统控制组件，如温度开关、接收控制器或其他电子机械组件等，成为各种建筑环境控制的通用模式。DDC系统是利用微信号处理器来执行各种逻辑控制功能及策略控制功能，它主要采用电子驱动，也可用传感器连接气动机构。

所有的控制逻辑均由微信号处理器完成，这些控制器接收各类传感器的输入信号，并根据控制要求运行软件程序，分析处理这些输入信号，再输出信号到外部设备，这些输出信号可用于启动或关闭机器，打开或关闭阀门或风门，或按程序要求执行复杂的动作。

二、直接数字控制器的结构及原理

直接数字控制器（DDC）内部包含了可编程序的处理器，采用了模块化的硬件结构。在不同的控制要求下，可以对模块进行不同的组合。执行不同的控制功能。可编程模块化控制器是最灵活、功能最强的DDC设备。它具备通信功能，控制程序可根据要求进行编写或修改，在系统设计和使用中，主要掌握 DDC 的输入和输出的连接。DDC 的输入/输出端口有 4 种类型：

1. 模拟量输入（AI）

模拟量输入是指输入为连续变化的物理量，如温度、压力、流量、液位、空气质量等，这些物理量通过相应的传感器测量并经过变送器转变为标准的电信号。如：0～5V、0～10V、－10～10V、0～20mA、4～20mA 等。这些标准的电信号与 DDC 的模拟量输入口连接，经过内部的 A-D 转换器变成数字量，再由 DDC 计算机进行分析处理。

2. 数字量输入（DI）

数字量输入是指输入为离散变化的物理量，如开关状态、故障报警等。DDC 计算机可以直接判断 DI 通道上的开关信号（通为“1”、断为“0”），这些数字量经过 DDC 进行逻辑运算和处理。一般数字量接口所接外部设备是断开状态时，DDC 将其认定为“0”，而当外设开关信号接通时，DDC 将其认定为“1”。

3. 模拟量输出（AO）

DDC 将采集的外部信号，通过分析处理后再输出给输出通道。当外部需要模拟量输出时，系统经过 D-A 转换器转换后变成标准电信号。如：0～5V、0～10V、0～20mA、4～20mA 等。模拟量输出信号一般用来控制风阀或水阀，风阀和水阀有气动执行器和电动执行器两种：气动执行器是通过 DDC 输出的模拟量电信号来控制电气转换器，使其输出对应的气信号来控制气动执行器；电动执行器是通过 DDC 输出的模拟量电信号直接控制电动执行器。

4. 数字量输出（DO）

DDC 将采集的外部信号，通过分析处理后再输出给输出通道。当外部需要数字量输出时，系统直接提供开关信号来驱动外部设备。这些数字量开关信号可以是继电器的触点、NPN 或 PNP 晶体管、晶闸管等。它们被用来控制诸如接触器、变频器、电磁阀、照明灯等。

三、直接数字控制系统介绍

直接数字控制系统（简称为 DDC 系统）是指一个终端系统，是机械系统中用于服务于单独区域的组成部分，例如：一个单独的风机盘管控制器、VAV 控制器、热泵控制器等。DDC 终端是 DDC 的应用系统，是商业建筑控制工业的新发展方向，它可提供整个建筑暖通空调系统的运行情况。

DDC 系统的信息处理与控制水平取决于机器设备的形式，如 VAV 终端，其操作系统通过设置是否需加热或降温的气流温度来设定给定值，根据气流流量和给定值的最大最小流量值进行控制，也可设定日程序、假日程序等。如果装有排气感温棒，还可根据排气温度进行控制。DDC 系统可监控每个 VAV 终端的风扇运行时间和管道加热器工作时间。其他终端系统也是类似的，但对系统的影响有所不同。

DDC 作为控制系统的分站主要是和现场的设备进行连接。它们之间是通过屏蔽或非屏蔽线缆连接，利用手持式编程器或 PC 可以对 DDC 进行编程，编程方式采用图形化编程语言或类 basic 语言。可以实现比例、比例-积分、比例-积分-微分、开关、最大/最小值选择、平均值、焓值、逻辑、联锁等控制功能。

四、直接数字控制系统适用的建筑和系统

DDC 系统适用于现在大多数建筑，包括：办公大楼、学校、医院、机场、酒店以及工业建筑，还可应用于建筑改造。

实际上，大部分楼宇设备机电系统，如变风量（VAV）系统、热泵、风机盘管、新风机组空调箱、空气处理系统、通风机系统和建筑中心机械设备及附加设备均可连接到 DDC 系统，提供运行控制、状态监测、节能控制及安全保护等。

五、直接数字控制系统的特点

1. 可将建筑联网

中心控制室可通过宽带网络调节控制多栋大楼，中心计算机可接收到远距离 DDC 传输的各种警报、信号，并可在中心控制室操作完成各种必要功能。

相距不远的几栋大楼可通过以太网联网，操作终端可置于其中一栋建筑，它的操作信号可传送至网络的其他终端，这对建筑群是十分理想的。

2. 能提供过往使用记录

安装在各区域（房间）的传感器可由客户调节改变该区域内设定点，当设定变化时，空气处理系统或部分机械系统相应动作，该系统还可提供每月各客户的操作记录清单。

3. 操作人员不需要计算机经验

目前市场上的大多数系统操作时并不需要很高的计算机专业知识，当然，不同系统的操作难易程度不同，在评定一个系统时，必须注意它是否采用便于操作的菜单式驱动和画面显示，以及设有帮助键提供帮助信息。选用时，应避免采用需要学校培训或专门训练才可操作的系统。

4. DDC 系统能协助顾问工程师

顾问工程师可很大地受益于 DDC 系统。从大楼建造开始，工程师在办公室就可通过 DDC 系统了解大楼的许多情况，并可按控制系统提供的情况对有关机器进行检修而不必走出办公室，这样在工程进行时就可节省很多费用。

5. DDC 系统对服务和管理公司的益处

安装在大楼内的 DDC 系统可以及时监控大楼的操作，对出现的问题迅速做出反应，并采取有效措施。该系统还可通过远程电信设备联系，并从大楼接收信号，大楼的实际操作可由远处监控，并可在远处改变设定点、时间表，甚至控制软件。这样在不是重要问题或需要改进时，就可节省昂贵的差旅费了。当维修人员需要前往时，他也可通过联网预测故障原因，以便到达现场后有解决问题的方法，这样可大大提高工作效率，并降低客户的不满程度。

6. DDC 系统适用各种规格的建筑

DDC 系统可安装于各种规格的建筑中，在小型建筑中，它的优点是直接通过 DDC 的手持式操作终端或显示面板直接控制被控设备；在大型建筑中，它的优点是可通过中心管理系统管理，从而比单个管理更节省人力和能源。

六、直接数字控制器（DDC）与可编程序逻辑控制器（PLC）

对于自动化专业的学生来说，PLC 编程与应用是必学的基本知识，但同样用于控制的

DDC 又有什么不同之处？本小节从二者的应用领域、结构及协议等 9 个方面做出以下说明：

1. 应用领域

PLC 最初的设计目标只是替代复杂的继电器电路，DDC 最初只用于工业自动化仪表；PLC 强调通用性，DDC 强调专用性；PLC 应用于工业控制领域，DDC 应用于专业楼宇系统。

2. 结构差别

DDC 是一种“分散式控制系统”，组成的系统是分层的结构，可以实现点对点的通信，而 PLC 只是一种控制“装置”，常用于生产线上某个部位的控制，组成的系统通过特有协议的现场总线连接，PLC 通过上位机与其他 PLC 通信；两者是“系统”与“装置”的区别。

3. 协议差别

DDC 系统一般支持多种协议标准，集成接口丰富，集成第三方设备的能力很强，系统自身的扩展性与开放性更好；而 PLC 因为基本上都为个体工作，在与其他 PLC 或上位机进行通信时，所采用的网络形式基本都是单网结构，网络协议一般是专有的现场总线标准，与第三方设备的集成能力相对较差。

4. 软件特性

DDC 系统的上位机软件多为专用软件；PLC 系统的上位机软件多为通用组态软件。具体到楼宇自控领域，使用专用的 DDC 比较方便，特别是上位机的工作量较小；使用 PLC 则无论是下位机编程还是上位机组态都比较麻烦，需要从基础做起，对设计编程人员和使用人员的技术水平和英语水平要求高。

5. 专业性

PLC（如常用的西门子 S7-200 和 S7-300 系列 PLC）是通用的工控产品，没有内置经过严格实验的能源管理及节能程序，需要非常专业的设计人员做大量的现场调试工作，调试周期长。DDC 固化专业版软件，有标准应用程序和经过严格实验的 PID 算法及能源管理程序等特殊的功能，DDC 通常有峰值负载控制、优化起停控制、优化设备调度、节约能源周期控制、多种空调运行模式、临时计划更换、节假日时间表、基础日历时间表、事件时间表、趋势记录和报表等功能。

6. 扩展性

DDC 在整个设计上留有大量的可扩展性接口，外接系统或扩展系统都十分方便；而 PLC 所搭接的整个系统完成后，想随意地增加或减少操作员站都是很难实现的。

7. 安全性

DDC 出现故障时，可在线更换，不影响本网络上其他 DDC 的网络通信，DDC 自身可以独立工作，中央操作站可以在不需要时停机，保证整个系统的安全可靠。PLC 单元模块发生故障时，不得不将整个系统停下来，才能进行更换维护并需重新编程，PLC 依靠上位机工作。所以，DDC 系统要比 PLC 系统在安全可靠性上高一个等级。

8. 模块化

PLC 分大、中、小、微型 PLC，如 S7-200 系列 PLC 属于西门子微型 PLC，S7-300 系列 PLC 属于西门子较低性能系列，可以带的点数很有限，组成的网络规模有限，不易扩展。DDC 有多种模块化系列可以选择，适合不同的空调工艺，I/O 点数配比合理，有适当冗余。

9. 调试繁简度

由于应用的控制领域不同，PLC 系统调试比较麻烦，DDC 系统调试起来相对容易。而对于PLC构成的系统来说，工作量极其庞大，首先需要确定所要编辑更新的是哪个PLC，然后要用与之对应的编译器进行程序编译，最后再用专用的机器（读写器）专门一对一地将程序传送给这个PLC，在系统调试期间，大量增加调试时间和调试成本，而且极其不利于日后的维护。在控制精度上相差甚远。这就是在大中型（500点以上）控制项目中，基本不采用全部由PLC所连接而成的系统的原因。PLC对日后维护人员的技术水平要求高。

总之，由于应用的领域不同，DDC和PLC在工作方式、网络通信、系统功能、专业性、扩展性和安全性上都有很大的差别。

第二单元　国内外常用控制器简介

一、霍尼韦尔楼宇控制系统

Excel系统是霍尼韦尔（Honeywell）公司的楼宇控制系统，目前，在我国的智能建筑系统中，Honeywell作为世界三大品牌之一，占有很大的市场份额。Honeywell系统主要是由操作站（OWS）、网络适配器（BNA）、直接数字控制器（DDC）、现场传感器及执行器等构成。操作站与网络适配器通过局域网通信，网络适配器通过C-Bus与直接数字控制器通信，数字控制器通过屏蔽或非屏蔽线缆与被控设备直接连接。

Excel 5000系统是Honeywell公司于1994年推出的集散控制系统，它具有开放性和向下兼容性，自1994年推出后，系统已经进行了数次改进以适应新的需求。

1. Excel 5000系统的组成

Excel 5000系统包括三个部分：机电设备控制系统、火灾报警消防控制系统和保安系统。

这三个系统各自独立工作，均为集散型的分级分布式控制，中央站与分站直接通信，分站与分站之间直接通信，每种分站均可独立工作，而与中央站无关。在中央站的级别上，三个系统实现无缝集成，用以太网完成信息交换。作为上位机的管理与开发计算机，如办公室自动化系统则以Web浏览器的工作方式与建筑物自动化系统联网工作，可以查看系统实时数据库中的各种数据，从而将建筑物自动化系统向建筑物经营管理系统开放。

Excel 5000系统是一个集成系统，在管理信息域，可与办公自动化系统联系。在实时控制域，三个系统连接为一个整体，完成数据交换，实现动作联锁控制。

Excel 5000系统是一个开放系统，第二级（单元）控制器采用了行业规范LonMark，使得与其他供应商具有LonMark标志的产品可以互换，数据网络通信协议采用工业标准TCP/IP，网络结构采用以太网，使网络的连接简便易行，同时，采用Internet技术，使建筑物自动化系统连接企业网。

Excel 5000系统是以现场总线技术为基础的集散型控制系统，主控制器输入、输出采用LON总线，部件采用先进的电子技术和卓越的工艺，使控制器的可靠性达到平均无故障工作时间（MTBF）不小于12万小时（13.7年），具有工业过程控制水平。

2. Excel 5000系统的三类总线

Excel 5000系统有三类总线，即管理总线（也称TCP/IP总线）、控制总线（也称RS485总线）和现场总线（也称LonTalk总线）。

TCP/IP 总线用于信息域，主要传递管理信息，其特点是传输速率高，可达 10Mbit/s，采用以太网传输，是中央站与上位机之间建立联系的通道。

Excel 5000 系统中的 TCP/IP 总线，首先联系三种中央站，进行集成功能信息的传输，也就是三站数据交换，用以实现机电设备控制系统（XFi）、火灾报警消防控制系统（XLS）和保安系统（XSM）的综合管理，建立系统之间的联动控制关系，并以机电设备控制系统的中央站为中心，构成三位一体的网络式集成控制系统。

Excel 5000 系统具备 Client/Server（客户机/服务器）或 Browse/Server（浏览器/服务器）网络架构，这三个站各自是网络上的节点，互相可以访问，在网络上是对等的。管理总线还用作建筑自动化系统与第三方系统，包括建筑物经营管理系统的沟通渠道，通过以太网、BACnet 技术、OPC 技术，完成有关系统信息的综合。当与 Web 服务器的 SQL 数据库集成时，网络还具有浏览器/服务器的架构。

TCP/IP 总线基本上是用于管理信息的通道。TCP/IP 总线与建筑物综合布线可有一定的联系，尤其在建筑物经营管理系统联网时。

RS485 总线和 LonTalk 总线用在控制域传递实时控制信息，完成现场设备的实时控制，它的特点是传递速率不高，通常为 9600bit/s 及 7800bit/s，分别采用 RS485 标准和 LonTalk 通信协议。信息传递的目的在于完成实时控制，所以时间性强，信息通常带有优先级别，以区别在控制系统中的重要程度，决定在总线中传送的顺序。这两类总线基本上采用双绞线，也可用光缆，很少使用综合布线系统。

总之，TCP/IP 总线用于管理网络（以太网），RS485 总线和 LonTalk 总线用于控制网络；或者也可以说，TCP/IP 总线代表着管理层，RS485 总线和 LonTalk 总线分别代表着自动化层和现场层。

3. Excel 5000 系统结构

该控制系统为集散分级分布式系统，其网络结构一般分为三层，如图 2-1 所示。第一层为局域网（以太网），第二层为分站总线，第三层为子站总线。Excel 5000 系统有三类总线，即管理总线、控制总线、现场总线。管理总线用于信息域，主要传递管理信息，传输速率高，通常采用以太网。控制总线和现场总线用在控制域传递实时控制信息，完成现场设备的实时控制，特点是传递速率不高，分别采用 RS485 标准和 LonTalk 协议。

关于更为详细的 Honeywell DDC 详见本模块第三单元。

二、西门子楼宇控制系统

APOGEE 楼宇自控系统（或称楼宇管理系统）是西门子楼宇科技推出的一套完整的楼宇控制系统，由 Insight 监控软件、各种 DDC、传感器和执行机构等组成。APOGEE 系统能够完成多种控制及管理功能的网络系统。它是随着计算机在环境控制中的应用而发展起来的一种智能化控制管理网络。目前，系统中的各个组成部分已从过去的非标准化的设计生产，发展成标准化、专业化产品，从而使系统的设计安装及扩展更加方便、灵活，系统的运行更加可靠，系统的投资大大降低。

西门子新一代以太网楼宇自控系统由 MEC、PXC 等以太网楼宇控制器组成，并连接至标准的以太网上，如图 2-2 所示。传统上，APOGEE 控制器在楼宇级网络上使用专用双绞线和其他的控制器进行通信，而以太网 MEC、PXC 紧凑型控制器可以通过 10/100Mbit/s 以太网连接。以太网楼宇级网络可以是一个逻辑组，它由任何地方连接到以太网的 1 ~ 1000 台 MEC 和 PXC 构成。多个以太网楼宇级网络可以连接到同一个以太网络中，但是每个以太网楼宇级网络和 APOGEE 软件通过一台工作站进行通信。每个 APOGEE 工作站可以管理多个以太网楼宇级网络。

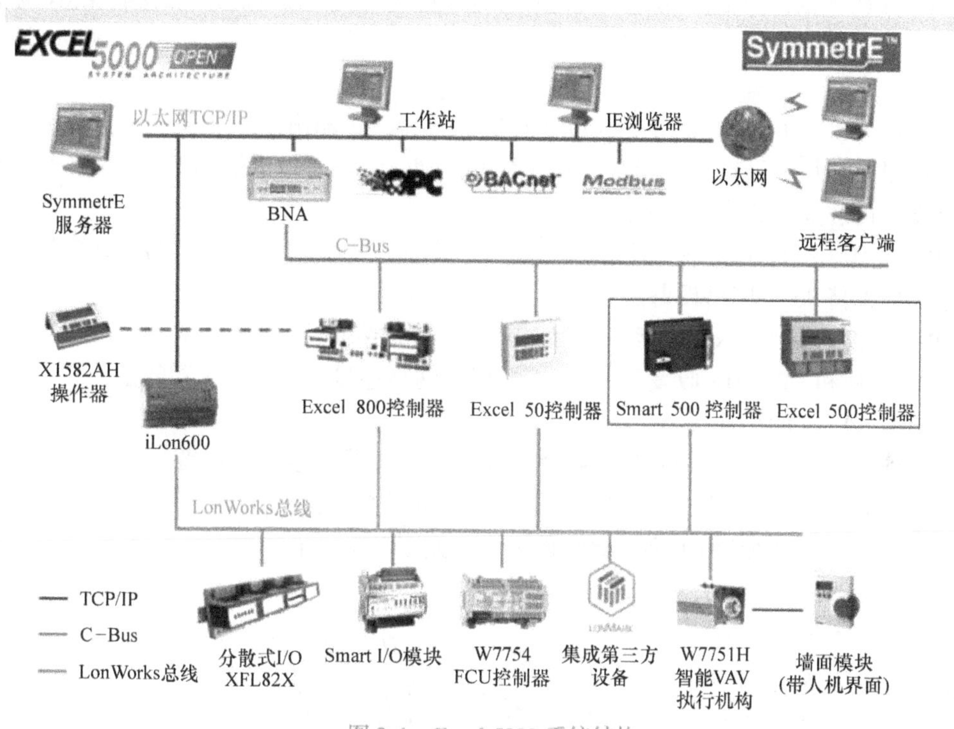

图 2-1　Excel 5000 系统结构

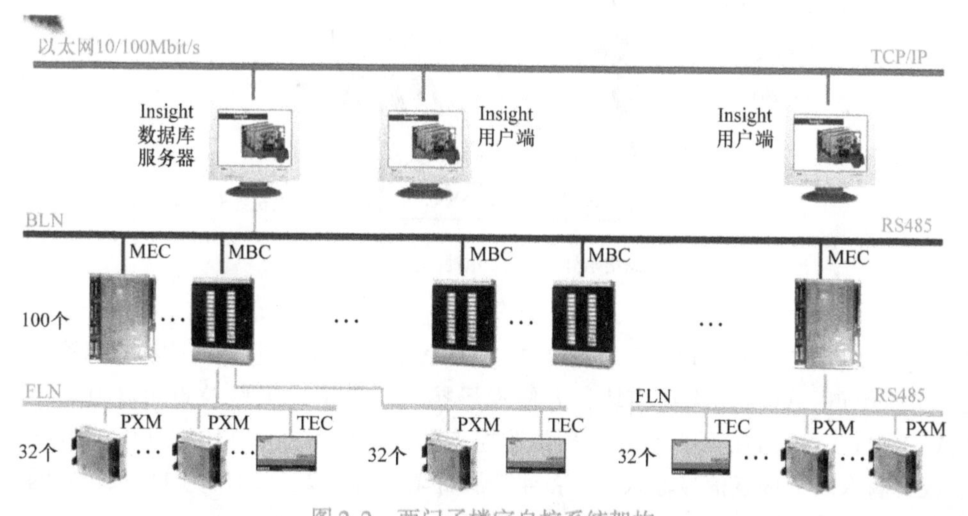

图 2-2　西门子楼宇自控系统架构

1. 模块化设备控制器（MEC）

模块化设备控制器（MEC）是 APOGEE 现场管理和控制系统的组成部分，是一个高性能的 DDC。MEC 在不依靠较高层处理机的情况下，可以独立工作和联网，以完成复杂的控制、监视和能源管理功能，而不需要依赖更高层的处理器。MEC 可以连接楼层级网络（FLN）设备和 LonWorks 控制器，并提供中央监控功能。一套楼宇自控系统最多有 100 个 MEC 或现场处理机，可在点对点（Peer-to-Peer）网络上通信。

（1）硬件　MEC 具备几种系列，皆具有灵活性、扩展性。所有“EX”和“EXB”版本的 POWER MEC 支持工业标准 BACnet/IP 网络通过直接连接 10/100Base-T 进行 LAN 通信。

1）Power MEC—11××EB 系列。除了楼宇系统管理功能外，可控制 32 个输入/输出监控点。

2）Power MEC—12××EB 系列。除了控制 32 个输入/输出监控点外，还支持远离控制器安装的模拟量和数字量点扩展模块。这种特性可使 Power MEC 的监控点得以扩充，并提供终端点靠近负载处的经济安装方式。

3）Power MEC—12××EFB 系列。“EFB”版本的控制器增加了 3 个 APOGEE FLN 连接端口，总共可支持 96 个网络设备。

4）Power MEC—12××ELB 系列。“ELB”版本的控制器支持 LonWorks 网络。它需要一块 Neuron 芯片和 FTT-10A 收发器。与 P1 楼层级网络连接 3 个端口不同的是，它有一个单独的接口与 LonWork 网络连接。

这一系列控制器有内置的 LonWorks 网络数据库服务器，数据库保留了一个动态、实时的 LonWorks 网络数据，包括连接/捆绑、节点状态和配置参数。

（2）MEC 组成　MEC 由下列主要组件组成，如图 2-3 所示。

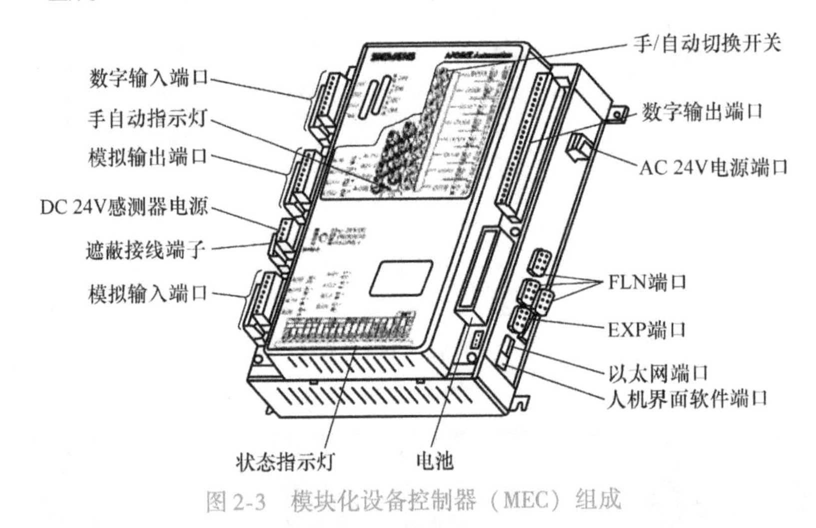

图 2-3　模块化设备控制器（MEC）组成

1）输入/输出监控板。包含可执行 A-D 或 D-A 转换、信号处理、监控点命令输出和通信的 32 个监控点。可移动终端模块，方便现场接线。模拟输入监控点可在 0～10V，0～20mA 或 1K RTD 输入的范围间任选。模拟监控点的输出也可在 0～10V 或 0～20mA 范围间任选。数字输入以干接点信号输入，具备 4 个脉冲输入点。数字输出为 110/220V 的 C 型额定继电器。

2）电源。电源给输入/输出监控板和传感器供电。装置在 MEC 内，简化了安装和维修。

电源需与控制板共同工作，即使在电力不足的情况下，I/O 监控板与模拟和数字监控点模块设备控制也能够做到平稳升降。

LED 状态显示可区分由电源供给的 AC 24V 和从 I/O 监控板供给的 DC 24V。

3）控制板。控制板是一个多任务微处理平台，用于在 BLN 上与其他 MEC、现场处理机、I/O 监控板和模拟数字监控模块进行程序执行和通信。

2××系列和3××系列的 MEC 也支持点扩展模块，根据需要可扩展点容量。控制板的主要功能是处理实时数据、优化控制参数和管理操作者对数据的请求。

每个控制板均有一个 RS232 端口（RJ11），用于连接 LUI、CRT 终端机、便携式计算机或打印机，另外，300 系列 MEC 带有 1 个 RS232 端口（RJ45），用于 APOGEE 拨号网络的调制解调器。

2××F 和 3××F 系列 MEC 控制器支持 3 条 FLN 干线与总共 96 个 FLN 设备通信。

备用电池（锂电池）可维持 MEC RAM 内存中的程序和数据信息至少 60 天时间。这免去了因电源故障而需费时地重新输入数据的工作。锂电池可现场更换。当电池电量不足时，控制板上的 LED 会显示“电池不足”，并且将报警信息传送至打印机或终端机。

带有操作系统的固件储存在不易消失的 ROM 内存中，它很容易在现场进行升级。

电力不足保护和电源恢复使得控制板不受电压波动的影响。

4）箱体组件。箱体组件包括电子和气动两种组件。为了安装 MEC、监控点模块和其他电子或气动组件，固定箱体组件包括一个穿孔板。箱体有两种尺寸可供选择：

① 小型：可容纳 1 个 MEC 或 2 个监控点扩充模块。

② 大型：可容纳 1 个 MEC 和 2 个监控点扩充模块或 3 个监控点扩充模块。

箱体由金属制成，可安全地装载电路装置，并保护组件不受瞬间电流的破坏。箱体还预留空间，可以很容易地接线。

5）维修盒。箱体内有两种任选的维修盒可供安装。其中一种维修盒提供 24～115V 的电源、2 个 CLASS 2、AC 24V 电源端子（100VA 给 MEC 和监控点模块以及 60VA 给驱动器），以及 2 个无开关插座至电源附属设备，如调制解调器和手提式终端机。另一个维修盒提供 24～230V 的电源及 CLASS 2、AC 24V 电源端子。

2. TX-I/O 模块

TX-I/O 是一系列在 APOGEE 系统中集通信和电源模块为一体的 I/O 模块，如图 2-4 所示。TX-I/O 产品包括 8 种，包括 I/O 模块、标准化的 TX-I/O 电源、总线连接模块和总线接口模块。

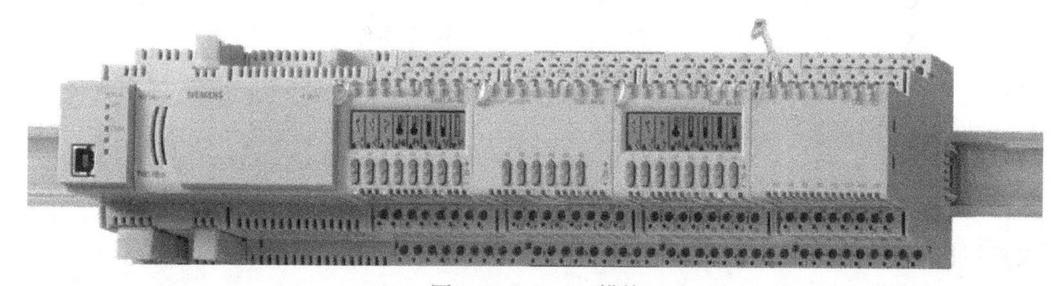

图 2-4　TX-I/O 模块

TX-I/O 模块为基于 TX-I/O 技术的 APOGEE 系统提供了 I/O 点。此外，该模块点数的分布较为合理，为多种信号组合提供了极大的灵活性及更好的人性化操作。

8种TX-I/O模块如下：8点DI模块（TXM1.8D）、16点DI模块（TXM1.16D）、6点DO带继电器输出模块（TXM1.6R）、6点DO带继电器和手动超持功能模块（TXM1.6R-M）、8点通用模块（TXM1.8U）、8点带本地液晶显示（LOID）通用模块（TXM1.8U-ML）、8点超级通用模块（TXM1.8X）以及8点带本地液晶显示（LOID）超级通用模块（TXM1.8X-ML）。

（1）P1总线接口模块（TXB1.P1）　P1总线接口模块（P1 BIM）为TX-I/O模块提供P1 FLN通信和电源。它不包含对TX-I/O模块的应用或控制。

（2）DI模块（TXM1.8D和TXM1.16D）　TXM1.8D和TXM1.16D分别用于对8个和16个DI点的监控。它们通过常开（NO）或常闭（NC）信号状态的监控，控制模块干触点的开闭状态。TXM1.8D模块上的8个DI点与TXM1.16D模块上的16个DI点中的8个点可以被用作10Hz的脉冲计数器。每个输入点都有一个绿色的LED指示灯显示工作状态。

（3）DO模块（TXM1.6R和TXM1.6R-M）　数字输出模块提供6个常开（NO）或常闭（NC），连续或脉冲的无源干触点信号。这些触点可容纳的最大电量为：4A，AC 250V。每个I/O点均有一个绿色LED状态指示灯。

TXM1.6R-M模块也装有手动操持开关。每个手动操持开关上都有一个橙色的LED指示灯，用来显示每个点的工作状态。

（4）通用模块（TXM1.8U和TXM1.8U-ML）　TXM1.8U和TXM1.8U-ML是通用模块，允许8个点根据不同情况的需要分别可作为DI、AI或者AO。

（5）超级通用模块（TXM1.8X和TXM1.8X-ML）　TXM1.8X和TXM1.8X-ML超级通用模块具有所有通用模块的特征，并提供：

1）模拟输入电流4~20mA。

2）模拟输出电流4~20mA（每个模块上最多4个电流输出：第5~8个点上）。

3）每个模块的最大输出值为200mA，最多提供给传感器DC 24V的电源电压。

注意：当所连接的传感器需从该模块提取电源时，有源的输入和输出被允许放在相同的模块上。当所连传感器需被外部供电时，有源输入和输出需被放在单独的模块上。

（6）TX-I/O电源模块（TXS1.12F4）　TX-I/O电源模块具有如下特点：

1）TX-I/O电源为TX-I/O模块和外部设备提供1.2A、DC 24V的电源。

2）TX-I/O总线DC 24V供电LED指示。

3）4个TX-I/O电源模块可以在最多两个导轨上并行操作。

4）在导轨之间发送DC 24V电源（Communication Supply，CS）信号以及数据通信（Communication Data，CD）信号等。

（7）TX-I/O总线连接模块（TXS1.EF4）　TX-I/O总线连接模块具有如下特点：

1）为TX-I/O模块和外部设备传递1.2A、DC 24V的电量。

2）可以放在轨道的起始端或者排列在TX-I/O模块中。

3）在导轨之间传递DC 24V电源信号以及数据通信信号。

4）为额外的外部设备提供AC 24V的输入信号。

5）如果超载或者短路，则切断对外部设备AC 24V的电源提供。内置AC熔丝可以被替换。

3. PPM（Point Pickup Module）点模块

西门子的点模块 PPM 是 P1 FLN 或扩展总线上的从属 I/O 设备。PPM 主要是允许任何 APOGEE 控制器在 FLN 或扩展总线上进行 I/O 扩展。

（1）特点 1 个 AI/DI、3 个干触点与 2 个数字输出，共 6 个 I/O 点。

1）通信速率预设为 4800bit/s，也能自动监测，支持 9600bit/s、19200bit/s、38400bit/s、57600bit/s、115200bit/s 的通信速率。

2）8 位 DIP 开关配置地址。

3）电源中断后，无须操作员干预，通信可以恢复。

4）现场不需改动或用适配件，可直接安装在电器接线盒上。

5）接线盒可选 4in×4in（1in＝25.4mm）标准深度美式电器接线盒，100mm×100mm×25mm 电器接线盒，75mm×75mm×25mm（86mm×86mm 标准开关面板）的接线盒。

6）通风室级，无须装在控制箱内。

7）可移除的隔离片，使电器接线盒内不同电压的线路分开。

8）外部可看见 LED 指示的电源通信与数字输出状态。

9）外壳标签与 LED 方便现场写信号标志。

10）无现场标定需要，减少维护费用。

（2）硬件 控制板与下列设备可直接接线：

1）温度传感器（房间，风道与室外）。

2）数字输入设备（干接点如移动传感器，报警触点）或 LPACI。

3）数字输出设备（风机、泵、电加热器）。

三、江森楼宇控制系统

MSEA 系统是美国江森自控有限公司（以下简称江森自控）新一代建筑设备监控系统，该建筑设备监控系统采用完全集成化、网络化的系统架构，在楼宇控制系统中融合了信息技术（IT）及互联网的各种技术，MSEA 系统在系统结构上支持 BACnet 协议，网络管理层上支持 BACnet/IP 协议，现场控制层上支持 BACnet MS/TP 协议。采用网络化的系统架构加上江森自控百年的控制经验，使得 MSEA 系统在当今楼宇控制领域具有明显的优势。系统从设计到生产均符合 ISO9000 质量标准。

江森自控的楼宇设备自动化系统由中央操作站、网络控制器、DDC 等组成，通过以太网或 ARCNET（N1 网）将中央操作站及网络控制器各节点连接起来，同时安装在建筑物各处的 DDC，将通过现场总线（N2）网连接到网络控制器上，与其他网络控制器上的 DDC 及中央操作站保持紧密联系。传感器及执行器等连接至以上各 DDC 内。具体结构如图 2-5 所示。

1. 网络控制引擎

网络控制引擎（NCE）介于管理层网络和控制层网络，既有网络通信管理功能，又有现场控制功能。

对于网络控制而言，它是一种基于 Web 的网络控制器，它内置了 Windows 操作系统和楼宇自控系统软件，负责监控安装在现场总线上的设备控制器，并通过嵌入式网络用户界面进行系统导航、系统配置及系统操作。当网络控制引擎与 IP 网络相连时，它还可以为其他

网络控制引擎设备和数据管理服务器提供数据信息。

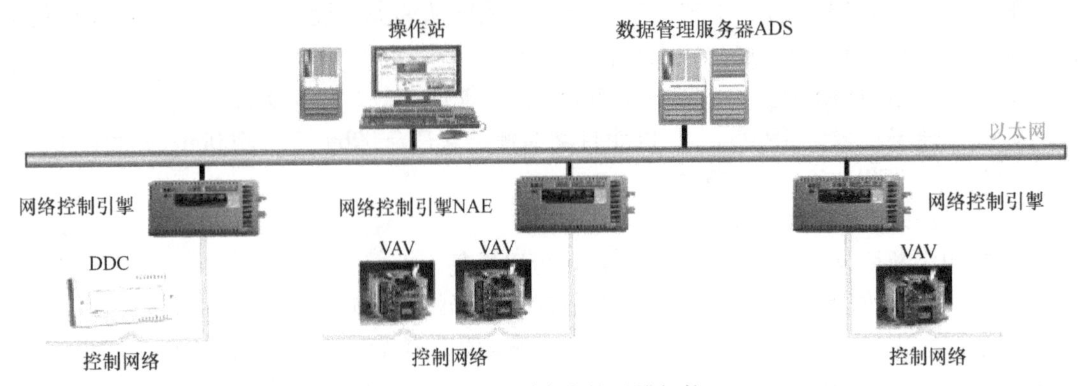

图 2-5　江森楼宇自控系统架构

对于现场控制而言，它是一个高性能的可编程控制器，采用 20MHz Renesas H8S 2398 RISCFEC 芯片，控制器使用 BACnet MS/TP 协议。编程软件功能强大，可以按照实际控制要求自由编程，如图 2-6 所示，无论是独立工作或连入 BACnet MS/TP 网络时，它的软、硬件功能可灵活地适应各种不同的控制过程。除此之外，它还可在扩展总线上连接 I/O 扩展模块，来增加它的 I/O 点的容量，并可通过内置的 LED 来监控这些点。当这条网络连入完整的 Metasys 网络时，控制器可将所有监控点情况和各种控制信息准确地提供给整个网络或控制站。

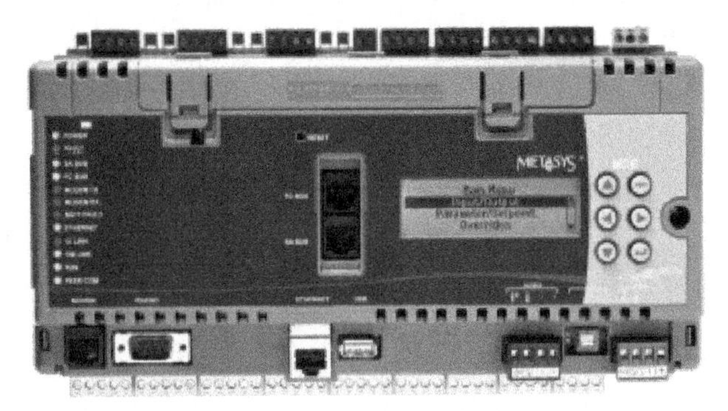

图 2-6　NCE 网络控制器

（1）I/O 模块　I/O 模块包含以下 I/O 点：

1）10 个通用输入（UI）。

2）8 个数字量输入（DI）。

3）4 个通用输出（CO）。

4）7 个数字量输出（DO）。

5）4 个模拟量输出（AO）。

这种智能设备抛弃了以往需要安装系统软件的操作站，它支持多个 Web 浏览器用户同时访问，提供监控、警告和事件管理、数据交换、趋势分析、能量管理、时间表以及数据储存的功能，并采用了密码授权以及 IT 行业的安全保护技术。

（2）技术规格　网络控制技术规格见表 2-1。

表 2-1　网络控制技术规格

电源	AC 24V，50/60Hz（最低 AC 20V，最高 AC 30V）
功率	最大 25V · A
周围操作温度	0 ~ 50℃（32 ~ 122 ℉）

（续）

周围操作环境	10%～90%相对湿度；最大露点30℃（86℉）
周围储存温度	-40～70℃（-40～158℉）
周围储存环境	5%～90%相对湿度；最大露点30℃（86℉）
数据保护电池	可以充电使用的凝胶状电池，用于断电时的数据保护 12V，1.2A·h，在21℃（70℉）时，典型的使用时间为5～7年
时钟电池	板式电池，用于断电时的实时计时 21℃（70℉）时，典型使用寿命为10年
处理器	192MHz Renesas SH4 7760 RISC处理器
内存	网络控制部分：128MB闪卡EPROM 128MB SDRAM（动态随机存取存储器）用于操作数据动态内存 现场控制部分：1MB FLASH及1MB RAM
操作系统	内置Microsoft Windows CE系统
网络和串行接口	一个以太网接口；10/100Mbit/s；8针RJ45型连接器 一个独立的RS485型SA BUS接口 一个独立的RS485型BACnet MS/TP或N2总线界面（适用于支持BACnet MS/TP或N2协议的NCE） 一个LonWorks兼容端口，FTT10（适用于支持LON协议的NCE） 一个RS232C型串行端口；支持所有的标准波特率；标准9针次D式连接器 一个USB串行端口，标准USB连接器 为内置调制解调器设计的一个电话接口；最高速度56kbit/s；6针RJ12型连接器
尺寸	155mm×270mm×64mm（6.1in×10.6in×2.5in），不包括安装尺寸
外罩	内置金属护罩的塑料外罩 塑性材料：ABS+聚碳酸酯UL94 5VB 护罩：IP20（IEC60529）
安装	在4个安装脚用螺钉在水平面上固定，或者在双向DIN铁轨上安装
重量	1.2kg（2.7磅）

2. FEC系列DDC

FEC系列DDC是江森自控新一代DDC，外形如图2-7所示。

FEC系列DDC是一个高性能的“全能型”可编程控制器，采用32位的20MHz Renesas H8S 2398 RISCFEC芯片，带1256KB FLASH及520KB RAM，通信协议使用BACnet MS/TP协议，编程软件功能强大，可以按照实际控制要求而自由编程。

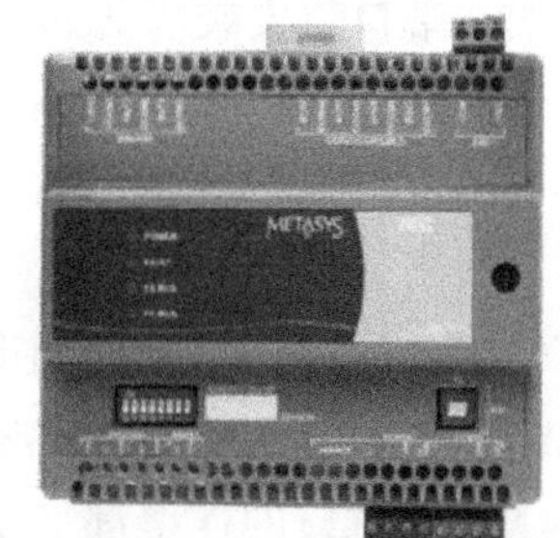

图2-7　FEC系列DDC

（1）I/O模块　I/O模块包含以下I/O点：

1）6个通用输入（UI）。

2）2个数字量输入（DI）。

3）4个通用输出（CO）。

4）3个双向晶闸管（triacs）输出（DO）。

5）2个模拟量输出（AO）。

（2）特点

1）采用标准的 BACnet MS/TP 协议进行通信。FEC 系列 DDC 采用 BACnet MS/TP 标准协议，点对点通信，最大速率可达 76.8kbit/s；DDC 即插即用，方便调整。

2）标准无线接口，方便系统调试及修改。通过 FEC 面板的接口与无线转换器连接，可无线与系统上传/下载更新程序，方便了系统调试及修改。

3）通用的 I/O 点，让配置更加方便。FEC 系列 DDC 拥有通用的 I/O 点，也就是说，输入点可以用于接收数字量信号，如设备起停状态等，也可以接收模拟量信号，如温度值等；输出点可以用于接收输出数字量信号，如设备起停等，也可以接收输出模拟量信号，如阀门开度控制等。

4）采用获得专利的 P-adaptive 及基于模式识别的自适应在线调节技术（PRAC）。采用这些调节技术使监控对象更容易根据实际环境情况调整参数，以达到最优化的系统要求。

四、清华同方楼宇控制系统

随着国内控制技术、信息技术的不断发展，我国自主研发的楼宇自控系统产品大有弯道超车之势。传承清华，始于同方，同方泰德历经二十载发展，已快速成长为国内外领先的楼宇自动化品牌供应商。其自主研发的 ezBAS 新一代控制系统，采用国际开放式平台，有效提高设备管理效率，降低运行成本，为可持续发展的社会提供优化节能措施。

其核心技术主要包括：控制器采用通用输入、输出端口；控制器内置节能优化算法，使节能方案简单易行；自主开发无线免电池控制面板，使用灵活兼顾绿色环保；控制器通过 LonMark 认证，真正实现开放互通；插件式调试工具，支持多方平台系统平台采用 OSGI、XML、Web、Service 等新开源技术，同时支持 NET 技术；系统采用标准 B/C 结构，支持无客户端的 Web 浏览；组态采用 SVG 矢量图，支持无损放大缩小，系统接口完备，无须开放支持数十家知名厂商的产品。其系统结构如图 2-8 所示。

图中，B-NET 为站点连接总线。在物理层上采用 CANBUS 标准，站点通信速率为 38400bit/s。iNET 为模块连接总线，用来连接主控模块和 I/O 模块，它的网络拓扑为基于 CAN 物理层总线结构，通信速率为 57600bit/s。

1. Techcon 809-PC-CAN

Techcon 809-PC-CAN 适配器是一个高性能的 CANBUS 接口设备，如图 2-9 所示，通过 RS232 端口将安装有 Techview-iDCS 组态软件的 PC 与 Techcon 控制器网络连接。

Techcon 809-PC-CAN 适配器可以连接和管理最多 250 个 Techcon 控制器，向主机传送最多 60000 个点的数据。

2. Techcon 809-CAN-HUB

Techcon 809-CAN-HUB 是一个 4 端口的 CANBUS 集线器，如图 2-10 所示。它用于扩展 CANBUS 控制网络，使信号的传输突破 1km 的限制。它的功能相当于一个网络中继器。4 个 CANBUS 端口的连接都采用双绞线，数据传输速率是 38400bit/s。

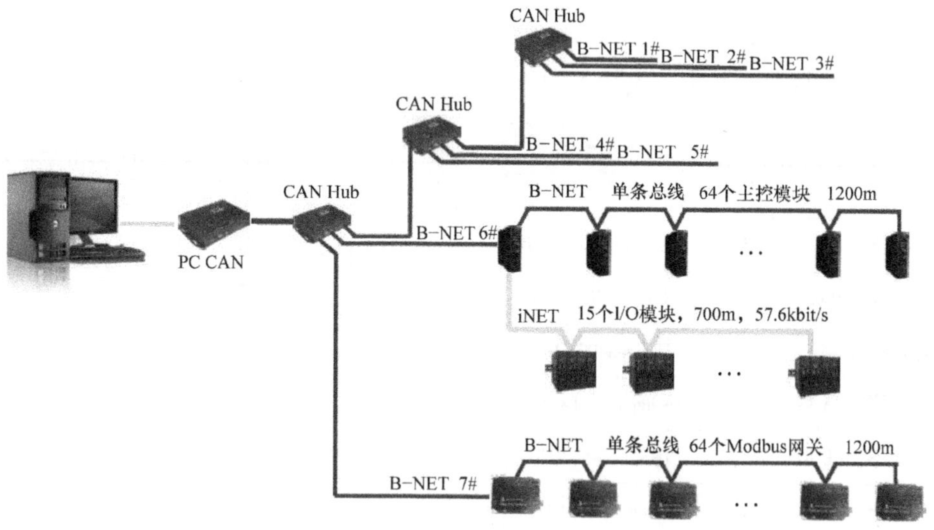

图 2-8 清华同方楼宇自控系统架构

图 2-9 Techcon 809-PC-CAN 适配器

图 2-10 Techcon 809-CAN-HUB

3. Techcon 509 主控模块

Techcon 509 系统主控模块是专为楼宇管理而设计的可自由编程控制器。模块化的设计使其可作为独立单元运行，也可作为网络的一部分。它适用于各种不同规模的楼宇。主控模块用于网络通信和空调系统，它可用于监控冷机、空调机组、风机盘管机组、通风扇、泵和照明等。主控模块可与 Techcon I/O 模块一起使用来控制设备。每个主控模块可以最多与 15 个 I/O 模块连接。

1）Techcon 509-MCU-CC，如图 2-11 所示。

2）Techcon 509-MCU-CE，这是支持以太网的主控模块，如图 2-12 所示。

图 2-11 Techcon 509-MCU-CC

图 2-12 Techcon 509-MCU-CE

4. I/O 模块汇总表

Techcon I/O 模块汇总表见表 2-2。

表 2-2　Techcon I/O 模块汇总表

名称	型号	DI	DO	AI	AO	T
模拟量输入模块	Techcon409-AIA-B	—	—	10	—	—
数字量输入模块	Techcon409-DIA	16				
继电器输出模块	Techcon409-DOA	—	10	—	—	—
机组控制模块 A 型	Techcon409-GCA-B	6	3	4	3	—
机组控制模块 B 型	Techcon409-GCB	5	2	6	3	—
测温控制模块 D 型	Techcon409-GCD-D	4	2	3	3	3
电机控制模块 A 型	Techcon409-MCA	12	4	—	—	—
电机控制模块 C 型	Techcon409-MCC	14	2	—	—	—
阀门控制模块 A 型	Techcon409-VDA	4	8	4	—	—

第三单元　霍尼韦尔 DDC

Honeywell 控制器有 Excel 50、Excel 80、Excel 100、Excel 500 和 Excel 800 等，下面重点介绍其中常见的 3 种控制器。

一、Excel 50 控制器

1. Excel 50 控制器简介

Excel 50 控制器可用于两种情况：一是用于内部程序，预先配置的应用程序存储在应用模块内存中，可通过人机操作界面或其他外部设备输入指定码进行选择；二是用于由 CARE 软件建立和下载到控制器的应用程序。

Excel 50 控制器有两种型号：一种带人工操作界面，外形如图 2-13 所示；另一种不带人工操作界面。Excel 50 控制器有 8 个模拟量输入、4 个模拟量输出、4 个数字量输入（其中有 3 个可用作累加器）及 6 个数字量输出，具体的特性见表 2-3。所有的输入和输出都有高达 AC 24V 和 AC 35V 的过电压保护，数字输出有短路保护。Excel 50 控制器可采用不同的方式进行通信，如通过 XI584、服务软件或 C-Bus 均可进行程序下载。

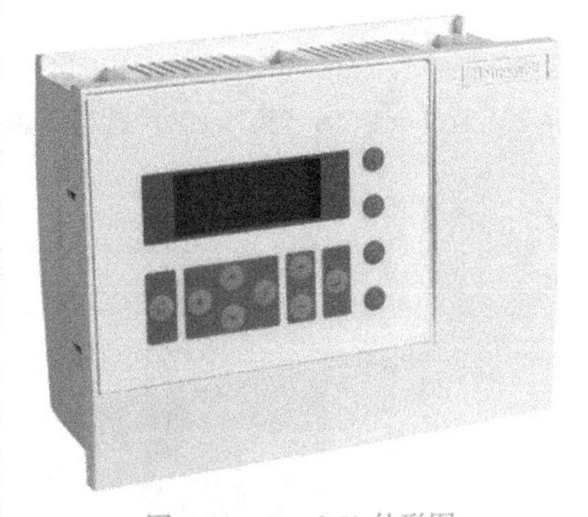

图 2-13　Excel 50 外形图

表 2-3　Excel 50 I/O 特性

类　型	特　性
8 个通用模拟量输入	电压：0～10V 电流：0～20mA（需外接 499Ω 电阻） 传感器：NTC 20kΩ 电阻 -50～150℃（-58～302 ℉）
4 个数字量输入	电压：最大 DC 24V（小于 2.5V 为逻辑状态 0，大于 5V 为逻辑状态 1）
4 个通用模拟量输出	电压：0～10V，最大 11V，±1mA 继电器：通过 MCE3 或 MCD3 控制
6 个数字量输出	电压：每个晶闸管输出 AC 24V 电流：最大 0.8A，6 个输出一共不能超过 2.4A

（1）Excel 50 控制器端口　Excel 50 控制器有两种应用模块，分别为 XD50-FCS 和 XD50-FCL，下面以螺纹连接的 XD50-FCS 模块为例说明。这种模块的指示灯和端口如图 2-14所示，指示灯从上至下分别是电源灯（绿色）、METER Bus TxD（黄色）、C-Bus TxD（黄色）、C-Bus RxD（黄色）和 METER Bus RxD（黄色）；中间有一个 C-Bus 终端开关；下面有一个 C-Bus 端口。XD50-FCS 的端口如图 2-15 所示。

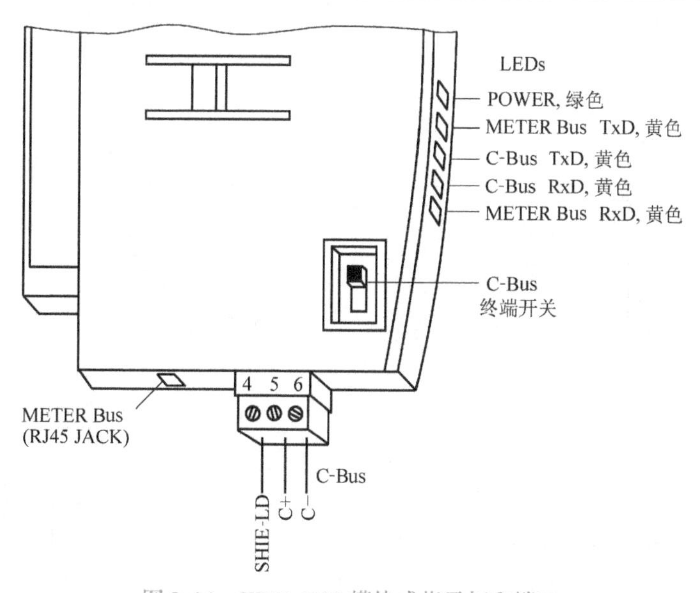

图 2-14　XD50-FCS 模块式指示灯和端口

（2）Excel 50 控制器端口连接方式　对于 DO 端口，连接方式最简单，DO 信号直接连接 3-4（DO1），5-6（DO2）、7-8（DO3）、9-10（DO4）、11-12（DO5）、13-14（DO6）即可。

对于 AO 端口，如果 AO 信号不需要外加电源的话，可直接连接 15-16 或 15-1（AO1）、17-18 或 17-1（AO2）、19-20 或 19-1（AO3）、21-22 或 21-1（AO4）；如果 AO 信号需要外加电源，则应该按如下方法连接：15-2（AO1）、17-2（AO2）、19-2（AO3）、21-2（AO4）。

DI 端口连接的 DI 信号则分无源触点还是有源触点，若 DI 信号是无源触点，连接 23-32

（DI1）~29-32（DI4）；若 DI 信号是有源触点，则应连接 23-24（DI1）、25-26（DI2）、27-28（DI3）、29-30（DI4）。

AI 端口最为复杂，有 4 种连接方式，一定要根据具体情况连接，否则很容易出错。对于无源传感器（如 NTC）AI 信号，连接 33-34（AI1）、35-36（AI2）、37-38（AI3）、39-40（AI4）、41-42（AI5）、43-44（AI6）、45-46（AI7）、47-48（AI8）；对于有源传感器 AI 信号，则连接 33-1（AI1）~47-1（AI8）；若是需要外加电源的有源传感器 AI 信号，则连接 33-2（AI1）~47-2（AI8）；当 AI 端口用作连接 DI 信号时，连接 33-31（AI1）~47-31（AI8）。

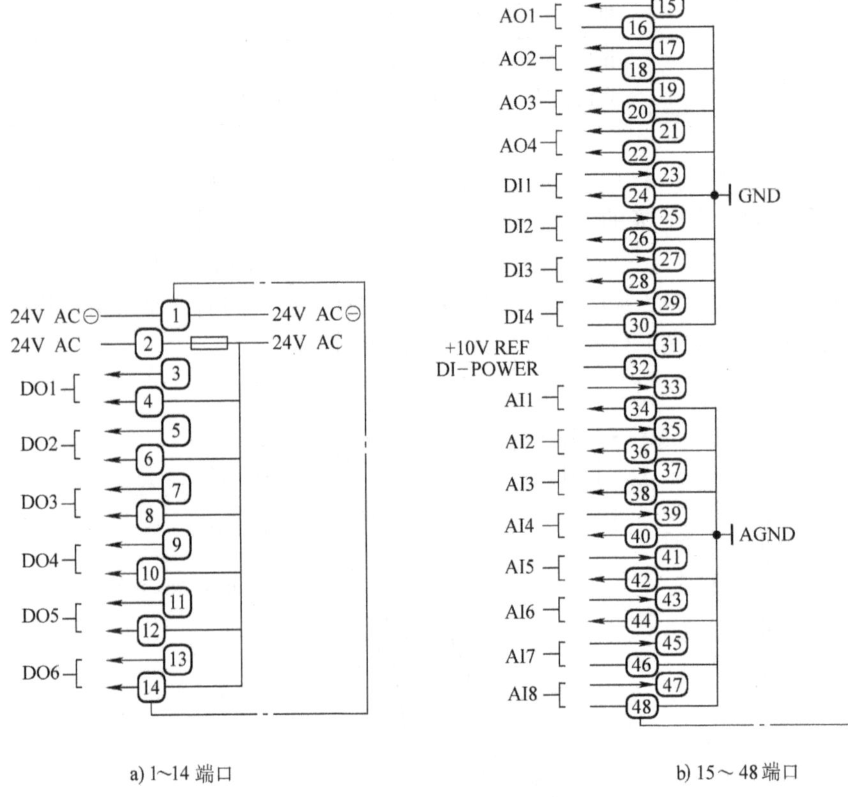

a) 1~14 端口　　b) 15～48 端口

图 2-15　XD50-FCS 端口

2. Excel 50 控制器操作面板

Excel 50 控制器操作面板如图 2-16 所示，DDC50 控制器将操作面板、键盘和显示合并为一体，有 8 个基本功能键和 4 个快捷键。

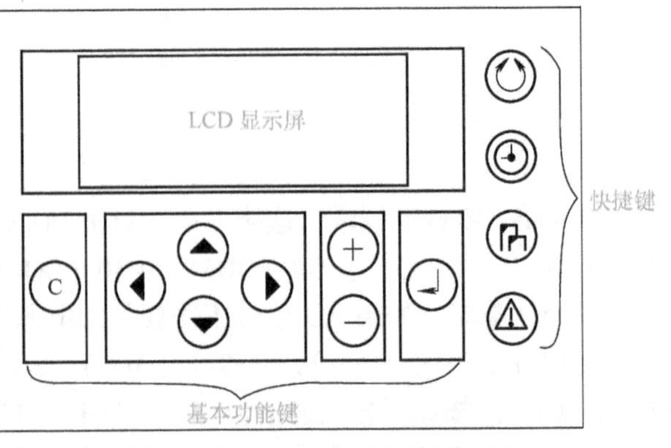

图 2-16　Excel 50 控制器操作面板

（1）基本功能键的功能　8 个基本功能键的功能如下：Ⓒ为取消或退出上一级菜单；⊙为光标上移；⊙为光标下移；⊙为光标右移；⊙为光标左移；⊕为增加数值，每按一次增加

1；⊖为减小数值，每按一次减小1；↵为回车确定键。

（2）快捷键功能　4个快捷键的功能如下：⓪为显示当前Plant状态；◎为输入密码进入时间程序，可修改时间程序的设置；Ⓟ为输入密码进入屏幕，可显示数据点和参数；⚠为显示报警信息。

（3）屏幕　屏幕可显示4行，每行最多16个字符，典型的屏幕如图2-17所示。屏幕显示包含光标或闪烁字符，上、下箭头，也可采用快捷键进入时间程序及数据点/参数设置，需要输入密码时，初始密码是3333，可通过“+”“-”键获得，也可修改密码。

3. Excel 50控制器操作

（1）复位　同时按下⊙和⊖可进行复位，复位后RAM中的数据和配置码会全部丢失。

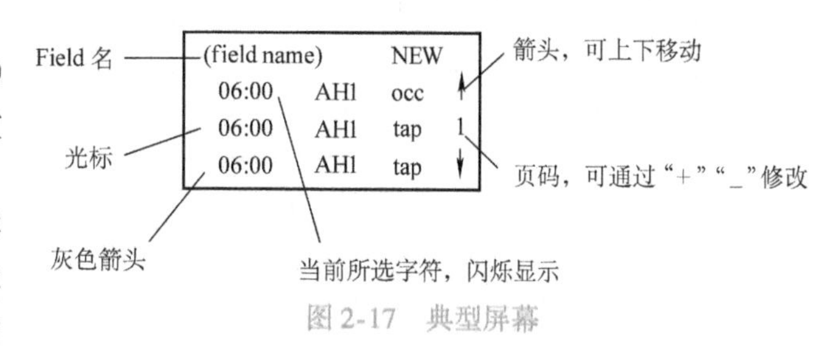

图2-17　典型屏幕

（2）密码程序　⓪和⚠程序是不需要密码的，而◎和Ⓟ需要密码。不需要密码或输入优先级别2的密码时，屏幕只显示在操作员级可以看到的信息，当输入优先级别3的密码时，则可以获得所有的数据信息，并可以修改这些数据。

（3）密码修改　当输入优先级别3的密码后，就可以修改优先级别3和优先级别2的密码，将光标移到“CHANGE”处确认后即可修改。

注意：优先级别2的默认密码是2222，优先级别3的密码是3333。

（4）启动顺序　打开电源或复位后重新启动的顺序如图2-18所示，图中详细介绍了如何进行通信设置、如何选择应用程序、如何请求下载等，可按照图中的顺序操作。

（5）Plant快捷键　Plant程序用于选择修改过的时间程序，Plant程序第一个屏幕是默认启动屏幕，屏幕显示第一个时间程序名、应用程序状态、当前日、日期和时间，下方显示时间程序第一个用户地址的下次转换时间和当前数值/状态。每个时间程序可以分配多个用户地址，每个应用程序最多可以有20个不同时间程序。

应用程序的状态在屏幕右上方显示，Init表示正在初始化，Run表示应用程序正在运行，Shut表示应用程序暂停，Stop表示应用程序停止运行。按下“Plant”快捷键显示默认屏幕，如图2-19所示。

使用箭头键可以移动光标，选择“NEXT”可显示下一个时间程序，选择“TODAY”可对当前时间程序进行临时修改。

（6）时间程序快捷键　按下“Plant”快捷键，通过“NEXT”可选择时间程序，也可按下时间程序快捷键（需要输入密码）获得时间程序，具体的步骤如图2-20所示。输入密码进入时间程序后，选择系统时间、日程序、周程序或年程序进行查看，图中详细介绍了每一步的具体操作和显示画面，可按照图中步骤进行所需的查询或修改。

用上下箭头将光标移动到“Daily”处可选择日程序，具体的步骤如图2-21所示，可建立、修改和删除开关点，可建立、修改、删除和复制日程序。

用上下箭头将光标移动到“Weekly”或“Annual”处，可分别选择周程序或年程序，进行相应的操作。

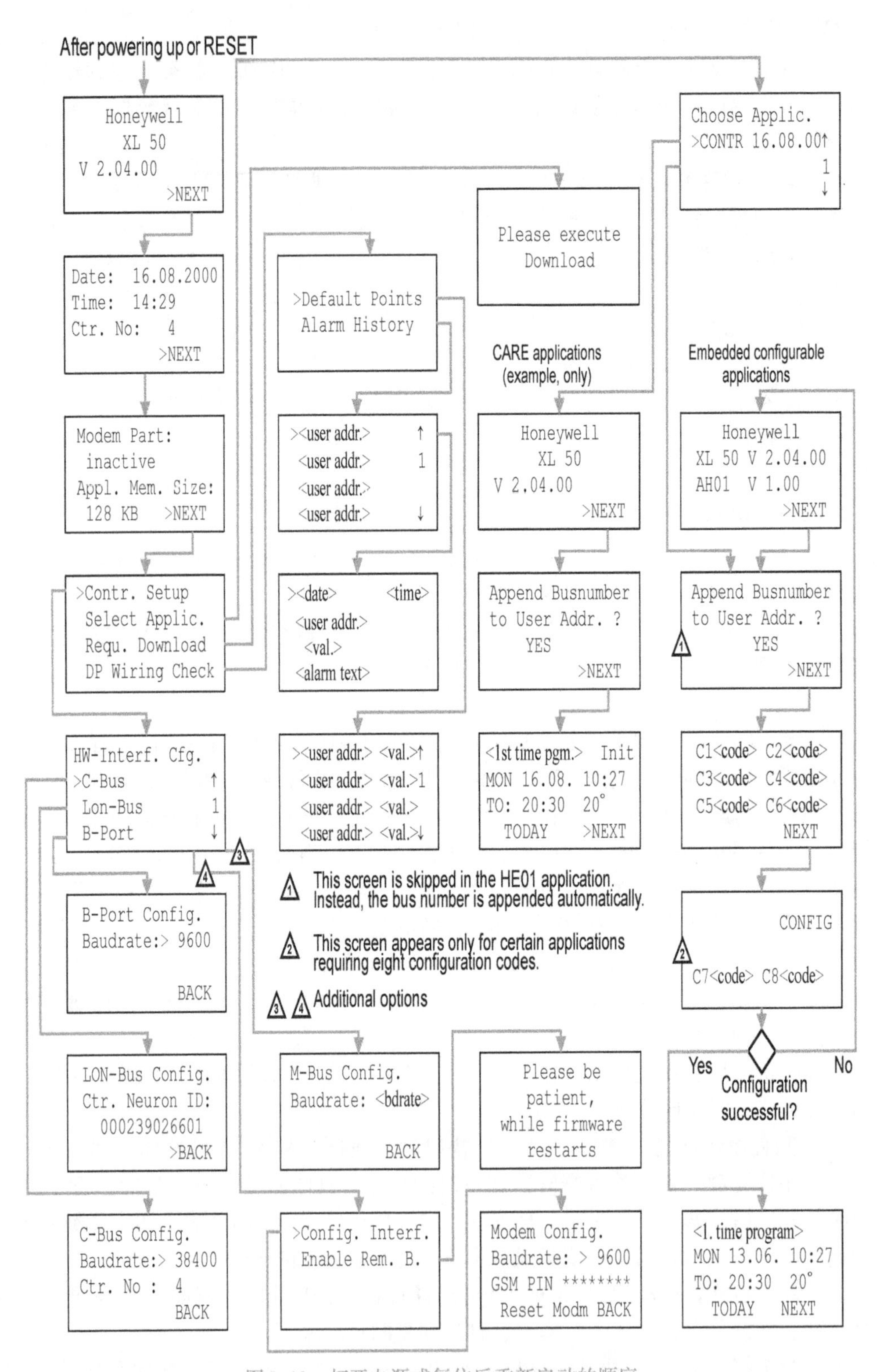

图 2-18　打开电源或复位后重新启动的顺序

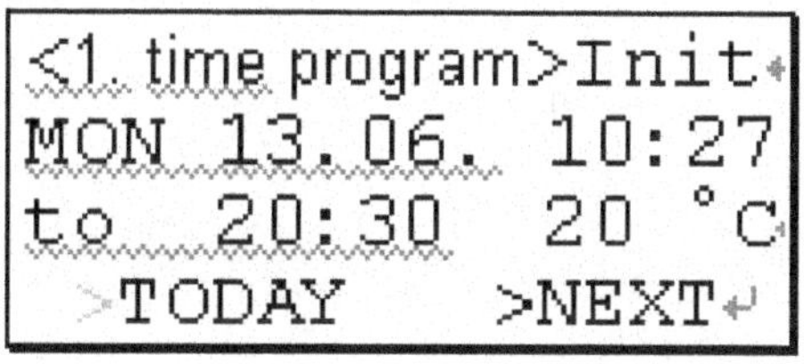

<1. time program>Init
MON 13.06. 10:27
to 20:30 20 °C
>TODAY >NEXT

图 2-19　“Plant”快捷键显示默认屏幕

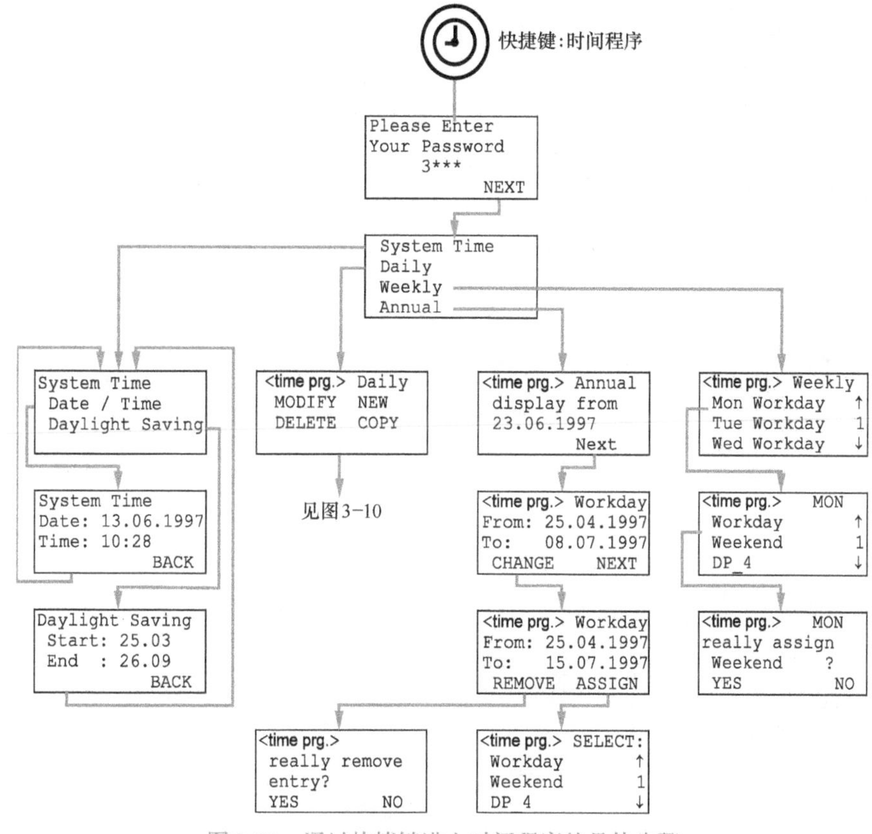

图 2-20　通过快捷键进入时间程序的具体步骤

（7）数据点/参数快捷键　通过快捷键进入数据点/参数设置（需要输入密码），可获得物理点、伪点和远程点的用户地址、参数及系统数据，具体的步骤如图 2-22 所示。输入密码进入后，选择模拟输入、模拟输出、数据输入查询相关数据信息，图中详细介绍了每一步的具体操作和显示画面，可按照图中步骤进行所需的查询或修改。

（8）报警快捷键　按下报警快捷键可显示历史报警信息、报警点、报警时间和报警数值或状态等，具体的步骤如图 2-23 所示。

4. 操作优先级别功能

采用密码保护可确保只有授权的人员才能进入系统数据，从而维护系统的稳定性、安全性。操作优先级别 1 不需要密码保护，但这个级别只能读取数据；操作优先级别 2 和 3 需要密码保护，只有授权的人员才能修改当前级别的数值，优先级别 2 和 3 密码不同，功能也不同，优先级别 2 只能读取和修改有限的数据，而优先级别 3 可以读取和修改全部数据。

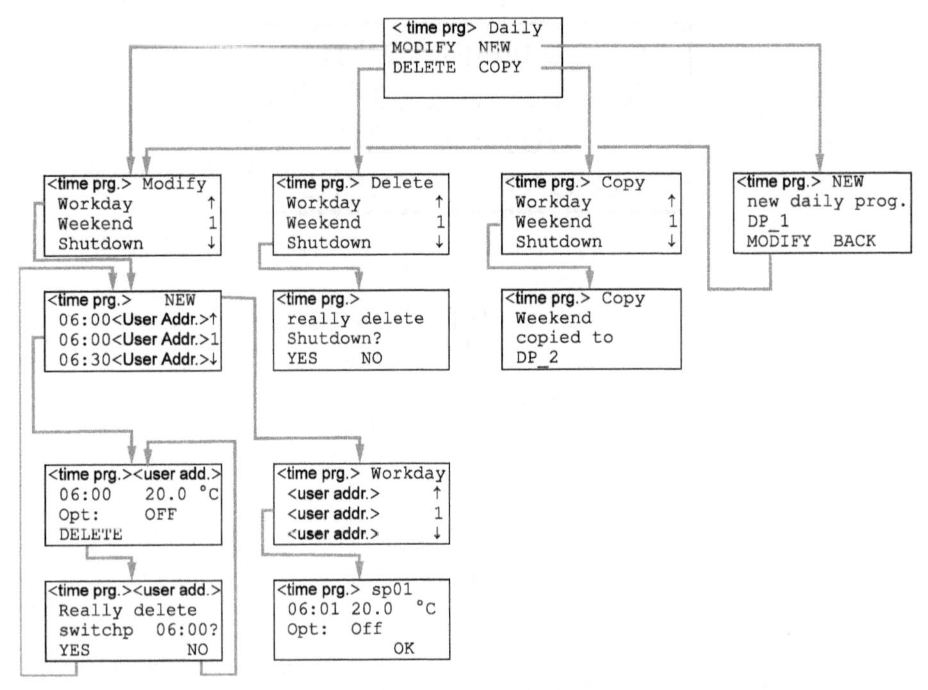

图 2-21　日程序具体步骤

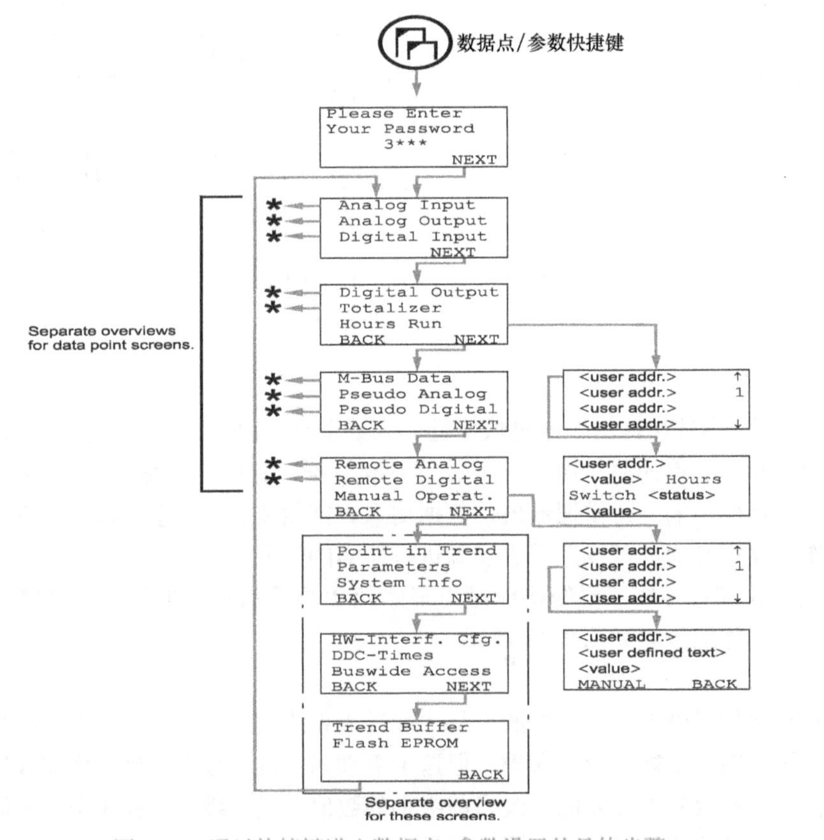

图 2-22　通过快捷键进入数据点/参数设置的具体步骤

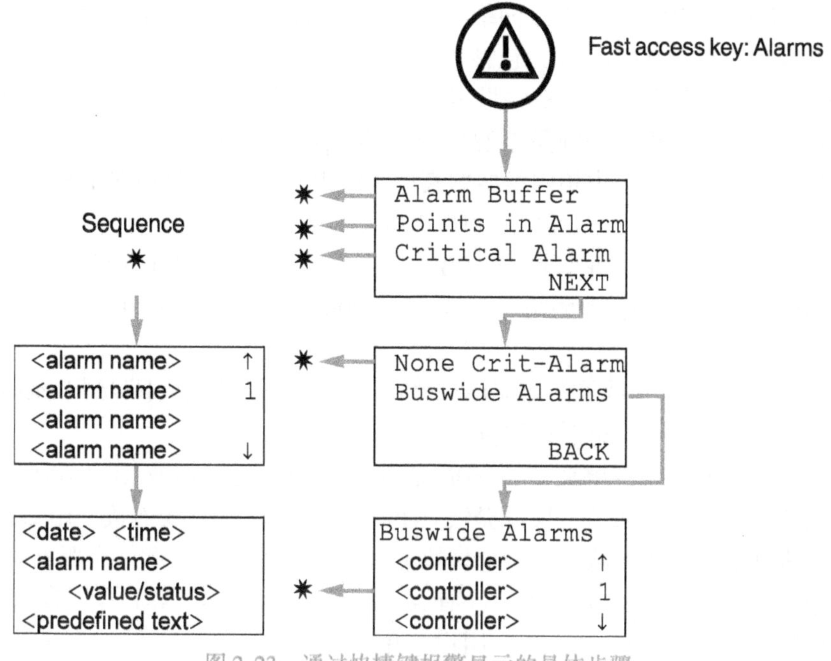

图 2-23　通过快捷键报警显示的具体步骤

二、Excel 500/600 控制器

Excel 500/600 控制器属于模块化控制器，可根据建筑管理需要自由设计监控系统，适用于中等容量的建筑物，如学校、酒店、写字楼、购物中心和医院等。Excel 500/600 控制器不仅可以监控加热、通风、空调等系统，还可以实现能源管理，包含优化起停、晚间净化以及最大负载要求等，可通过系统总线连接最多建筑管理员。Excel 500 控制器有 LonWorks 总线，与 Honeywell 三分之一的设备具有互用性。其外形图如图 2-24 所示。

1. 特性

（1）通信方式　开放式的 LonWorks 总线（只适合 Excel 500 控制器）和 C-Bus 总线（适合于 Excel 500/600 控制器）；采用调制解调器或 ISDN 终端适配器，数据通信速度可达到 38.4kbaud，可通过 TCP/IP 网络拨号上网。分布式 I/O 模块是 LonMark 认可的，因此可独立用在 Excel 500 控制器的 LonWorks 网络，分布式 I/O 模块可通过 Excel 500 控制器 C-Bus 网络或 LonWorks 网络操作。

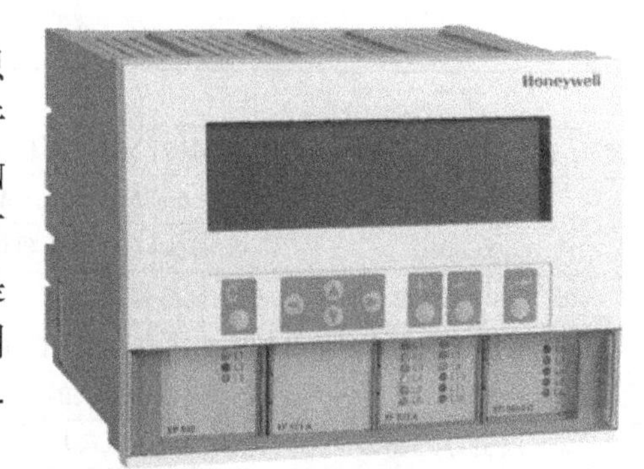

图 2-24　Excel 500/600 控制器外形图

（2）控制器容量　Excel 500 控制器可通过 Honeywell C-Bus 网络或 LonWorks 网络提供能量管理和控制功能，监控功能可通过可编程的 16 位微处理器数字技术实现。Excel 500 系列的 XCL5010 控制器用于分布式 I/O 模块，采用 LonWorks 总线通信。Excel 500 控制器可自由编程，既可用作单机控制器；也可用作网络的一部分，通过 C-Bus 可连接最多 30 个控制器，速率为 9.6～76.8kbaud；还可作为开放式 LonWorks 网络的一部分。

(3) 模块和点数容量 在C-Bus网络中，每个Excel 500/600控制器系统可控制最多16个分布式I/O模块，对于XC5010C，包括内部模块和分布式模块，总共可支持16个模块；对于XCL5010，只能支持分布式模块，最多5个模块箱，每个模块箱可放置4个模块，要求第一个模块箱中的第一个模块必须是电源模块，第4个模块必须是CPU模块，最多可扩展16个I/O模块，但所有模块箱中相同类型的模块不能大于10个，且最多128个物理点、256个伪点。在LonWorks网络，分布式模块的最大数量由控制器中用于通信和内部操作的网络变量点数决定，一般情况下，每个Excel 500控制器可控制190个I/O物理点。

(4) 系统总线长度 通常系统总线最长1200m，如果超过这个长度，可采用转发器XD509。

(5) 其他特性 Excel 500控制器应用程序可通过CARE编程并下载到Flash EPROM中。采用金制电容器缓冲内存，断电后可维持大约72h。

外部人机操作界面、调制解调器、ISDN适配器、GSM适配器或TCP/IP调制解调器均可通过控制器串行口连接。通信模块可提供C-Bus和LonWorks总线连接，用LED指示控制器操作状态、发送状态和接收状态。每个模块上有一个电源灯HL1和一个服务灯HL2，HL2指示总线节点的当前状态。“ON”表示没有载入应用程序，“BLINKING”表示载入了应用程序但没有配置，“OFF”表示载入了应用程序并已经配置。

2. 内部模块

Excel 500/600控制器内部模块由XC5010C（Excel 500控制器）或XC6010（Excel 600控制器）CPU模块、电源模块XP501或XP502及I/O模块组成。XF521、XF522、XF523和XF524模块是数字和模拟I/O模块，是Excel 5000系统的一部分，这些模块可以将传感器输入进行转换，也可以提供适于执行器的输出信号。输出模块XF522A、XF524A 和XF525A的一个重要功能特性是具有完整的人控功能，可通过模块直接控制设备和执行器，而输出模块XF527和XF529则没有手控开关，是通过变量控制。输入/输出状态都通过LED指示。

具体的模块见表2-4。下面将介绍每个模块功能。

表2-4 Excel 500/600控制器内部模块

模块	描　述
XC5010C	Excel 500计算机模块　（对分布式I/O是必需的）
XC5210C	Excel 500大型RAM
XC6010	Excel 600计算机模块
XP501/502	电源模块
XD505A/508	C-Bus通信子模块
XDM506	通信子模块的调制解调器
XF521A/526	模拟输入模块
XF522A/527	模拟输出模块
XF523A	数字输入模块
XF524A/529	数字输出模块
XF525A	三状态输出模块

(1) 计算机模块XC5010C/XC5210C 计算机模块XC5010C/XC5210C的外观如图2-25所示，其特性如下：

1）东芝 TMP93CS41F，16 位微处理器。

2）共 1.28MB 存储器，其中 2×512KB Flash EPROM 和 2×128KB RAM。

3）6 个操作状态指示灯。

4）对人机操作界面采用 RS232 端口用调制解调器或 ISDN 终端适配器通信。

5）对 C-Bus 采用 RS485 通信。

6）数据缓冲器采用金制电容器。

7）具有看门狗功能。

8）采用 3120 神经元芯片。

9）有 LonWorks 服务按钮和 LED。

（2）计算机模块 XC6010　计算机模块 XC6010 的外观如图 2-26 所示，其特性如下：

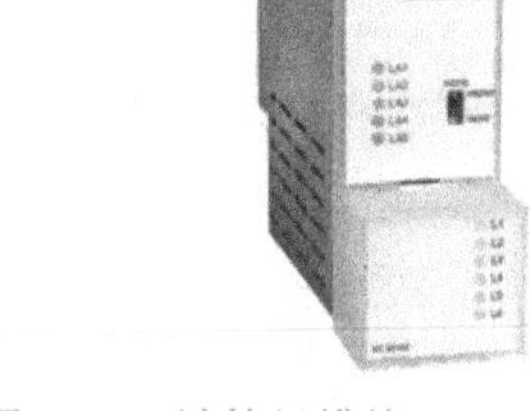

图 2-25　计算机模块 XC5010C/XC5210C

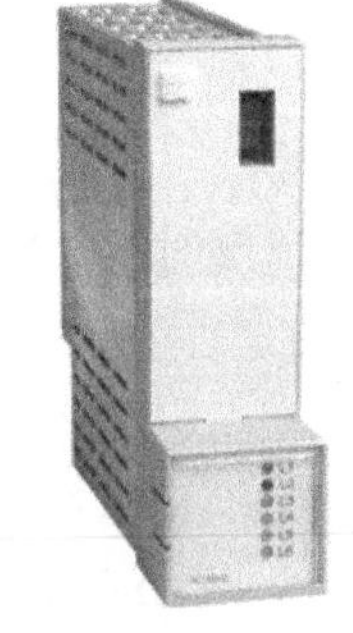

图 2-26　计算机模块 XC6010

1）Intel i960 32 位微处理器。

2）总容量 1.536MB，其中 2×512KB EPROM，4×128KB RAM，1×256KB Flash EPROM。

3）6 个操作状态 LED。

4）对操作界面采用 RS232 端口连接。

5）对 C-Bus 采用 RS 端口。

6）缓冲电池可保存 30 天。

7）有复位按钮。

8）有看门狗功能。

（3）电源模块 XP501/502　电源模块 XP502 的外观如图2-27所示，其特性如下：

1）通过内部总线给模块提供电压。

2）可连接 UPS。

3）有 3 个操作状态 LED。

4）有看门狗功能。

（4）模拟输入模块 XF521A/526　模拟输入模块 XF521A/526 的外观如图 2-28 所示，其特性如下：

1）8 个模拟输入（AI1～AI8），有下面几种输入形式：DC0～10V、0～20mA（通过外界 500Ω 电阻获得）、4～20mA（通过外界 500Ω 电阻获得）、NTC 20kΩ 和 PT 1000（－50～150℃）。对于 XF526，只有下面几种输入形式：PT 1000（0～400℃）、PT 3000、PT 100、

Balco 500。

2）保护输入高达 DC 40V/AC 24V。

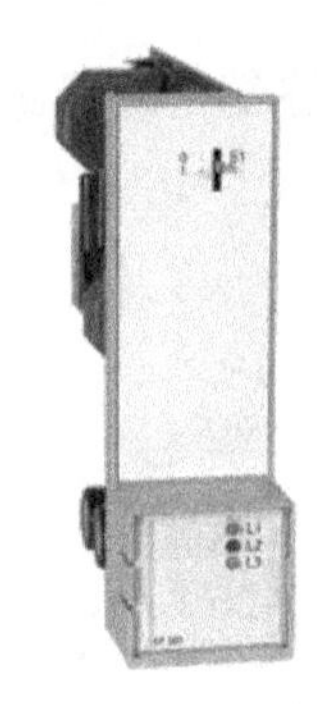

图 2-27 电源模块 XP502

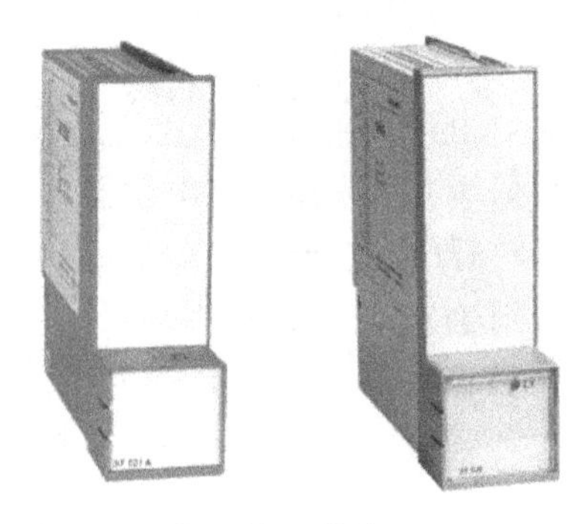

图 2-28 模拟输入模块 XF521A/526

3）12 位分辨率。

4）CPU 轮流检测时间：XC5010C 为 1s，XC6010 为 250ms。

（5）模拟输出模块 XF522A/527 模拟输出模块 XF522A/527 的外观如图 2-29 所示，其特性如下：

1）8 个模拟输出（AO1 ~ AO8），有短路保护。

2）信号级别为 DC 0 ~ 10V，最大电压为 DC 11V，最大电流为 1mA、－1mA。

3）保护输出电压高达 DC 40V/AC 24V。

4）8 位分辨率。

5）零点小于 200mV。

6）输出电压精度小于 ±150mV。

7）每个通道有一个指示灯，光强度与输出电压值成正比。

8）CPU 控制更新时间：XC5010C 为 1s，XC6010 为 250ms。

（6）数字输入模块 XF523A 数字输入模块 XF523A 的外观如图 2-30 所示，其特性如下：

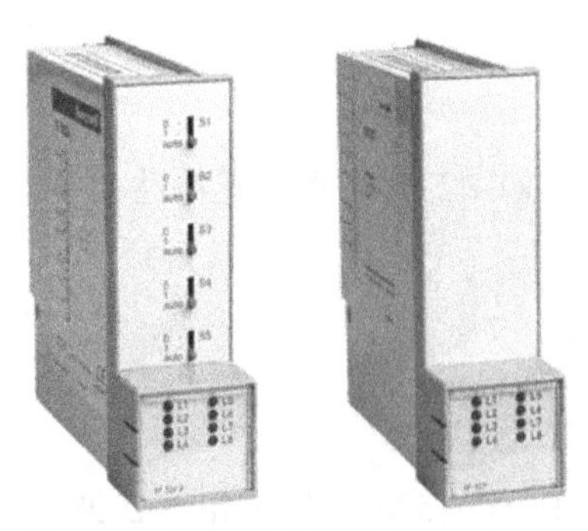

图 2-29 模拟输出模块 XF522A/527

图 2-30 数字输入模块 XF523A

1）12 个数字输入（DI1 ~ DI12）。

2）开关条件：U_i≤2.5V 为 OFF，U_i≥5V 为 ON。

3）每个通道一个状态 LED，常开/常闭可设置。

4）有 DC 18V 辅助电压源。

5）CPU 轮流检测时间：XC5010C 为 1s，XC6010 为 250ms。

（7）数字输出模块 XF524A/529　数字输出模块 XF524A/529 的外观如图 2-31 所示，其特性如下：

1）5 个独立的可变触点和 1 个常开触点；对 XF524A，只有 5 个手动控制开关。

2）每点输出的最大电压为 AC 240V。

3）每点输出的最大电流为 4A，但每个模块最大总电流为 12A。

4）每个通道有 ON（黄色）/OFF 指示灯。

5）CPU 周期时间：XC5010C 为 1s，XC6010 为 250ms。

（8）三状态输出模块 XF525A　三状态输出模块 XF525A 的外观如图 2-32 所示，其特性如下：

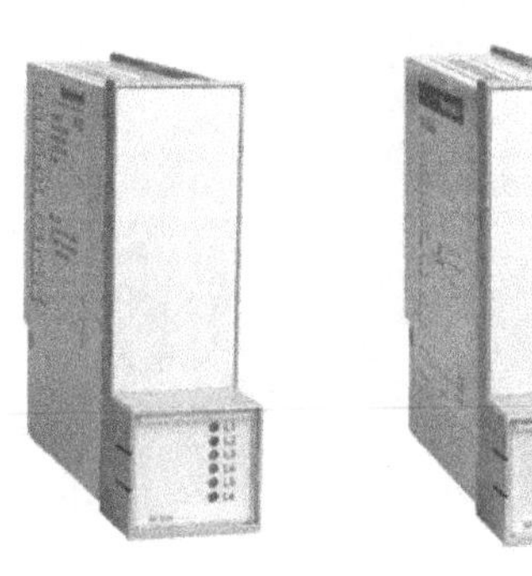

图 2-31　数字输出模块 XF524A/529

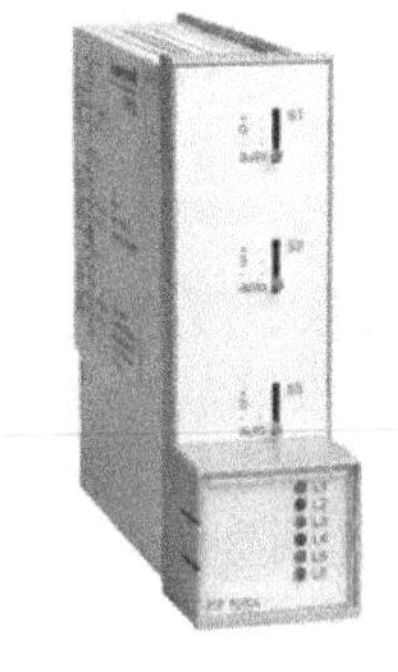

图 2-32　三状态输出模块 XF525A

1）有 3 个三状态继电器。

2）最大负载：AC 24V 时为 1.2A，AC 240V 时为 0.2A。

3）每个通道两个 LED，绿色表示伺服电动机关闭，红色表示伺服电动机打开。

三、Excel 800 控制器

Excel 800 控制器的研发主要是为了替代 Excel 500/600 控制器，因此其系统扩展性、算法先进性、安装便捷性等各方面都有很大的提高。

1. 特性

1）适用于供热通风与空气调节（Heating，Ventilation and Air Conditioning，HVAC）各种设备的控制以及区域管理。

2）最多支持 16 个本地 I/O 模块，最大 381 个数据点，无点类型限制。

3）支持通过 LonWorks 总线扩展 LON I/O 模块和一些智能型 Smart I/O 模块，多达 512 个网络变量可供使用。

4）2MB 的 Flash ROM，512KB 的 RAM（192KB 应用程序），可实现庞大而复杂的应用程序和快速的运行速度。

5）可通过接口升级固件，升级速度快（1 ~ 5min）。

6）兼容 XL500 控制器应用程序。

7）支持物理接口 Modem，B-Port，C-Bus，LON。

8）导轨式安装。

9）真正实现无工具安装及拆卸。

2. 模块

Excel 800 控制器与 Excel 500 控制器在模块的配置方面没有太大的变化。针对模拟量输入模块来讲，都有 8 个模拟输入（AI1 ~ AI8），都有下面几种输入形式：DC 0 ~ 10V、0 ~ 20mA、NTC 20kΩ 和 PT 1000（-50 ~ 150℃）等；主要的区别在于它的可扩展性和安装方式的改变。通过 XCL8010A CPU 模块的自组总线接口接入本地模块，如 XF821A、XF822A、XFR822A 等，如图 2-33 所示；通过 XCL8010A CPU 模块的 LonWorks 接口总线接入远程模块，如 XFL821A、XFL822A、XFLR822A 等，如图 2-34 所示。

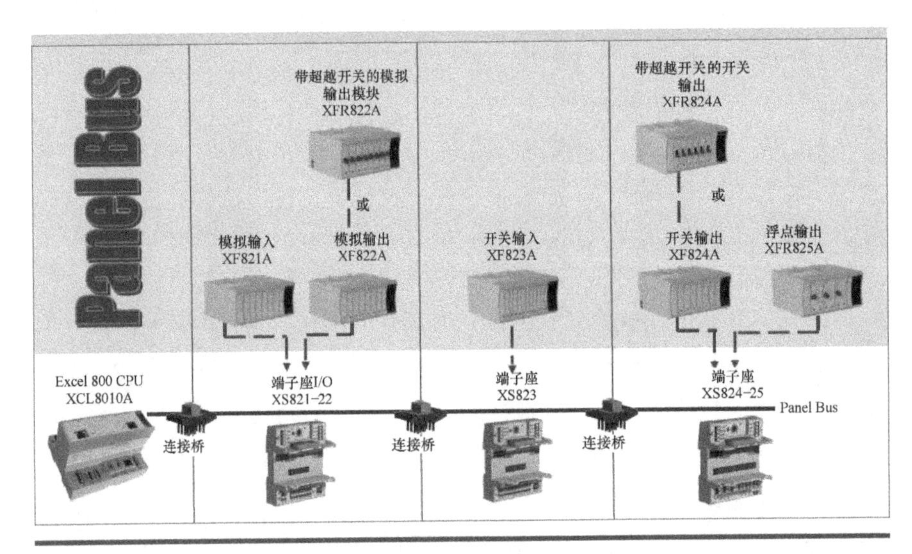

图 2-33　自组总线连接方式及本地模块

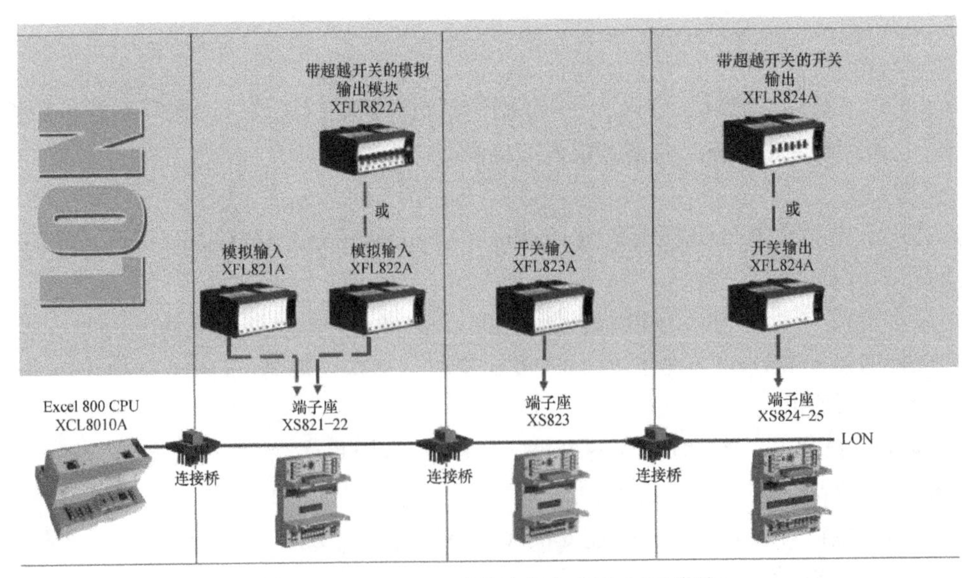

图 2-34　LonWorks 总线连接方式及 LON 模块

Excel 800 控制器模块及其特性详见表 2-5。

表 2-5　Excel 800 控制器模块及其特性

<table>
<tr><th>类型</th><th>型号</th><th>通信方式</th><th>通道</th><th>信号类型</th><th>辅助电压输出</th><th>超越开关</th><th>LED</th></tr>
<tr><td rowspan="2">模拟输入</td><td>XF821A</td><td>Panel Bus</td><td rowspan="2">8</td><td rowspan="2">DC 0～10V，4～20mA
NTC20kΩ，PT1000，PT3000</td><td rowspan="2">DC 10V</td><td rowspan="2">无</td><td rowspan="2">无</td></tr>
<tr><td>XFL821A</td><td>LON Bus</td></tr>
<tr><td rowspan="4">模拟输出</td><td>XF822A</td><td rowspan="2">Panel Bus</td><td rowspan="4">8</td><td rowspan="4">DC 0～10V</td><td rowspan="4">无</td><td>无</td><td rowspan="4">有</td></tr>
<tr><td>XFR822A</td><td>有</td></tr>
<tr><td>XFL822A</td><td rowspan="2">LON Bus</td><td>无</td></tr>
<tr><td>XFLR822A</td><td>有</td></tr>
<tr><td rowspan="6">开关输出</td><td>XF823A</td><td>Panel Bus</td><td rowspan="2">12</td><td rowspan="2">干触点
最大 20Hz 的累积脉冲</td><td rowspan="2">无</td><td rowspan="2">无</td><td rowspan="2">有</td></tr>
<tr><td>XFL823A</td><td>LON Bus</td></tr>
<tr><td>XF824A</td><td rowspan="2">Panel Bus</td><td rowspan="4">6</td><td rowspan="4">SPDT 继电器开关
AC 230V
DC 24V</td><td rowspan="4">无</td><td>无</td><td rowspan="4">有</td></tr>
<tr><td>XFR824A</td><td>有</td></tr>
<tr><td>XFL824A</td><td rowspan="2">LON Bus</td><td>无</td></tr>
<tr><td>XFLR824A</td><td>有</td></tr>
<tr><td>浮点输出</td><td>XFR825A</td><td>Panel Bus</td><td>3</td><td>2 个 SPDT 继电器开关
AC 230V
DC 24V</td><td>无</td><td>有</td><td>有</td></tr>
</table>

第四单元　DDC 面板操作实训

一、实训目的

1. 熟悉 DDC 的面板。
2. 掌握查询 I/O 的方法。
3. 掌握修改 I/O 的方法。
4. 熟悉 DDC I/O 简单接线方式。

二、实训设备

1. DDC（如 Honeywell Excel 50）。
2. 通用 I/O 模块或独立的开关元件、电位计等。
3. 万用表、插接线等。

三、实训要求

1. 统计 Excel 50 控制器的各类 I/O 资源。
2. 完成各类信号与 DDC 的连接。
3. 在 DDC 上查询各类输入信号。

4. 在 DDC 上修改各类输出信号。
5. 查询 DDC 的版本号、系统时间、通信波特率等。

四、实训步骤

1. 统计 Excel 50 控制器资源并记录。

2. 将 DDC 的 3 个 AI 端口分别连接电压型传感器、电流型传感器和电阻型传感器；3 个 DI 端口连接 2 个无源触点、1 个有源触点；2 个 DO 端口分别连接风扇和指示灯；1 个 AO 端口连接电压表头。绘制硬件连接图。

3. 完成硬件连接。

4. 在 DDC 上查询当前各类输入信号并记录，当输入变化后，再记录 DDC 上的输入显示。

5. 在 DDC 上修改各类输出信号，观察现象。

6. 查询 DDC 的版本号、系统时间、通信波特率并记录。

五、实训项目单

实训（验）项目单

Training Item

姓名：______ 班级：______ 学号：______ 日期：______年____月____日

<table>
<tr><td>项目编号
Item No.</td><td>BAS-01</td><td>课程名称
Course</td><td>楼宇自动化技术</td><td>训练对象
Class</td><td></td><td>学时
Time</td><td></td></tr>
<tr><td>项目名称
Item</td><td colspan="3">DDC 面板操作</td><td>成绩</td><td colspan="3"></td></tr>
<tr><td>目的
Objective</td><td colspan="7">1. 熟悉 DDC 的面板
2. 掌握查询 I/O 的方法
3. 掌握修改 I/O 的方法
4. 熟悉 DDC I/O 简单接线方式</td></tr>
<tr><td colspan="8">一、实训设备
1. DDC（如 Honeywell Excel 50）。
2. 通用 I/O 模块或独立的开关元件、电位计等。
3. 万用表、插接线等。
二、实训要求
1. 统计 Excel 50 控制器的各类 I/O 资源。
2. 完成各类信号与 DDC 的连接。
3. 在 DDC 上查询各类输入信号。
4. 在 DDC 上修改各类输出信号。
5. 查询 DDC 的版本号、系统时间、通信波特率等。
三、实训步骤
1. 统计 Excel 50 控制器资源并记录。
2. 将 DDC 的 3 个 AI 端口分别连接电压型传感器、电流型传感器和电阻型传感器；3 个 DI 端口连接 2 个无源触点、1 个有源触点；2 个 DO 端口分别连接风扇和指示灯；1 个 AO 端口连接电压表头。绘制硬件连接图。
3. 完成硬件连接。</td></tr>
</table>

（续）

4. 在 DDC 上查询当前各类输入信号并记录，当输入变化后，再记录 DDC 上的输入显示。

	第 1 个 DI	第 2 个 DI	第 3 个 DI	第 1 个 AI	第 2 个 AI	第 3 个 AI
当前显示值						
变化后显示值						

5. 在 DDC 上修改各类输出信号，观察现象。
6. 查询 DDC 的版本号、系统时间、通信波特率并记录。

	控制器版本号	系统时间	通信波特率	控制器号
当前显示值				

四、实训总结（详细描述实训过程，总结操作要领及心得体会）

五、思考题

电压型传感器、电流型传感器、电阻型传感器信号类型分别要采用万用表的什么挡位及量程测量？与 DDC 连接方式有什么不同？绘制这三种传感器与 DDC 的硬件连接图。

评语：

教师：__________年_____月_____日

第五单元　霍尼韦尔楼宇控制软件系统

目前楼宇控制系统中常用的组态软件有：美国Honeywell公司的Excel CARE、美国江森公司的Metasys、德国西门子公司的S600 Apogee、我国清华同方的易视RH-iDCS等，因Honeywell Excel自1994年推出后，在国内楼宇控制系统中得到了广泛应用，所以本单元以Honeywell Excel CARE组态软件为例进行介绍。

一、CARE的基本概念

1. CARE的术语

(1) Plant　Plant是指一个受控机械系统，例如：Plant可能是一个空气处理器、加热器、冷却器或变风量（VAV）系统。

Excel 50、Excel 80、Excel 100、Excel 500、Excel 600和Excel Smart控制器（Controllers）根据控制器存储容量及点数的多少可以包含一个或多个Plant。

(2) 项目（Projects）　建立Plant的第一步就是定义一个Project。Project是指公用总线上的1～30个控制器。图2-35所示为一个带有4个Plants与3个控制器的Project。一个控制器可以包含多个Plant，但同一个Plant不能分配给多个控制器。

(3) CARE的功能（CARE Functions）　CARE提供了4种主要功能，用于建立便于下载到控制器的程序文件，这4种主要功能是：Plant原理图、控制策略、开关逻辑和时间程序。在定义完必要的项目后，可以编制默认值，再将文件编译成适合控制器的格式，然后将文件下载到控制器中。

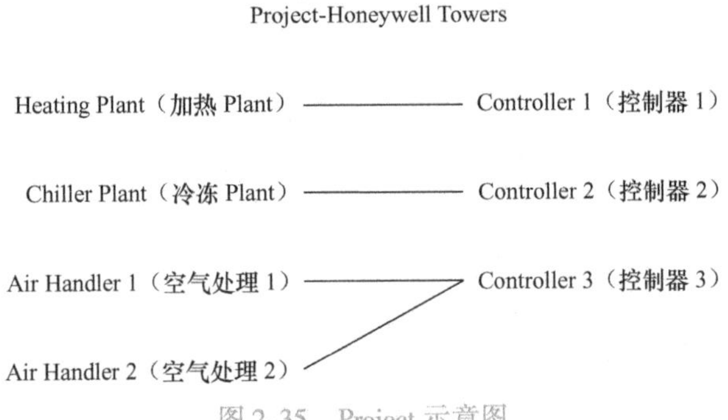

图2-35　Project示意图

(4) Plant原理图（Plant Schematic）　对每个Plant，先要建立原理图。Plant原理图是由显示Plant中设备及如何安排这些设备的"Segments（段）"的组合。Segment是指控制系统元件，如锅炉、加热器、泵及其他设备。部分Segment包括像传感器、状态点、数值和泵之类的设备。图2-36所示为一典型的Plant原理图。

(5) 控制策略（Control Strategy）　建立好原理图，就可以建立一个控制策略，控制策略能使控制器智能化地处理系统。控制策略可定义为基于条件、数学计算或/和时间表的控制回路，可根据模拟量和数字量的组合进行控制。CARE还提供了标准的控制算法，如比例－积分－微分（PID）、最小值、最大值、平均值和序列等。

(6) 开关逻辑（Switch Logic）　除了对原理图加入控制策略外，CARE还可以对数字控制（如开关状态等）加入开关逻辑。开关逻辑是基于逻辑或、逻辑与、逻辑或非等运算的逻辑表。例如，可定义开关逻辑在新风系统起动后延迟一段时间后再起动回风系统。

(7) 时间程序（Time Program）　可建立与容量相符的控制设备起/停的时间程序。可定义日常时间表（如工作日、周末、假期），并将它们分配到每周的时间表中。

（8）Plant 与控制器连接（Linking to Controller）　完成了 Plant 之后，可使用 CARE 的其他功能来编辑默认值，编译 Plant 文件，然后下载文件，测试控制器的运作情况。

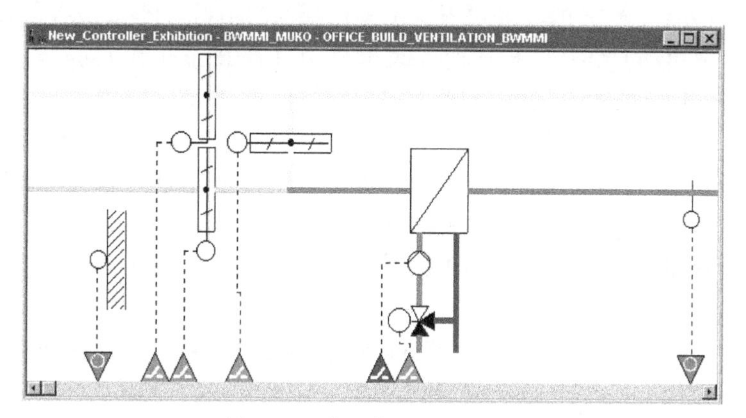

图 2-36　典型的 Plant 原理图

（9）关系图　CARE 的项目、控制器与 Plant 之间的关系如图 2-37 所示。

2. CARE 的步骤和流程框图

CARE 的步骤和流程框图如图 2-38 所示。

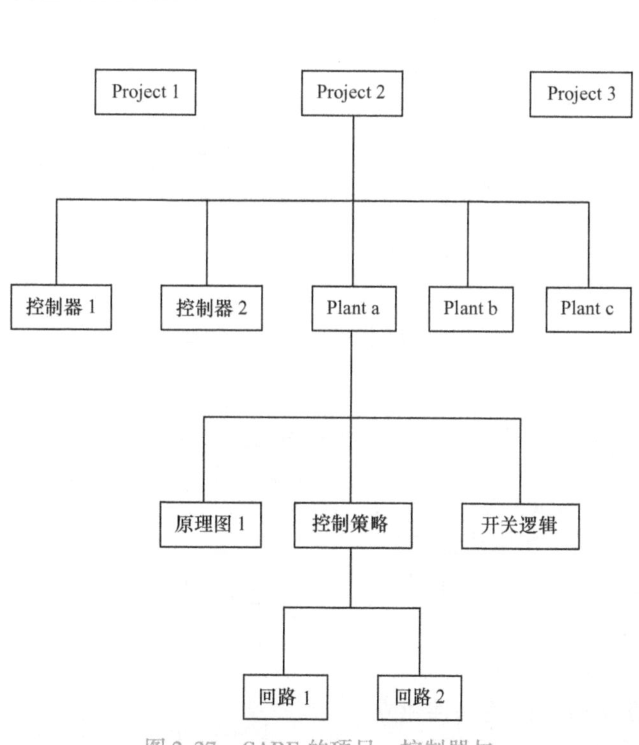

图 2-37　CARE 的项目、控制器与 Plant 之间的关系图

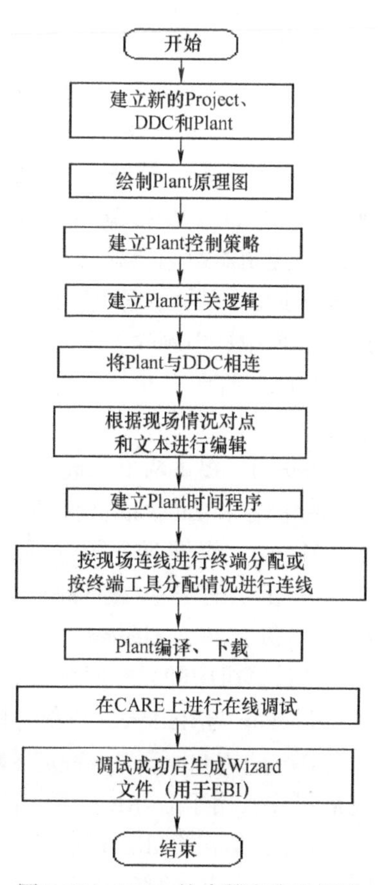

图 2-38　CARE 的步骤和流程框图

3. CARE主窗口描述

（1）窗口描述　下面介绍CARE窗口的组成部分以及菜单栏功能。

1）标题栏。Excel CARE的标题可根据不同选择变为项目、Plant或控制器名字。

2）菜单栏。只启动CARE数据库时，菜单栏中只有Project和Help菜单。在典型的窗口应用中，执行各自的动作后可获得其他菜单。

3）工具栏。工具栏中的按钮提供了快速进入不同CARE功能的途径。

4）中间区域。中间区域是操作者工作区域。当选择Project、Plant和Controller时，相应的窗口将出现在此区域。对话框也在此区域显示，为操作者提供信息或进行信息提示。

5）状态栏。状态栏有4个区域，用于显示与当前菜单项、项目名、控制器名、Plant名有关的活动或描述信息。

6）打开多个窗口。选择多个项目、Plant或控制器时，多个窗口将被同时打开。这些窗口均出现在屏幕中间。

7）灰色菜单项。下拉菜单项中不能使用的项为灰色。例如，已选择的Plant还没有绘制原理图，则控制策略和开关逻辑项为灰色，即非活动的。在设计控制策略或开关逻辑之前必须绘制原理图。

（2）菜单　菜单共有Database、Project、Controller、Plant、LON、Options、Edit、View、Window、Help十项。下面只介绍一些常用的菜单。

1）Database菜单。Database菜单提供CARE数据库控制功能，如图2-39所示。Select：从数据库中的项目、Plant、控制器中选择对象。

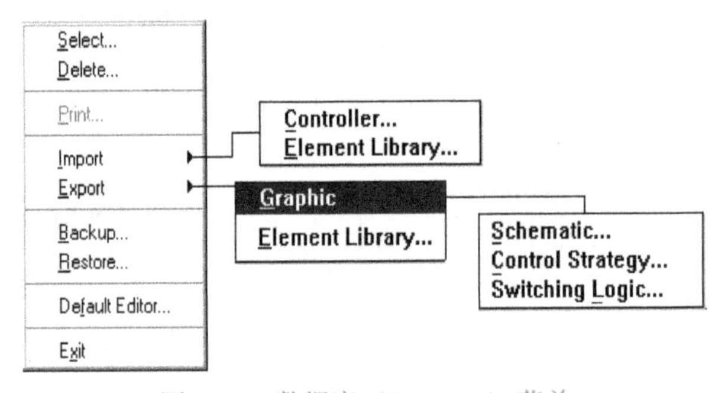

图2-39　数据库（Database）菜单

Delete：从数据库中的项目、Plant、控制器中删除对象。

Print：打印Plant报告，包括项目信息、Plant-控制器分配、原理图、控制回路、开关表和终端。

Import：提供两个子选项（Controller和Element Library），复制控制器和Element文件到CARE数据库。

Export：提供两个子选项（Graphic和Element Library），Graphic的功能是建立原理图、控制策略和开关逻辑表的Windows后续文件；Element Library的功能是建立一个在其他CARE计算机中随元件库输出的元件文件。

Backup与Restore：备份与恢复CARE数据库。

Default Editor：为一特定区域编制默认值。修改文件建立完后可将其用于CARE计算机建立的任何项目中。

Exit：退出CARE程序。

2）Project菜单。Project菜单提供单个项目的控制功能，如图2-40所示。

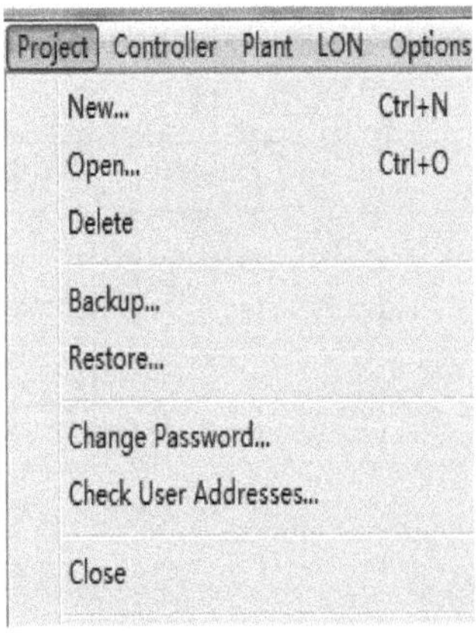

图2-40　Project菜单

New：定义一个新的项目。

Open：打开已有的项目。

Delete：删除已有的项目。

Backup：备份所选项目。

Restore：恢复所选项目。

Change Password：修改项目密码。

Check User Addresses：检测用户地址及控制器名是否唯一。

Close：关闭。

3）Controller 菜单。Controller 菜单提供用于单个控制器的控制功能，如图 2-41 所示。

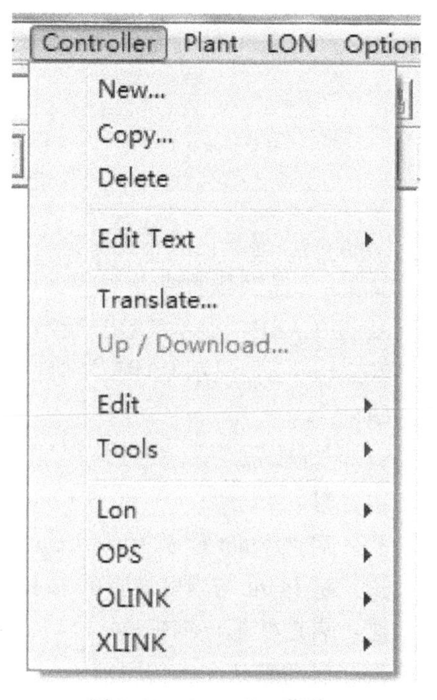

图 2-41　Controller 菜单

New：定义一个新的控制器。

Copy：复制当前选择的控制器来建立一个新的控制器。

Delete：删除控制器。

Edit Text：编辑文本。

Translate：将 Plant 信息编译成适合控制器的格式。Plant 编译常在对各种信息编辑完后进行。

Up/Download：启动上传/下载工具。

Edit：提供两个子选项，分别为 Time Program Editor 及 Search Templates。

Tools：提供子选项选择 CARE 附加工具，如 Live Care。

Lon、OPS、OLINK、XLINK：建立及删除 Lon、OPS 点等。

4）Plant 菜单。Plant 菜单提供用于单个 Plant 的控制功能，如图 2-42 所示。

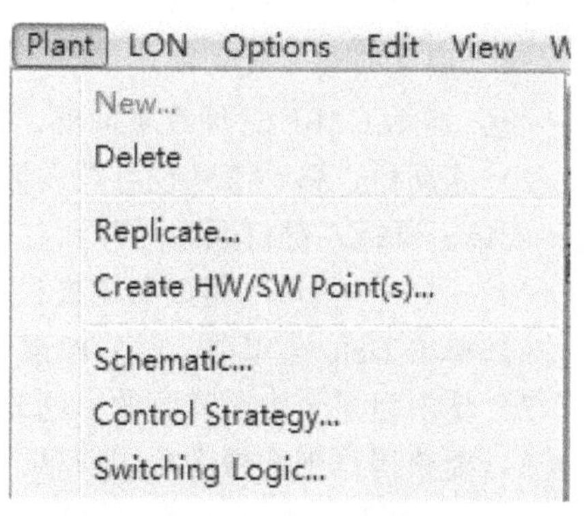

图 2-42　Plant 菜单

New：定义一个新的 Plant。

Delete：删除 Plant。

Replicate：复制 Plant，可以设置复制的次数及文件名。

Create HW/SW Point（s）：建立硬件点/软件点。

Schematic：显示 Plant 原理图窗口或修改 Plant 原理图。

Control Strategy：显示控制策略窗口或修改 Plant 控制策略。

Switching Logic：显示开关逻辑窗口或修改 Plant 开关逻辑。

5）Window 菜单。Window 菜单为显示窗口提供标准的窗口控制功能，如图 2-43 所示。

Cascade：采用层叠方式在屏幕上显示所有打开的窗口。

Tile Horizontally：采用缩小窗口尺寸的方式在屏幕上水平显示所有打开的窗口。

Tile Vertically：采用缩小窗口尺寸的方式在屏幕上垂直显示所有打开的窗口。

Arrange Icons：在窗口下面排列图标，当使项目、Plant、控制器窗口最小化时，每个都以图标方式显示。

6）Help 菜单。Help 菜单提供在线帮助功能，如图 2-44 所示。

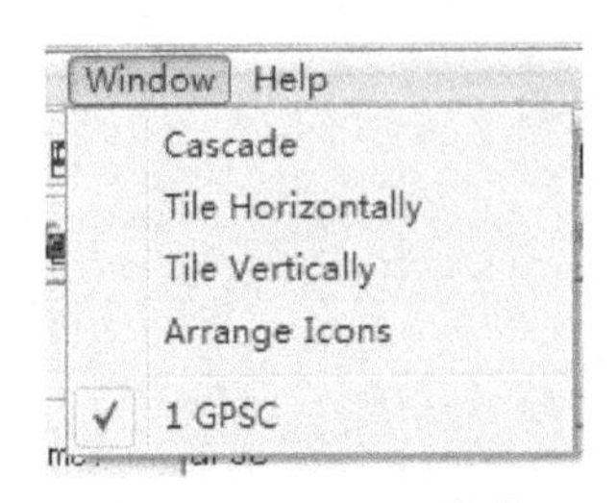

图 2-43　Window 菜单

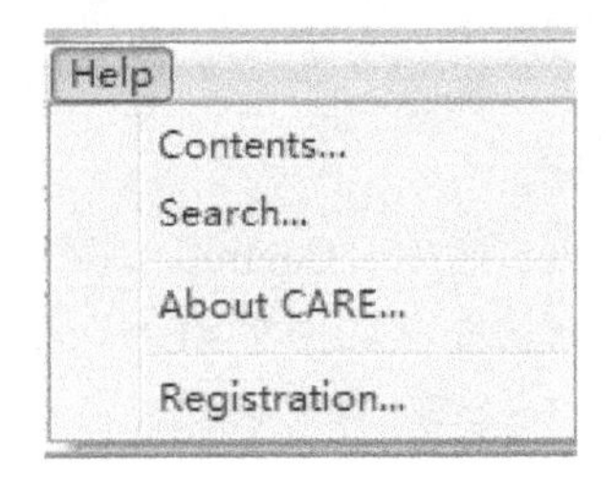

图 2-44　Help 菜单

Contents：显示内容帮助信息。

Search：提供帮助搜索。

About CARE：显示 CARE 版本号、信息。

Registration：显示 CARE 注册信息。

（3）工具栏

1）图标按钮意义。工具栏有几十个图标按钮，下面只介绍常用的。

：打开 Project、Plant 或 Controller。　　：启动 Plant 原理图功能。

：启动 Plant 控制策略功能。　　：启动 Plant 开关逻辑功能。

：将 Plant 与当前选择的 Controller 相连，或将 Plant 从当前选择的 Controller 分离。

：启动数据点编辑器。　　：启动时间程序编辑器。

：启动默认文本编辑器。　　：启动搜索模板功能。

：启动编译功能。　　：启动 CARE 仿真软件。

：启动上传/下载工具。　　：启动 X1584 软件。

：启动终端分配功能。

：显示 CARE 管理者对话框，包括软件版本序列以及与软件相关的信息。

2）滚动栏。移动滚动栏可观看被屏幕遮住的原理图，可单击鼠标右键将原理图移到左边，或单击鼠标左键将原理图移到右边。

（4）帮助的获取　帮助菜单提供在线版本的用户手册帮助途径。具体步骤如下：

1）单击 Help 菜单项，然后检索下拉项。

2）单击目录页中所需要的主题或 Help 按钮。

3）要获得详细的帮助功能信息，单击 Help 菜单，然后选择 Using Help 即可。

二、项目的建立和管理

（1）Project 菜单　Project 菜单如图 2-45 所示。New：新建项目；Open：打开已有的项目；Delete：删除已有的项目；Backup：备份项目；Restore：恢复项目；Change Password：修改项目密码；Check User Addresses：检查项目的用户地址是否唯一；Close：关闭。下面只

介绍两个功能，其他类似，不重复。

（2）项目的建立

1）单击 Project 菜单中的 New，弹出 New Project 对话框，如图 2-46 所示。

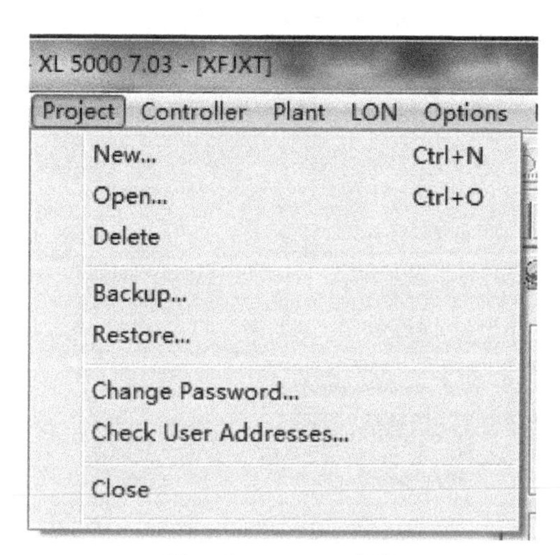

图 2-45　Project 菜单

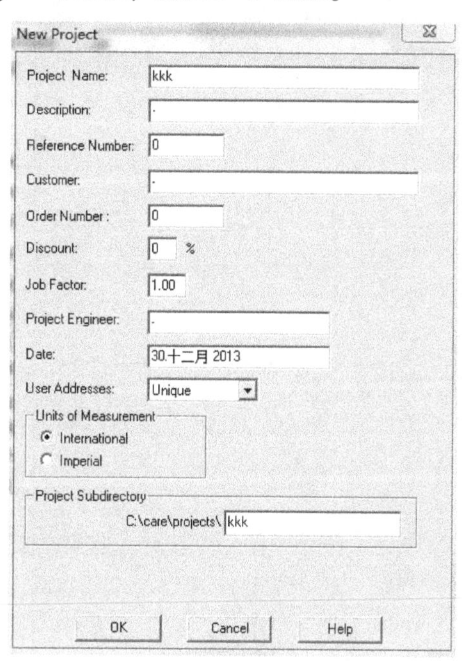

图 2-46　New Project 对话框

2）在 Project Name 框输入项目名称（必须在同一 Database 中是唯一的）。项目名最多 15 个字符。注意：软件只使用 Project 字符中的前 4 个，后面是 4 位数字，形成项目的数据库文件。其他如 Description（描述）、Discount（折扣）等不介绍。

3）单击“OK”，弹出如图 2-47 所示的 Edit Project Password 对话框，要求输入密码。直接单击“OK”则没有密码。

图 2-47　Edit Project Password 对话框

4）新建立的项目如图 2-48 所示。左边是项目名称，右边是项目属性。与新建项目时输入的一样。

（3）项目的备份

1）选择所需备份的项目，单击 Project 菜单中的 Backup，弹出 Backup Project 对话框，如图 2-49 所示。

2）在 Target directory 中选择所需备份的路径，然后单击 OK 开始备份。图 2-50a 显示备份进度，备份完成后会弹出图 2-50b 的提示。

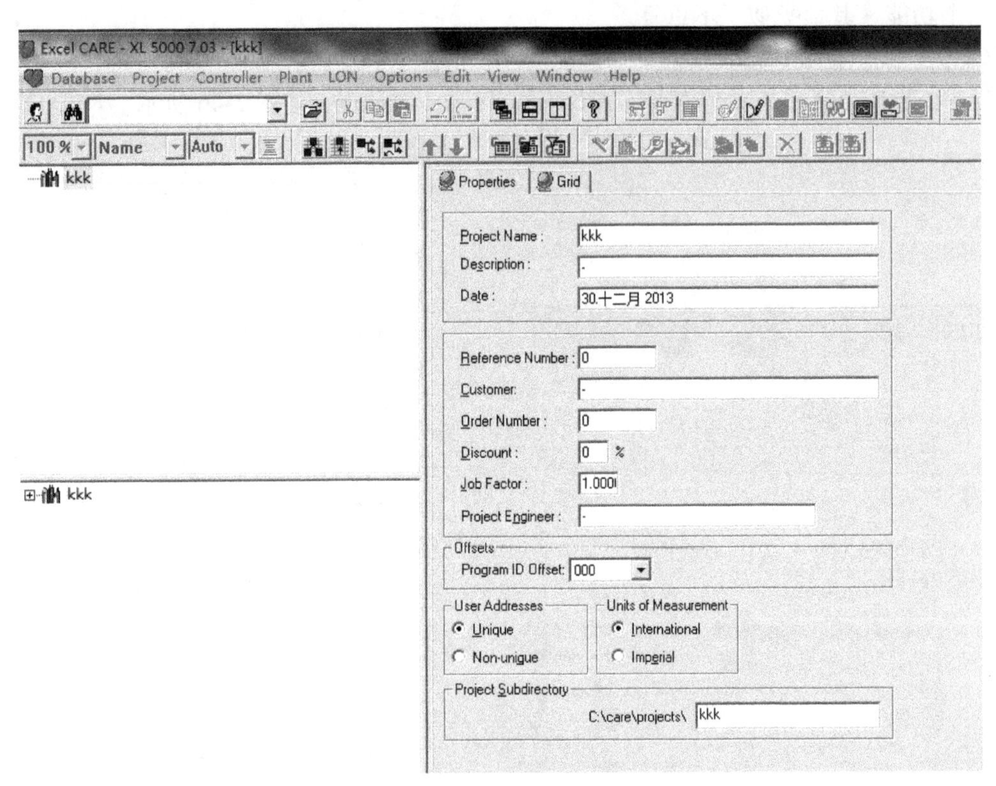

图 2-48　新建立的项目

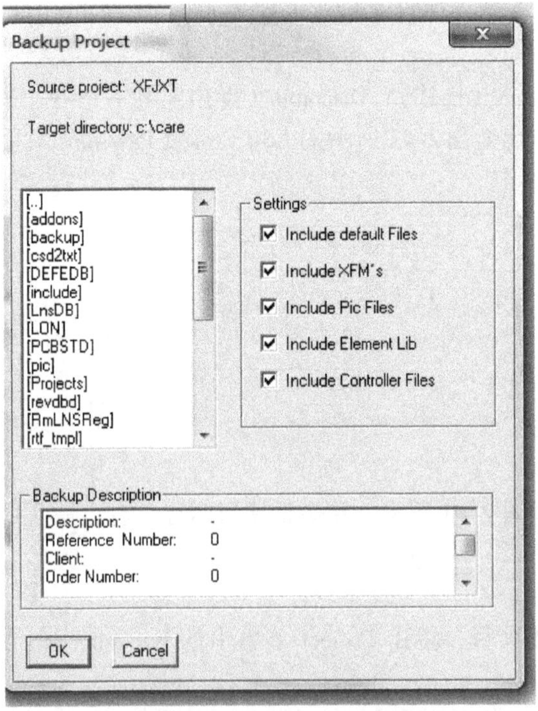

Backup Project
Source project: XFJXT
Target directory: c:\care
[..]
[addons]
[backup]
[csd2txt]
[DEFEDB]
[include]
[LnsDB]
[LON]
[PCBSTD]
[pic]
[Projects]
[revdbd]
[RmLNSReg]
[rtf_tmpl]
Settings
Include default Files
Include XFM's
Include Pic Files
Include Element Lib
Include Controller Files
Backup Description
Description: -
Reference Number: 0
Client: -
Order Number: 0
OK
Cancel

图 2-49　Backup Project 对话框

a)

b)

图 2-50　备份进度

3）在目标目录下可以找到 Project 为名，PJT 为扩展名的文件，如 XFJXT000. PJT。

三、控制器的建立和管理

1. 控制器的建立

1）打开项目，单击 Controller 菜单中的 New，弹出 New Controller 对话框，如图 2-51 所示。

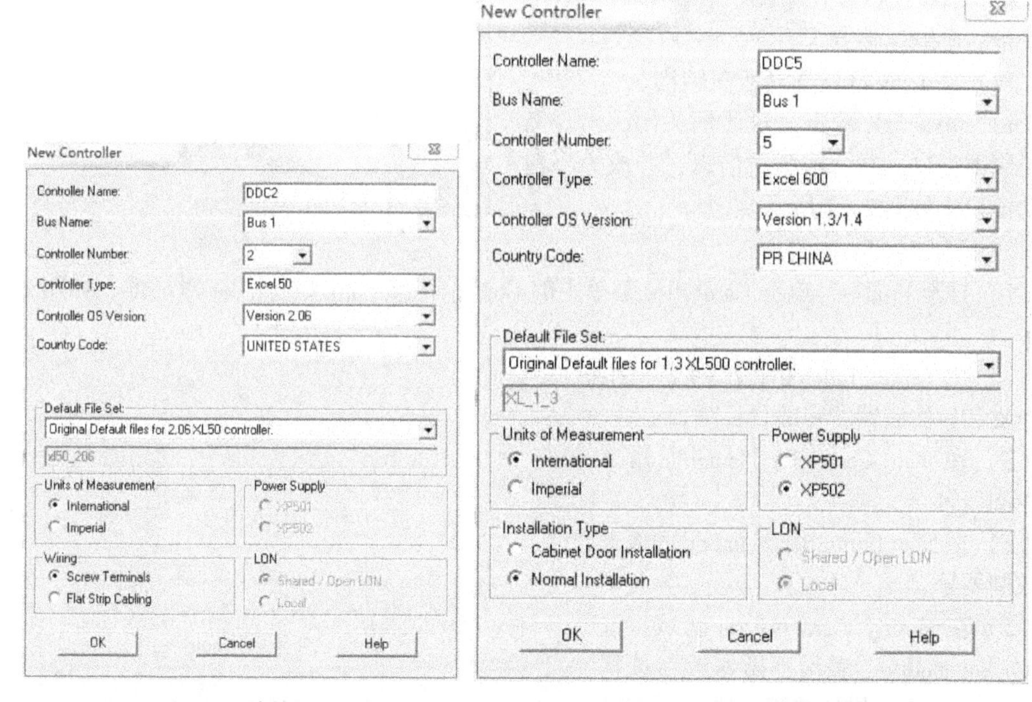

a) Excel 50 控制器　　　b) Excel 600 控制器

图 2-51　New Controller 对话框

2）输入控制器名（必须在同一 Project 中是唯一的）。控制器名最多有 15 个字符。注意：软件只使用控制器字符中的前 4 个，后面是 4 位数字，形成控制器的数据库文件。

3）在 Controller Number 处，单击下拉列表框从 1 ~ 30 中选择控制器号（对同一项目必须唯一），本例中为 2。一个项目最多有 30 个控制器。

4）在 Controller Type 处，单击下拉列表框选择控制器类型。

5）在 Controller OS Version 下拉列表框中选择控制器版本。注意：任何已经与该控制器连接的 Plant 必须遵循版本原则，否则不能进行连接。

6）在 Controller Code 下拉列表框中选择国家语言。默认语言与 Windows 安装版本有关，一般选择 UNITED STATES。

7）在 Default File Set 下拉列表框中选择合适的默认文件，也可通过 Default Text Editor 修改默认文件。

8）在 Units of Measurement 区域选择控制器在控制策略 EMS 图标中是使用国际单位（米制）还是国标单位，在 Excel 600 和 Excel ELINK 控制器中不采用测量单位。

9）在 Power Supply 区域选择所需的模板类型，Power Supply 只适用于 Excel 500/600 控制器。

10）在 Installation Type 区域，正常安装为默认选择，若控制器有高密度的数字输入，选择 Cabinet Door Installation。Installation Type 只适用于 Excel 500/600 控制器。

11）在 Wiring 区域选择所需类型。Wiring 只适用于 Excel 50 控制器，其中 Screw Terminals 表示螺纹连接方式，Flat Strip Cabling 表示扁平带状电缆连接方式。

12）在 LON 区域选择所需结构。

13）单击 OK 确定，对话框关闭，出现新的控制器窗口，显示控制器信息，并成为当前活动窗口，如图 2-52 所示。

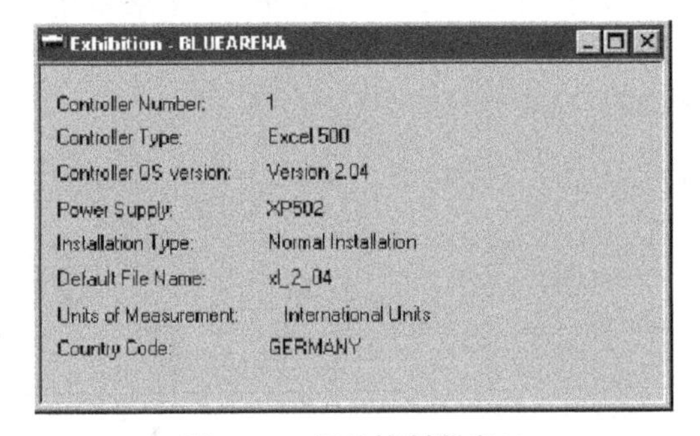

图 2-52 新的控制器窗口

2. 控制器的复制

1）打开 Project，单击 Controller 菜单中的 Copy，弹出 Copy Controller 对话框，如图 2-53 所示。

2）在 Target Project 下拉列表框中选择复制后控制器所在的目标项目。

3）在 New Controller Name 框输入新控制器名。

4）在 New Controller Number 框输入新控制器号。

5）在 Modify Plant Names 区域，选择 Do not modify，表示不做修改；选择 Prefix Text，表示增加前缀，输入所需增加的前缀即可；选择 Append Text，表示增加后缀，输入所需增加的后缀即可。

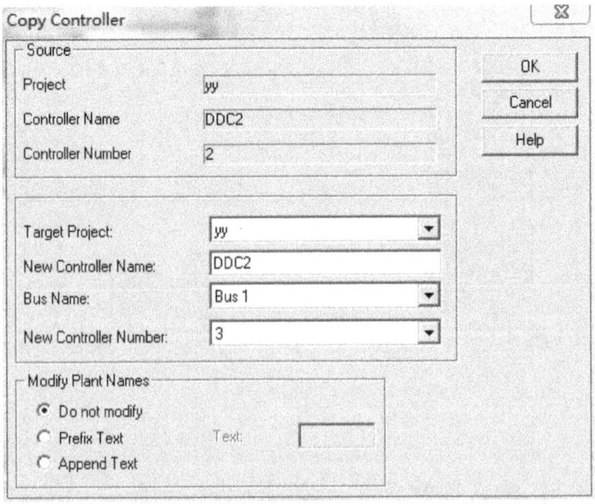

Copy Controller

Source	
Project	yy
Controller Name	DDC2
Controller Number	2
Target Project:	yy
New Controller Name:	DDC2
Bus Name:	Bus 1
New Controller Number:	3

Modify Plant Names: Do not modify / Prefix Text / Append Text　Text:

OK　Cancel　Help

图 2-53 Copy Controller 对话框

3. 控制器的删除

1）打开 Project，单击 Controller 菜

单下拉项 Delete，弹出 Delete Controller 对话框，如图 2-54 所示。

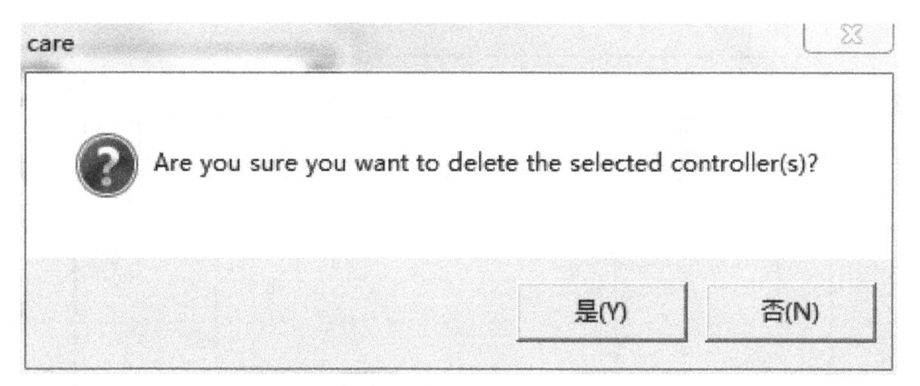

图 2-54　Delete Controller 对话框

2）单击“是（Y）”删除即可。

4. LonWorks 网络体系的定义

Excel 500 或 Smart 控制器在 LonWorks 网络采用分布式 I/O 模式时，可以选择以下两种体系。

（1）Local 体系　Local 体系在单个 LonWorks 网络上只允许一个 Excel 500 或 Smart 控制器与 DIO 模板相连，这只适用于 OS 2.0 或更高版本的控制器。Local 体系不允许有附加部分或其他 Honeywell LON 设备的集成，如图 2-55 所示。

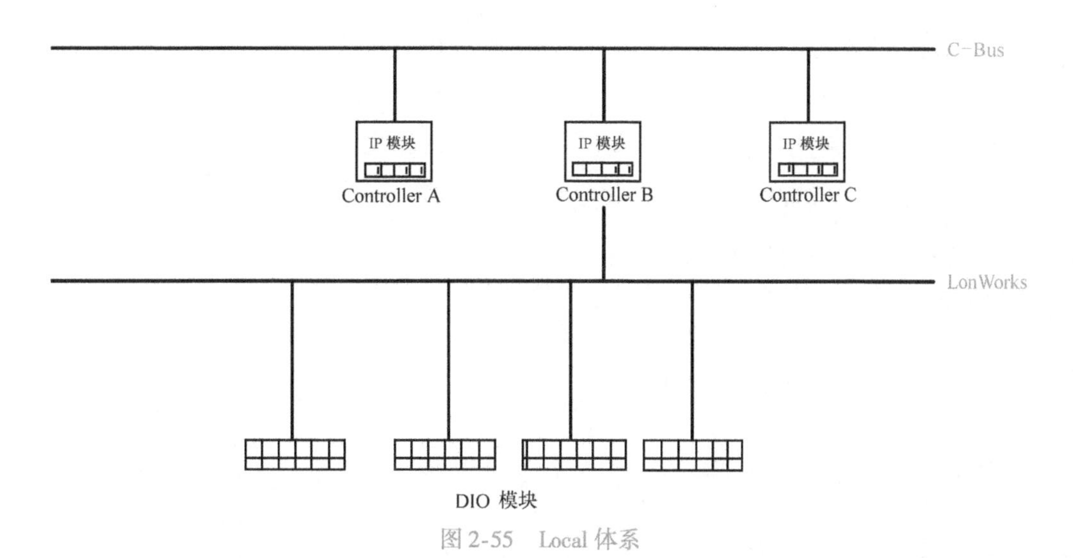

图 2-55　Local 体系

（2）Shared/Open LON I/O 体系　Shared/Open LON I/O 体系在单个 LonWorks 网络上允许多个 Excel 500 或 Smart 控制器与 DIO 模板相连，但多个控制器不能在同一个 DIO 模板上处理数据点。Shared/Open LON I/O 只用于 OS 2.04 版本，如图 2-56 所示。

Shared/Open LON I/O 体系允许有附加部分或其他 Honeywell LON 设备的集成，如带 LON 性能的 M7410G 的 Honeywell 执行器。

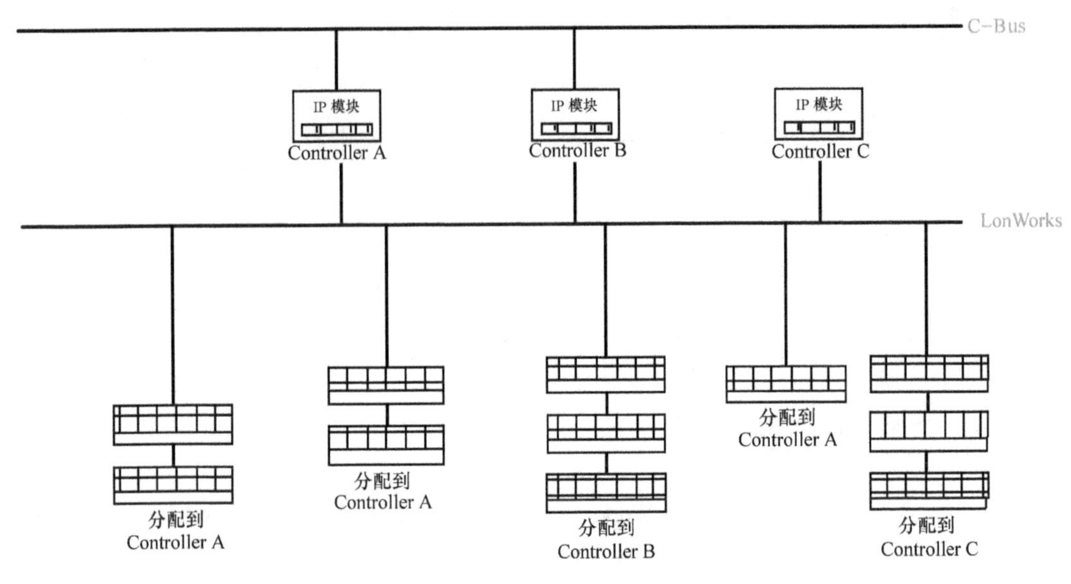

图 2-56　Shared/Open LON I/O 体系

5. 相同的用户地址

在同一个控制器下，若两个用户地址相同时，会显示 Modify User Address 对话框，允许输入一个新的地址进行修改。输入唯一的地址，单击“OK”改变地址并关闭对话框，点击“Cancel”保持原来的用户地址。若这个点对控制器中所有 Plant 是公用的，则应保留原来的用户地址。

四、Plant 的建立和管理

CARE 功能如原理图、控制策略、开关逻辑均适于特定的 Plant，启动 CARE 的第一步是选择项目，然后选择 Plant。如没有 Plant 或需要一个新的 Plant，则需要进行 Plant 的建立。

每个控制器最多可定义 128 个 Plant。

1. Plant 的建立

建立新的 Plant 名、选择 Plant 类型以及目标 I/O 硬件的具体步骤如下：

1）打开 Project 或 Controller，输入密码。

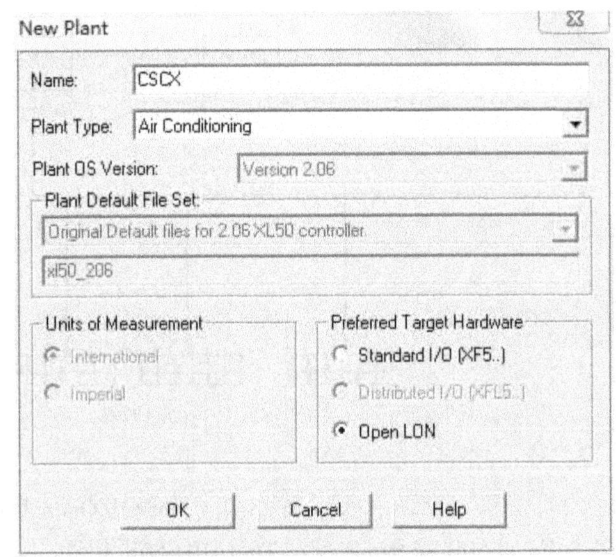

图 2-57　New Plant 对话框

2）单击 Plant 菜单中的 New，弹出 New Plant 对话框，如图 2-57 所示。

3）在 Name 框输入 Plant 名（新的名字不能与该项目中已有的 Plant 名相冲突），Plant 名最多可有 30 个字符，不能有空格且第一个字符不能为数字。

4）从 Plant Type 下拉列表框中选择所需类型，Plant Type 有如下 4 种类型：Air Conditioning（空气处理或风机建筑模块）、Chilled Water（冷却塔、冷凝水泵、冷却器建筑模块）、Elink（对 Excel 10 控制器，描述系统点的元件）和 Hot Water（锅炉、转炉、热水系统建筑模块）。

5）从 Plant OS Version 下拉列表框中选择所需的版本，此版本要与 Plant 将要下载的控制器版本号相匹配。

6）从 Plant Default File Set 下拉列表框中选择所需的 Plant 默认文件，可利用 Default Text Editor 编制 Plant 默认文件。

7）在 Units of Measurement 区域选择所需的 Plant 类型的测量单位：国际单位（米制）或国标单位。这部分将告诉控制策略 EMS 图标可接受哪种类型单位，如摄氏或华氏。注意：在 Elink 应用中不采用测量单位。

8）在 Preferred Target Hardware 区域选择所需的目标 I/O 硬件（OS 版本为 2.0 或以上才能使用）。

Standard I/O：IP 总线模式（用于 OS 2.0～2.04 的 Excel 500 和 Excel 50 控制器）。

Distributed I/O：LON 总线模式（用于 OS 2.0～2.04 的 Excel 500 和 Excel Smart 控制器）。

Open LON：硬件点无须分配（用于 OS 2.0～2.04 的 Excel 500、Execl Smart 和 Excel 50 控制器）。

9）单击“OK”，若接受新的名字，软件将关闭对话框，显示一个新的窗口，新的 Plant 名出现在标题栏。此窗口变为当前活动窗口。若新的名字无效（如有空格），软件显示“Please enter a valid plant name”信息，单击“OK”关闭信息框，重新输入正确的名字。

10）将新的 Plant 与控制器相连，以便建立 Plant 原理图、控制策略、控制回路和开关逻辑时，CARE 软件能进行有效的检测。例如，Plant 与 Excel 80 控制器相连时，若原理图中有太多的点，则 CARE 会发出报警信息。

2. Plant 的复制

复制 Plant 可对 Plant 及其信息建立一个或多个备份。在一个项目中建立相似的 Plant 时，采用此方法很方便。复制 Plant 时，Plant 名、数据点名、LON 对象名和网络变量名（只是采用 LON 控制器时才有）、OPS 子系统名和 OPS 点名（只是采用 OPS 控制器时才有）等信息将复制，并在复制过程中会发生改变。

要做好复制，应先设置好需要改变的信息。对一个新的 Plant，要建立的每一项由几项组成，其中部分项可以自由定义。例如，建立 Plant 名，新的 Plant 名包含下面几项：Plant 所属的项目名、Plant 相连的控制器名、Plant 名（当前 Plant 名）、常用文本、计数器（按数字或字母递增的顺序）、复制计数器（计数复制的次数）。

（1）组成原则　无论如何，新的 Plant 名必须包含至少一个名字（项目或控制器或 Plant 名）或常用文本和一个计数器，计数器计数的复制次数必须大于 1。

每个名字或常用文本用作变量（variable item）时，意味着原项的全部文本均作为新名的组成部分。例如，原项作为变量来建立新的 Plant 名，如图 2-58 所示。打“×”处表示选择该列名称作为新的 Plant 名，若第二组选择 Project name 作为新的 Plant 名，复制次数为 3 次，则新的 Plant 名分别为 AirportMunich01、AirportMunich02、AirportMunich03。

	Project name	Controller name	Current plant name	Number of Replications	New plant names
	AirportMunich	TerminalA	TerminalA	3	
Items selected for composition					
Plant name			x		TerminalA01 TerminalA02 TerminalA03
Counter (numerical, incremental step = 1, length format = 2					
Project name	x				AirportMunich01 AirportMunich02 AirportMunich03
Counter (numerical, incremental step = 1, length format = 2					
Project name	x				AirportMunichTerminalA01 AirportMunichTerminalA02 AirportMunichTerminalA03
Plant			x		
Counter (numerical, incremental step = 1, length format = 2					

图 2-58　原项作为变量来建立新的 Plant 名

若名字或常用文本用作固定量（fixed item），则意味着原项可定义长度。长度由 Start 和 Length 定义，如图 2-59 所示，第二组原项为 TerminalA，Start = 1 和 Length = 4，则结果为 Term01、Term02、Term03。

	Project name	Controller name	Current plant name	Number of Replications	New plant names
	AirportMunich	TerminalA	TerminalA	3	
Items selected for composition					
Plant name (Start=1, length=4)			x		Term01 Term02 Term03
Counter (numerical, incremental step = 1, length format = 2					
Project name (Start=1, length=4)	x				AirpA AirpB AirpC
Counter (alphabetical, incremental step = 1, length format = 1					
Project name (Start=1, length=10)	x				AirportMunichTerm0A AirportMunichTerm0B AirportMunichTerm0C
Plant name (Start=1, length=4,			x		
Counter=alphabetical, incremental step = 1, length format = 2					

图 2-59　原项作为固定量来建立新的 Plant 名

对数据点名、LON 项和 OPS 项采用相应的方法，相同的步骤进行即可。

(2) 复制的一般步骤

1）打开 Plant，输入密码。

2）单击 Plant 菜单中的 Replicate Plant 项，出现如图 2-60 所示的 Automatic Name Generation 对话框，对话框有 Plant Name 和 Datapoint Name 两个标签，下面以 Plant 名复制为例说明。

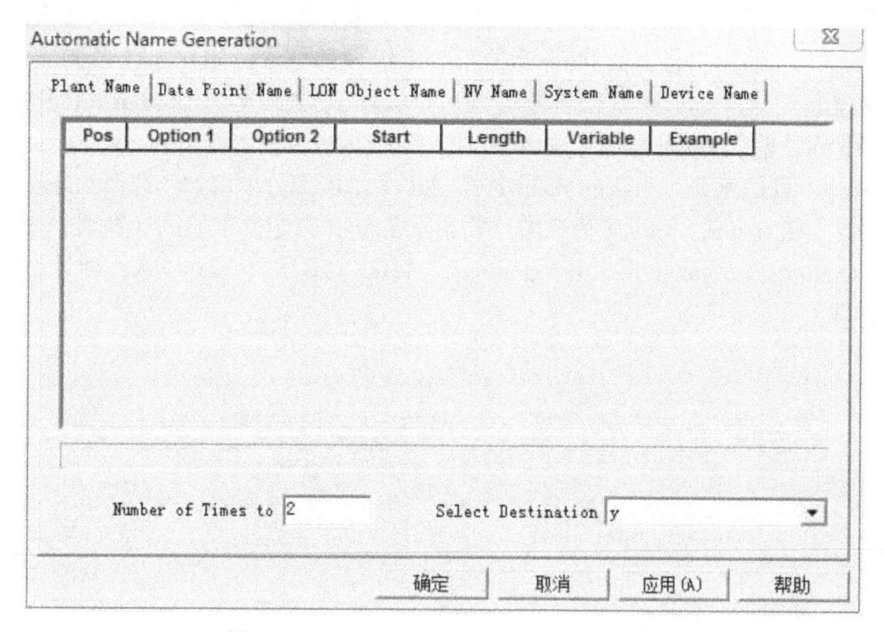

图 2-60　Automatic Name Generation 对话框

3）单击鼠标右键，选择 Add Row，则插入一行，如图 2-61 所示。

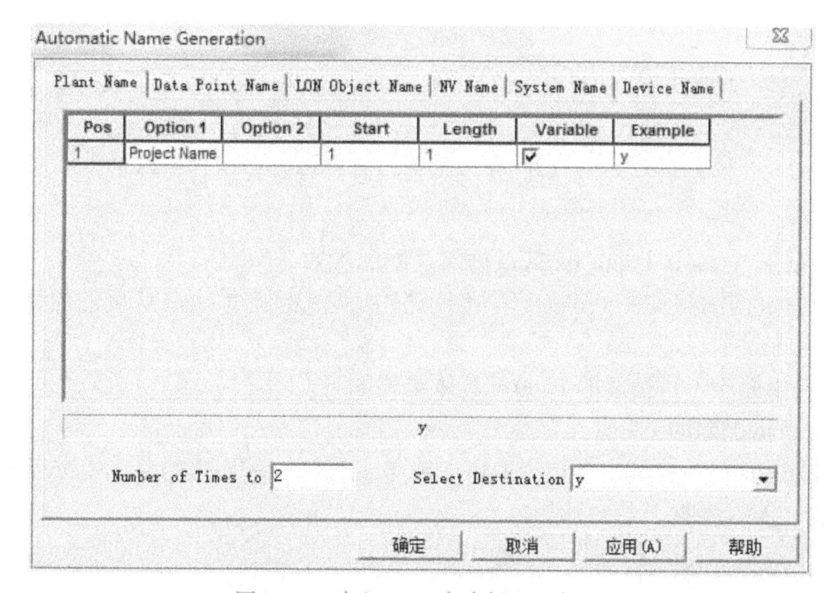

图 2-61　建立 Plant 名中插入一行

4）在 Option 1 列，选择新的 Plant 应该开始的项，有下列项可供选择：Project name、Controller name、Plant name、Replicate Counter、Counter 1、Counter n、Counter A、Counter Z、

Custom text。如选择 Project name，该列显示 Project name。

5）如需要在新的 Plant 名中使用整个项目名，在 Variable 列打√即可。如只想利用项目名中的一部分，在 Start 和 Length 列输入从第几个字母起始，长度为多少。例如，Project name = Exhibition，Start = 1，Length = 5，则新名为 Exhib。

6）在新的 Plant 名中需要其他项，可通过单击鼠标右键，选择 Add Row 插入一行。

7）Option 1 列的第二行为新 Plant 名的第二个组成部分。例如，选择 Custom text。方法与第一行描述的一样，在选择项目名处选择“Custom text”，定义 Custom text 作为 Variable 还是 fixed length，输入 Custom text，如下画线。

8）Option 1 列的第 3 行为新的 Plant 选择第 3 个组成部分。例如，选择 Counter A...Z 作为字母计数器。在 Option 2 列设置为递增计数器，在 Start 列定义起始的计数器，如图 2-62 所示。例如：Option 1 = Counter A...Z，Option 2 = 1.00（递增），Start = A，则计数器以 A 开始，每次递增 1。

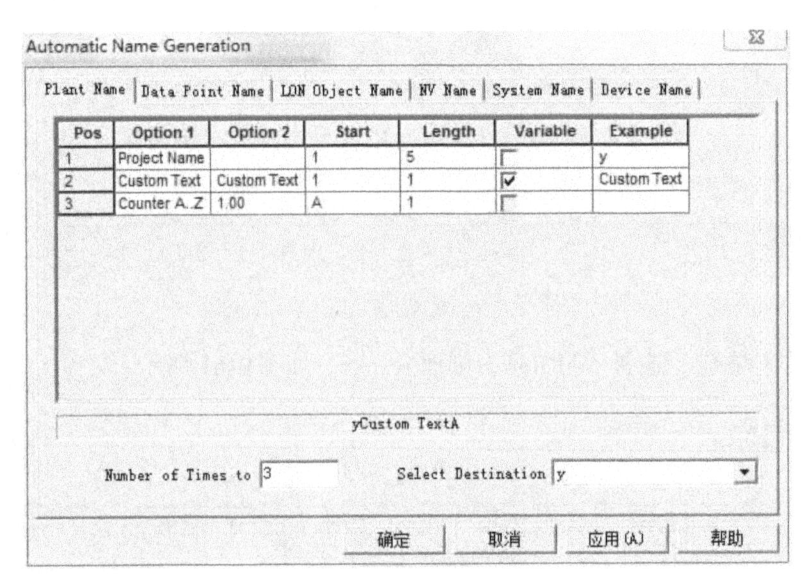

图 2-62 Automatic Name Generation 对话框

9）在 Enter Times to Replicate 区域输入复制的次数。

10）从 Select Destination Project 下拉列表框中选择复制的 Plant 所属的项目。

3. Plant 的删除

可从项目中删除不再需要的 Plant。具体步骤如下：

1）选中所需删除的 Plant。

2）从 Plant 菜单下拉列表框选择 Delete 或单击鼠标右键从快捷菜单中选择 Delete。

3）单击“Y”删除。

五、Plant 原理图

1. Plant 原理图窗口描述

（1）Plant 原理图的定义 Plant 原理图是指加热器、传感器和泵等段的组合。段包括各种设备，如传感器、状态点、数值和泵。在原理图工作区域，可增加段、插入段、删除段以及修改一些点的默认值，如类型和用户地址。CARE 库包含名为 macros 的预定义段，应用 macros 可在原理图中快速增加段，也可将建立的段保存为 macros 放在库中，用于以后的原理图中。

（2）Plant 原理图的打开

1）选择所需的 Plant。

2）单击 Plant 菜单中的 Schematic 或单击工具栏中的 Schematic 图标按钮，弹出原理图窗口，如图 2-63 所示，图中选择了 Segments 菜单的工作区域。原理图窗口包含很多菜单，下面介绍各菜单，并描述如何使用菜单来建立和修改原理图。

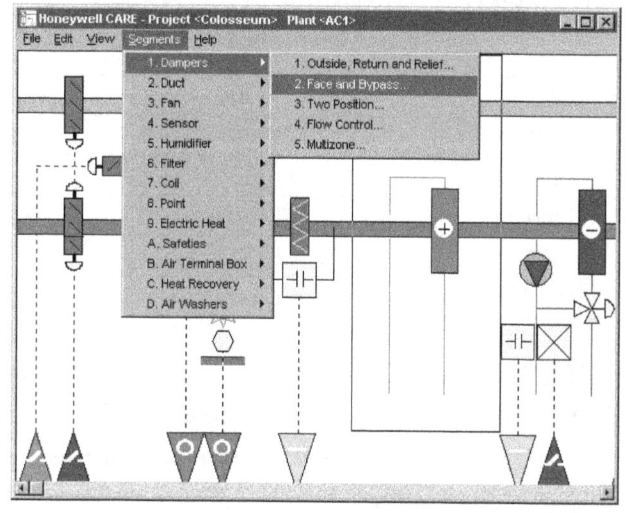

图 2-63　Plant 原理图

（3）菜单

1）File。包含 2 个菜单命令。End：关闭原理图窗口；About：显示版本号信息。

2）Edit。包含 10 个菜单命令。Insert mode on/off：插入模式选择，为 off 时在原理图后增加一个新的段，为 on 时则在当前段前插入一个新的段，Insert mode on/off 前面出现“√”时表示 On 模式；Delete：删除段；Load macro：载入 macro；Save macro：将所需的段保存为 macro；Delete macro：删除 macro；Modify hardware point：修改硬件点，可改变 AO 点、DI 点、DO 点的默认属性；Feedback point：建立附加用户地址（对 DI/DO 点）；Modify user address：修改用户地址；Point without graphic：在原理图中增加没有图形段的点；Redraw schematic：更新原理图。

3）View。包含 4 个菜单命令。Point count：显示 Plant 摘要窗口，包括可用的输入、输出点数及类型；User address：在原理图中显示用户地址；Segment list：显示所选段的信息；Extra text：显示所选段的附加文本，对传感器或执行器来说，附加文本通常指默认值。

4）Segments。不同的 Plant 类型有不同的段类型。若 Plant 类型选择为 Air Condition 时，Segments 包含 13 个菜单命令，用于选择 Plant 设备类型。不同的 Plant 类型有不同的段类型。例如，Plant 设备类型选择为 Air Conditioning，Segments 菜单如图 2-64 所示。其中，Dampers：阀门；Duct：管道；Fan：风机；Sensor：传感器；Humidifier：加湿器；Filter：过滤器；Coil：盘管；Point：点；Electric Heat：电加热器；Safeties：安全信号；Air Terminal Box：空气终端箱；Heat Recovery：热回收器；Air Washers：空气清洗器。

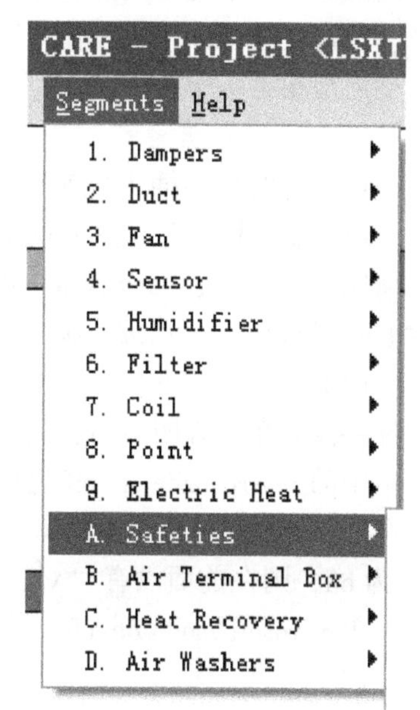

图 2-64　Segments 菜单

5）Help。显示在线用户手册标题目录，单击标题则显示相关信息。

（4）原理图区域　在菜单栏下方是原理图区域，用于显示 Plant 原理图及所选的段。原理图由风机、传感器和调节阀等段组成。段的下端是虚线，最下面是箭头，一个箭头表示一个硬件点或软件点，原理图中的箭头意义见表 2-6。

表 2-6　原理图中的箭头意义

箭头颜色	箭头三角形方向	符号	点的类型
绿色	向下	-	数字输入或累加器
红色	向下	0	模拟输入
蓝色	向上	-	数字输出
紫色	向上	0	模拟输出
淡蓝色	向上	/	Flex

若是带开关的数字点或模拟点，“-”或“0”符号会变为“/”或脉冲，图 2-65 所示为可能出现的其他符号，箭头向下的点表示输入，箭头向上的点表示输出，Flex 点表示一个或多个物理点。通过操作终端可分配和显示相关的物理点和数值。Flex 点的类型有 Pulse 2、Multistage 和 DO Feedback DI。

（5）用户地址的显示　在箭头三角形上单击鼠标左键，则显示该点的用户地址，松开鼠标左键，则不显示。若控制策略中应用了该点并已进行了连接，则显示中包括用户地址的红色方块，否则是白色方块。

（6）框　原理图总是包括一个矩形框，框在所选段的周围，单击不同的段可移动框，一般用于选择段，再在段上面完成操作。第一次打开段时，框总是出现在第一个段周围。

2. 段的增加与插入

可通过增加和插入段来建立或修改 Plant 原理图，通常是将段按从左到右的顺序依次放置。如建立新风系统，先放 damper actuator（执行器），然后放 fan（风机），最后放 space sensor（传感器）。

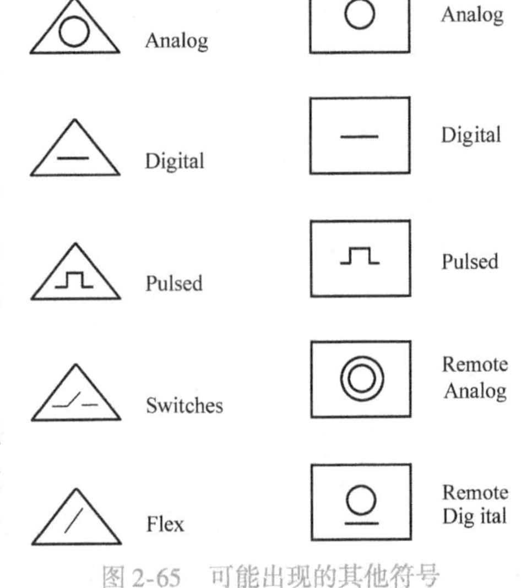

图 2-65　可能出现的其他符号

（1）增加或插入段的选择　当增加一个段时，软件将段放在原理图后面；而当插入一个段时，软件则将段放在当前段的前面。可通过 Edit 菜单中的 Insert made on/off 选择增加或插入功能。若 Insert mode on/off 为 on，则在前面有个“√”记号，此时为插入状态，除非将它关闭，否则一直保持插入状态。若 Insert mode on/off 为 off，则在前面没有“√”记号，此时为增加段，除非将它关闭，否则一直保持增加状态。单击 Insert mode on/off，若原来为 on 则变为 off，若原来为 off 则变为 on。

（2）具体步骤

1）选择增加或插入方式。若为插入方式，将框移到合适的段，以便插入的段放在所需的位置上。软件在框的左边插入段。例如想在第 2 段和第 3 段间插入新的段，则框应放在第

3段上面。

2）单击Segments菜单，显示段目录。

3）单击段名或输出段的数字选择所需的段，出现选项目录。

4）单击选项或输出选项数字选择所需选项。图2-66所示为TempSensors目录对话框，若单击Cancel则取消。

5）单击OK或输入数字，有些所选的段可能会出现附加窗口，从附加窗口选择所需的项。当进行了最后的选择时，关闭段目录窗口，原理图工作区域出现一个新的段，位于框的左边。

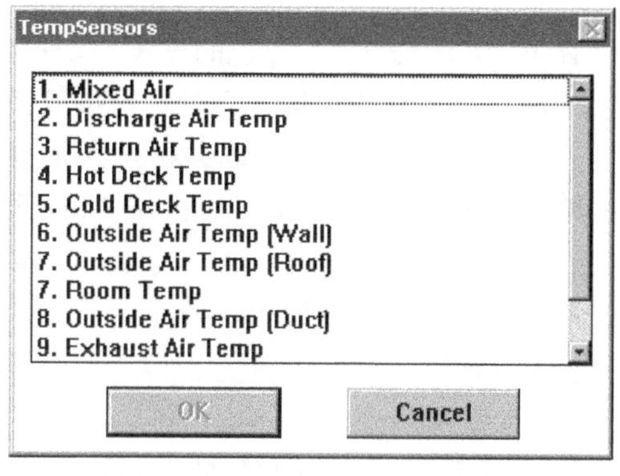

图2-66　TempSensors目录对话框

6）可继续选择段，进行组合，当完成原理图后，可用File菜单中的End结束原理图功能，开始建立控制策略。

（3）默认点的分配　每个与段相关的点都有相关的默认文件，为点分配不同的信息类型，可通过Data Point Description Editor得到默认值。

3. 段的删除

1）单击所要删除的段，将框放在目标段周围。

2）检查该段是否包含与控制回路或开关逻辑相连的点，若有，首先要从控制回路或开关逻辑中将这些点移出，否则删除该段将会出现错误信息。

3）单击Edit菜单中的Delete或按Delete键，出现确认信息。

4）单击Yes从原理图中移去该段，单击No取消。

4. Marcos

（1）基本概念　若段及组件频繁用于Plant设计中，可将段保存为Marco。Marco是指带指定组件（如传感器、状态点等）的段。当使用Marco时，不需要从菜单栏进行选择。例如，若在原理图中增加一个无数值控制（no volume control）的single-speed supply及辅助触点，将它保存为Marco，则可使用Marco在原理图快速增加该类型的段。

每个Marco有唯一的字符名字，可在多个Plant和项目中重复调用。已有的Marco可随时调用，与所选的Plant类型无关。例如，可在空调Plant中采用热交换Plant中的段。

（2）Marco的建立　将段保存为Marco的具体步骤如下：

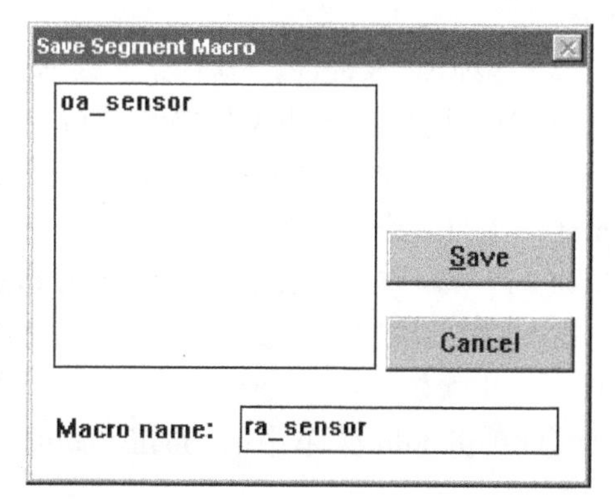

图2-67　Save Segment Macro对话框

1）从原理图中选择要存为Macro的段，将框放在段的周围。单击Edit菜单中的Save Macro或按下F3键，弹出Save Segment Macro对话框，如图2-67所示。

2）在 Macro name 编辑区输入新的 Macro 名，不能用已有的名字。

3）单击 Save 保存 macro 并关闭对话框，单击 Cancel 不保存并关闭对话框。

Macro 的载入、删除与 Marco 的建立类似，此处不再重复。

5. 物理点类型

物理点是指 Plant 从控制器输入或输出的点，CARE 能识别各种不同类型的物理点，如果 CARE 预先分配的点类型与 Plant 中的不匹配，则必须修改点的类型。

在 Plant 原理图中，彩色的三角形表示各种不同的物理点，见表 2-6。

当单击箭头三角形选择点时，箭头颜色将变为黑色。如双击三角形，则出现包括点的类型和用户地址的 Datapoint information 对话框。可修改模拟输入、模拟输出（连续的或 3 个状态的输出信号）、数字输入、totalizers 和反馈点。物理点的最大数量随控制器的不同而不同。例如，Excel 500 控制器有 128 个点，Excel 100 控制器有 36 个点，Excel 80 控制器有 24 个点，Excel 50 控制器有 22 个点。

（1）模拟输入

1）步骤如下：

① 单击 Edit 菜单中的 Modify hardware point 或按下 F5 键。

② 在 Plant 原理图中单击红色向下箭头，选择模拟输入，箭头变为黑色，弹出模拟输入选择的 Modify Point 对话框，如图 2-68 所示。

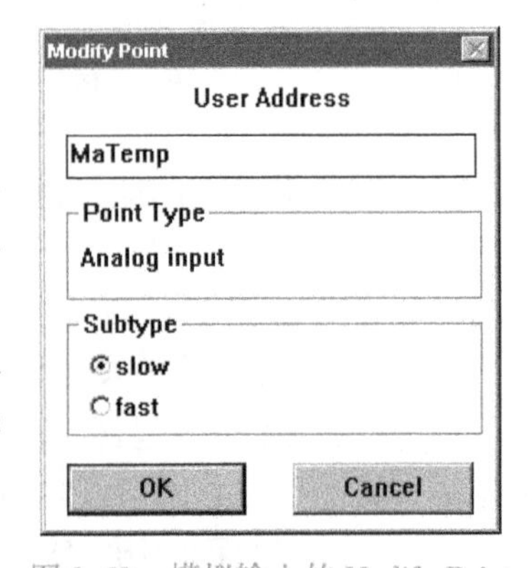

图 2-68　模拟输入的 Modify Point 对话框

③ 如果需要可修改用户地址。用户地址必须包括一个非数字符号且不能包括 Tabs、双引号、?、* 或空格字符，所有其他 ASCII 字符（A～Z，0～9，+，-，_等）均可以。例如，12A 是一个有效的用户地址，但是 12 不是。

④ 单击 OK 保存变化或单击 Cancel 不改变。箭头一直为黑色直到选择另一箭头。

2）模块类型。对于 Excel 500/600 控制器，CARE 给 XF521A 和 XFL521 模块分配慢速模拟输入，给 XF526 模块分配快速模拟输入，而 Excel 50/80/100 控制器只能使用慢速模拟输入。

3）模拟输入特性。每个模拟输入点都有相关的特性，这些特性描述了相关传感器的行为。例如，当选择 Subtype 时，可改变点的特性类型，可使用 Data Point Description Editor 修改点的属性。

（2）模拟输出　若模拟输出控制 Plant 中的执行器，应先决定模拟输出是连续信号还是三状态信号。

1）步骤如下：

① 单击 Edit 菜单中的 Modify hardware point 或按下 F5 键。

② 单击 Plant 原理图中紫色向上箭头，选择模拟输出，箭头变为黑色，弹出模拟输出选择的 Modify Point 对话框，如图 2-69 所示。

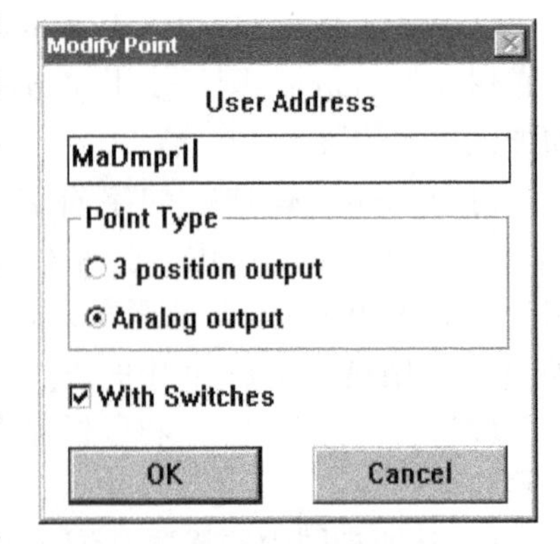

图 2-69　模拟输出的 Modify Point 对话框

③ 若需要，可修改用户地址。对连续输出信号，选择 Analog output；对三状态输出信号，选择 3 position output；With Switches 表示模块上的模拟输出是否带开关。

④ 单击 OK 保存。箭头一直保持黑色直到选择另一箭头。

2）模块类型。对于 Excel 500/600 控制器，XF522 是带 8 个模拟输出（5 个带开关和 3 个不带开关）的模块，而 XF527 模块的 8 个模拟输出都不带开关。所以，当选择“带开关”时，软件自动指定 XF522 模块；当选择“不带开关”时，软件自动指定 XF527 模块。若要求既有带开关又有不带开关的应用时，CARE 采用 XF522 模块，将“带开关”输出放在前 5 个，“不带开关”输出放在最后 3 个。而 Excel 50/80/100 控制器不支持“带开关”的点。

（3）数字输入　数字输入可以是常开也可以是常闭，默认状态是常开。

1）步骤如下：

① 单击 Edit 菜中的 Modify hardware 或按下 F5 键。

② 在 Plant 原理图中单击绿色向下箭头，选择数字输入，弹出数字输入选择的 Modify Point 对话框，如图 2-70 所示。

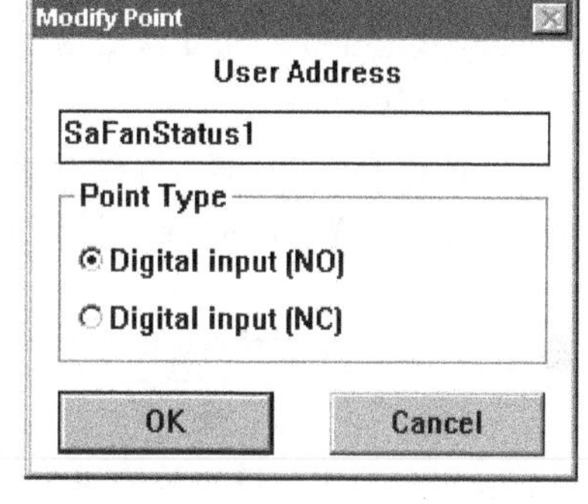

图 2-70　数字输入的 Modify Point 对话框

③ 若需要，可输入地址改变用户地址。若开关常开，则选择 Digital input（NO）；若开关常闭，则选择 Digital input（NC）。

④ 单击 OK 保存修改或单击 Cancel 不改变点并关闭对话框。箭头一直保持黑色直到选择另一箭头。

2）模块类型。对于 Excel 500/600 控制器，CARE 将数字输入分别分配到 XF523 和 XFL523 模块，而 Excel 50/80/100 控制器均支持数字输入。

（4）数字输出　数字输出可能是常开或转向开关。默认状态为常开。

1）步骤如下：

① 单击 Edit 菜单中的 Modify hardware 或按下 F5 键。

② 在 Plant 原理图中单击蓝色箭头，选择数字输出，弹出带数字输出选项的 Modify Point 对话框，如图 2-71 所示。

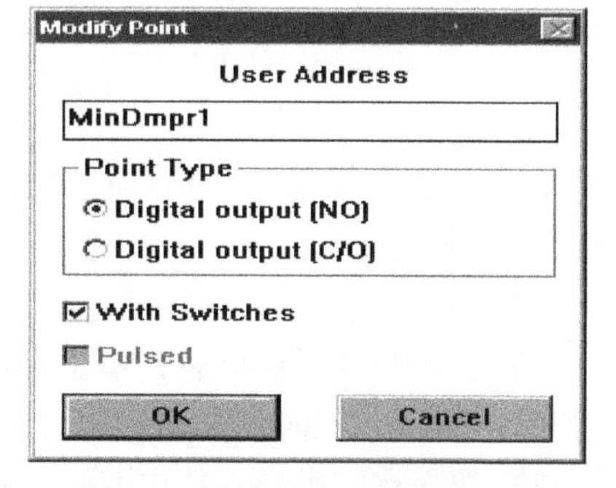

图 2-71　数字输出的 Modify Point 对话框

③ 若需要，可输入地址来改变用户地址。若开关常开，选择 Digital output（NO）。若是转向开关，选择 Digital output（C/O）。With Switches 表示模块上的数字输出是否带开关；Pulsed 表示输出是否是瞬间输出，输出持续时间从 1～255s。

④ 单击 OK 保存变化。

2）模块类型。对于 Excel 500/600 控制器，XF524 是带 6 个数字输出（5 个带开关和 1 个不带开关）的模块，而 XF529 模块有 6 个不带开关数字输出。所以，当选择 With Switches 时，软件指定 XF524 模块；当没选择 With Switches 时，软件指定 XF529 模块。若要求既有带开关又有不带开关的应用中，CARE 采用 XF524 模块，将“带开关”输出放在前 5 个，“不带开关”输出放在最后一个。而 Excel 50/80/100 控制器不支持“带开关”的点。

其他点类型应用不是很广泛，这里不再详细介绍。

6. 用户地址的修改

CARE 会对所有点预分配默认的用户地址，若需要，可对用户地址进行修改。用户地址用于建立控制策略和开关逻辑。修改用户地址的具体步骤如下：

1）从 Plant 原理图中选择所需修改的点，使点的箭头三角形变为黑色。单击 Edit 菜单中的 Modify 或按 F7 键修改用户地址，弹出 Modify user address 对话框显示当前地址。

2）输入新的地址。单击 OK 保存地址，不单击 OK，则不保存新的地址；单击 Recover 恢复原来的地址，对话框仍保留，以便可继续修改其他用户地址。

7. 无图形的点

"无图形的点"允许将没有段的点增加到 Plant 原理图中，无图形的点可以是输入（如 occupancy 传感器），也可以是输出。具体步骤如下：

（1）方法一

1）选择 Plant 后单击鼠标右键或在 Plant 下拉列表框选择 Create HW/SW point（s），弹出 Create HW/SW point（s）对话框，如图 2-72 所示。

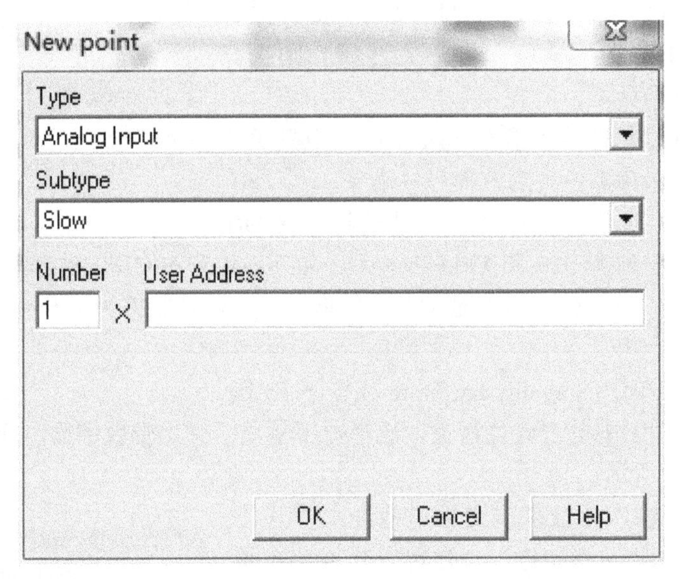

图 2-72　Create HW/SW point（s）对话框

2）在 Type 处输入所需的点类型，选择点的子类型，并输入所需点的数量及用户地址，单击 OK 即可。

（2）方法二

1）进入原理图窗口后，单击 Edit 菜单中的 Point without graphic 或按下 F8 键，弹出 Create/View points without graphic 对话框。

2）选择点的类型。单击 New，弹出 New Point 对话框，对话框总是包含 Number 和 User Address 区域，选择不同点的类型，可能会出现其他区域。

3）在 Number 框中输入这种类型数据点的数量，建立无图形的点。

4）在 User Address 框中输入用户地址。如果要增加多个点，软件自动产生相应的用户地址序列，以确保用户地址唯一。例如，输入 pt 且要求增加两个点，软件自动对两点命名

为 pt1 和 pt2。用户地址只能使用字母字符，不能使用空格，用户地址最多为 15 个字符。

5）单击 OK 在 Plant 原理图后末尾增加点。

6）单击 Cancel 关闭对话框并返回原理图窗口。

8. Plant 信息

（1）点的数量

1）单击 View 菜单中的 Point count，在 Point Count 前出现“√”标记表示该功能有效，再次单击该命令“√”标记会消失。若弹出 Point Count 对话框，则标题栏显示控制器类型以及可获得的输入/输出数量和输入/输出类型，如图 2-73 所示。

2）单击 Cancel 关闭对话框。

（2）用户地址

1）单击 View 菜单中的 User Address，在 Plant 原理图下显示所选 Plant 用户地址，如图 2-74 所示。每个用户地址的第一字符在 Plant 原理图中所属的输入/输出箭头三角形符号的正下面。

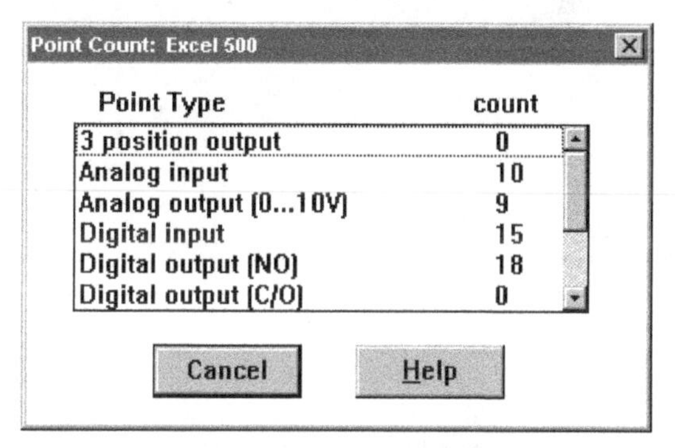

图 2-73　Point Count 对话框

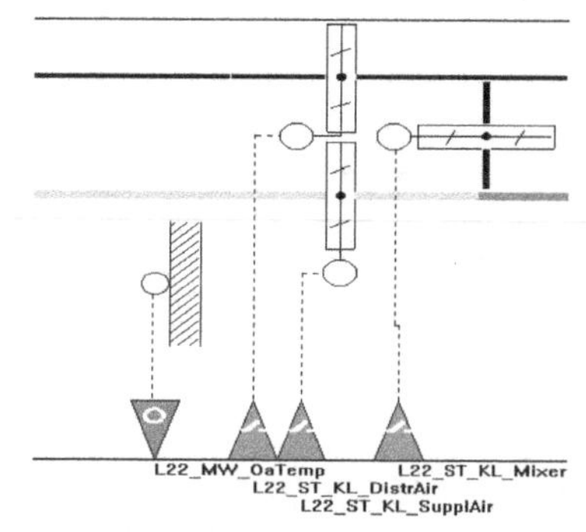

图 2-74　用户地址信息

2）再次单击 User Address 结束此功能。若 User Address 前有“√”标志，表明该功能有效。显示单个用户地址时，将光标移到箭头三角形，按鼠标左键，则显示该点用户地址，松开鼠标左键，则不显示。

（3）段的信息

1）从 Plant 原理图选择所需的段，将框放在所选的段周围。

2）单击 View 菜单中的 Segment list，原理图下面弹出 Segment List 对话框，如图 2-75 所示。

3）双击窗口左上角 Ventilator 图标或再次单击 Segment List 结束该功能。若 Segment List 前有“√”标记，则表明该功能有效。

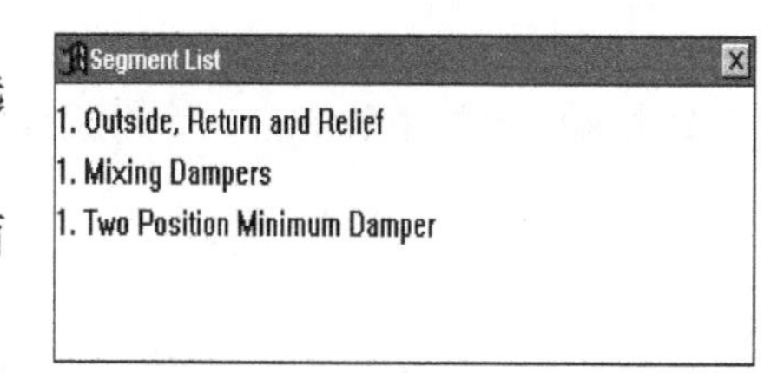

图 2-75　Segment List 对话框

（4）附加文本

1）从 Plant 原理图选择所需的段，将框放在所选的段周围。

2）单击 View 菜单中的 Extra text，原理图下面弹出 Extra Text 对话框，如图 2-76 所示，对话框中附加文本指定默认传感器类型。

3）双击窗口左上角 Ventilator 图标或再次单击 Extra Text 结束该功能。若 Extra Text 前有“√”标记，则表明该功能有效。

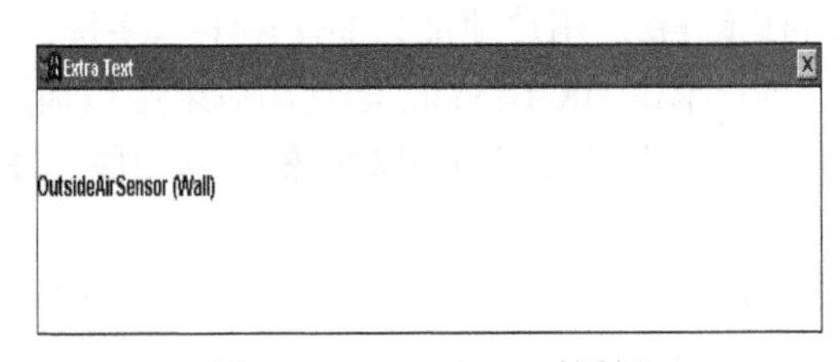

图 2-76　Extra Text 对话框

（5）控制器的输入/输出信息　显示控制器输入/输出信息以及显示所选的输入/输出类型和分配给这些输入/输出的用户地址的具体步骤如下：

1）双击 Plant 原理图中所需的输入或输出，弹出 Datapoint Information 对话框，如图 2-77 所示。

Datapoint Information

Address:	Type:	Subtype:	Board Info:
ZDBQT	Digital output (NO)	not pulsed	withou

OK　Cancel

图 2-77　Datapoint Information 对话框

2）单击 OK 或 Cancel 关闭对话框。

注意： 建立 Plant 控制策略和开关逻辑时，要使用对话框来指定哪个用户地址用于控制策略或开关逻辑等功能。反馈点附加地址不会出现在原理图中，因此需要采用对话框进行点的查找及选择。

9. 原理图的重画与退出

在屏幕上重新显示 Plant 原理图会显示最近所做的修改。单击 Edit 菜单中的 Redraw Schematic 或按下 F6 键可重画 Plant 原理图。

单击 File 菜单中的 End，关闭原理图功能，返回 CARE 主窗口。

六、终端分配工具

终端分配工具（Terminal Assignment Tool，TAT）是 CARE 管理的图形工具，用于显示和修改已有的控制器目标输入/输出硬件结构。它只能在已存在的控制器进行 TAT 处理，不能进行新的控制器的建立。

TAT 支持 Excel 50/80/100/500/600 及 Excel Smart 控制器。TAT 功能包括：增加控制器房间、在房间中插入模块、分配点到模块或在模块间交换点、改变 Excel 500/600 控制器的模块位置和类型（如不带开关的 DO 取代带开关的 DO）、支持 subtypes、设置/改变分配输入/输出模块的神经 ID。Excel 50/80/100 控制器中的模块类型是固定的，因此不能进行改变。

1. TAT 的启动

选中 DDC，单击窗口 Terminal Assignment for controller，则窗口显示当前的控制器结构，分为一个 Boardless-Point 窗口和一个控制器窗口，如图 2-78 所示。TAT 允许打开多个控制器窗口，可以显示和修改每个控制器窗口中的控制器房间（若有多个房间）。

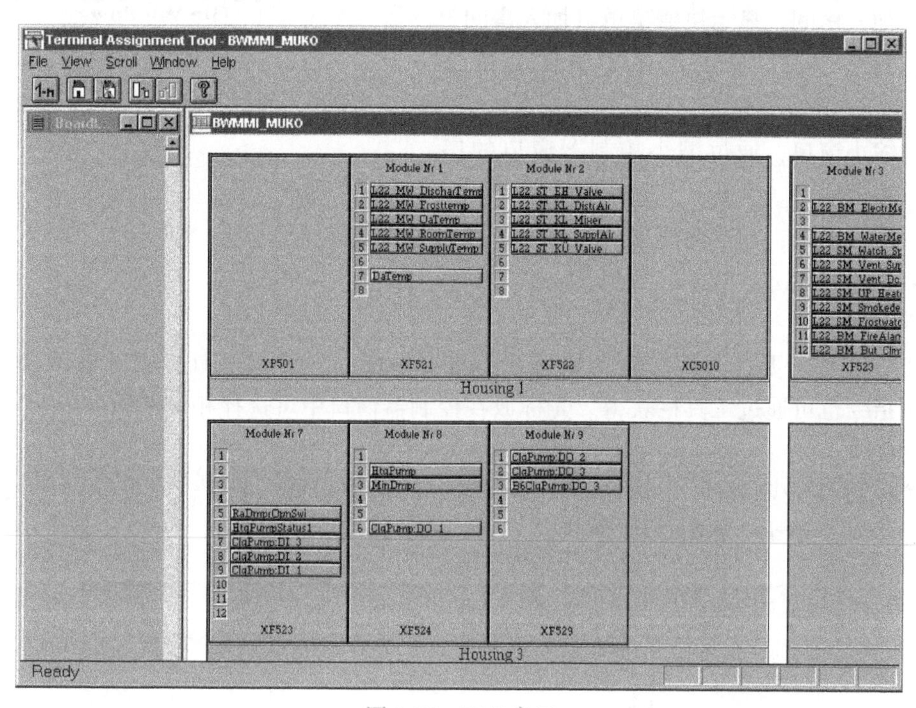

图 2-78　TAT 窗口

（1）TAT 菜单

1）File：退出 TAT。

2）View：显示/隐藏按钮栏和/或状态栏。

3）Scroll：在活动的控制器窗口中央显示某个特定的房间，也可将所有控制器集中到 1～5 个房间，如图 2-79 所示，单击相应菜单即可。**注意：**只有控制器窗口活动时，才显示 Scroll 菜单。

4）Window：打开新窗口。默认设置是 Boardless-Points 窗口和控制器窗口。可同时显示许多窗口，但总是包括 Boardless- Points 窗口。单击 New Window，打开新的控制器窗口，如图 2-80 所示。新的窗口出现在两个显示的控制器窗口的下面。有多个控制器窗口时，直接选择合适的窗口项以改变当前窗口。同一控制器有多于 9 个控制器窗口时，控制器窗口位置 9 是最后显示的窗口。通过选择 More Windows 可显示其他控制器窗口。

File　View　Scroll　Window　Help
Scroll To Housing One　F1
Scroll To Housing Two　F2
Scroll To Housing Three　F3
Scroll To Housing Four　F4
Scroll To Housing Five　F5

图 2-79　Scroll 菜单

5）Help：TAT 帮助。

（2）TAT 状态栏　TAT 状态栏给出每个功能或位置的状态或快速帮助信息。

（3）TAT 工具栏　允许改变查看的点，快速加入或移去房间，或显示 TAT 帮助。工具栏的图标按钮意义如下：

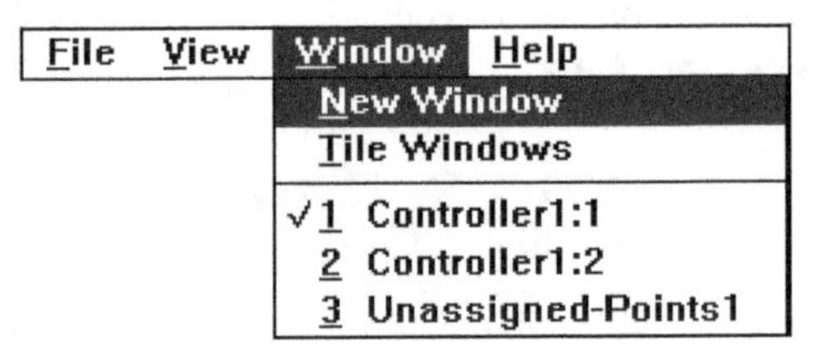

图 2-80　Window 菜单

[1-n]：查看 1 ~ n 个房间，显示所有可获得的房间目录。

[图标]：加入房间，显示快捷菜单以加入房间。

[图标]：移去房间，显示快捷菜单移去单个房间。

[图标]：缩小窗口，通过缩小控制器窗口的房间可查看多个房间。

[图标]：增大窗口，在控制器窗口中显示最大的房间窗口。

[?]：TAT 帮助。

2. 使用快捷菜单

在 TAT 工作需要通过快捷菜单快速获得重要功能时，可单击鼠标右键显示快捷菜单，最后 3 个指令也可通过工具栏获得。光标放在控制器窗口中可选择相应的指令。

3. 带房间（housing）工作

一个控制器至少包含一个房间、一个带电源的基本房间（PS）、中央处理单元（处理器）和至少一个模块，如图 2-81 所示。

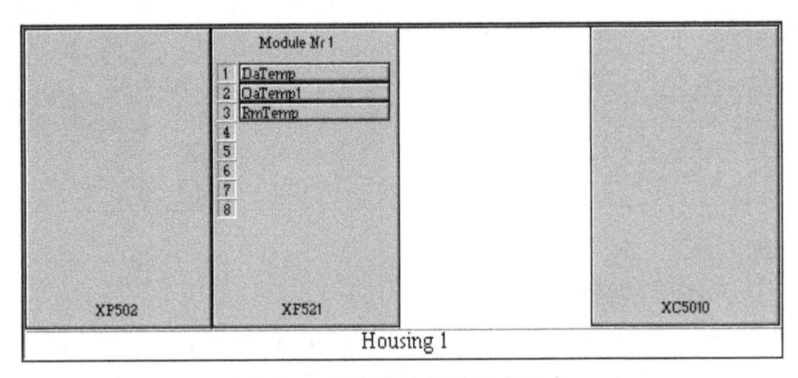

图 2-81　控制器房间的基本组成

下面的房间类型可加入到基本房间中：最多 4 个 IP 模块的标准房间（XF521 等）、最多 10 个 DIO 模块的 LON 房间（XFL521 等）、最多 5 个高密度 I/O 模块的 XF528 房间（XF528）、相应的房间模块总数最多 16 个（IP，DIO 及高密度模块）。

（1）房间的增加　除 XF528 外，每个增加的房间都是空的，可插入相应的模块类型的最大数。具体步骤如下：在控制器窗口中单击鼠标右键，然后单击快捷菜单中的 Add，或单击工具栏中的加入房间按钮，再单击快捷菜单中的 Add。

Add：增加一个带 4 个空槽的标准房间到 4 个 IP 模块中。

Add a XF528 Module：增加一个带 XF528 高密度模块和 4 个槽的 XF528 房间，最多可加入 4 个 XF528 模块。XF528 房间中的空槽表示相应模块上的 DIP 开关关闭。

Add LON：增加一个带 10 个空槽的 LON 房间到最多 10 个 DIO 模块中。

（2）房间的移去　空的或填充的房间都可以移去。当移去一个填充的房间时，所有的点将会分配到 Boardless-Points 窗口。退出 TAT 时，所有空的房间将会自动移去。具体步骤如下：

1）如果想在移去前倒空房间，可将任何模块移到另一个房间中。

2）将光标放在想要移去的房间上，单击鼠标右键，然后单击 Remove housing，或单击工具栏上的移去房间按钮，即可移去房间。

4. 带模块工作

（1）模块的插入　房间中可插入或移去模块，房间之间的模块也可移动。TAT 支持标准模块（如 XF521、XF522），LON 模块（如 XFL521、XF522）和特殊的 XF528 模块。下面以标准模块的插入为例说明。

标准模块是指 XF521、XF522 等模块类型。标准模块可插入到标准空槽和基本房间中。具体步骤如下：

1）在适当的房间槽中单击鼠标右键，然后单击 Insert Module（加亮），基本房间只提供两个槽插入默认模块，用于一个电源和中央处理单元。然后 TAT 弹出模块类型对话框，为当前选择的槽选择一个有效的模块类型。当插入模块到基本房间时，对话框显示与插入模块到空的标准房间不同的模块类型。

2）选择适当模块类型，单击 OK，TAT 插入所选模块到房间中，并自动分配一个模块数字给插入的模块。

LON 模块和 XF528 模块的插入与标准模块类似，此处不再重复。

（2）模块类型的修改　标准模块和 LON 模块可在相同或不同的家族模块中进行改变。在相同的家族中改变模块类型，换句话说，即标准变为标准或 LON 变为 LON，模块可自由移去点。但 XF521 模块，即使有点分配在它上面时，也可直接变为 XF521 模块。

将模块类型变为不同的家族的模块，换句话说，即标准变为 LON 或 LON 变为标准，模块不可以自由移去点。带分配点的模块类型 XF521 可变为模块类型 XF526，如果没有分配脉冲（pulsed）点时，模块类型 XF529 可变为模块类型 XF524，如果脉冲点分配到模块上，TAT 会弹出特殊的对话框允许点移到 Boardless-Points 窗口。

（3）模块数字的修改

1）在要修改模块数字的模块上单击鼠标右键，然后单击 Modify Module Type（加亮），弹出 TAT 所选的新模块数字模块对话框，选择相应模块数字，单击 OK，就可以修改所选模块的模块数字。如果模块数字已经存在，TAT 弹出 Swap Numbers 对话框。

2）选择 YES 交换数字，或选择 NO 选择未用的另一个数字。在允许数字交换前，TAT 解释所选的模块数字在哪定义，然后完成交换。

（4）模块的移动　通过 Drag&Drop 将模块从房间的一个槽中移到同一房间或另一房间的任意其他的空槽中。例如，可将标准模块从标准房间移到 LON 房间或 XF528 模块房间，反之亦然。

在 LON 和标准房间之间移动模块会导致 TAT 改变模块类型，并且所有的点会尽可能保留在最初端子上。如果修改模块造成任何无效点的分配，相应的点会自动地移到 Boardless-Points 窗口。

移动模块可通过在相应模块上单击并按住鼠标左键拖拽，将模块拖拽到目标槽，然后释放鼠标左键放下模块。一个模块不能插入到一个已用的槽中或房间外面。如果是不允许的移

模块一 模块二 模块三 模块四 模块五 模块六 模块七 模块八 模块九 附录

动光标，将会换成“Prohibited”以指示不能放下，如图2-82所示。如果允许移动，则TAT在目标槽中插入所选带用户地址的模块，如图2-83所示。

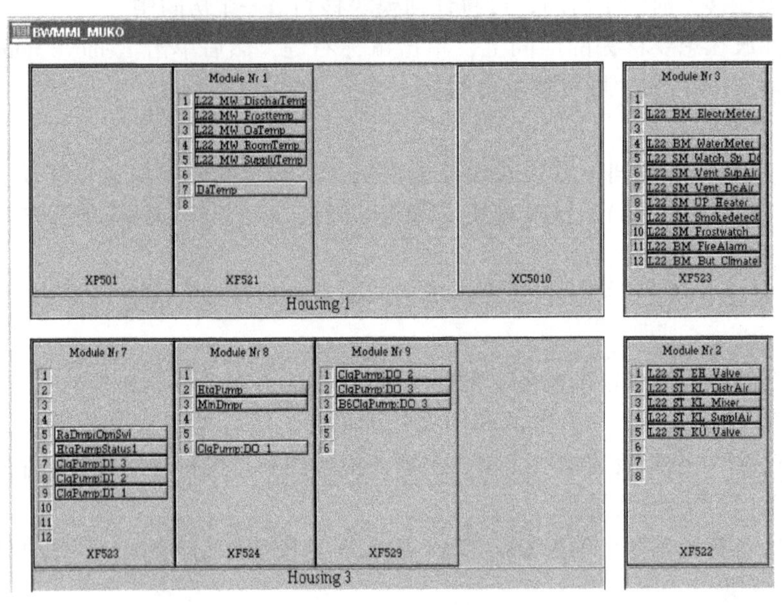

图2-82　禁止的移动情况

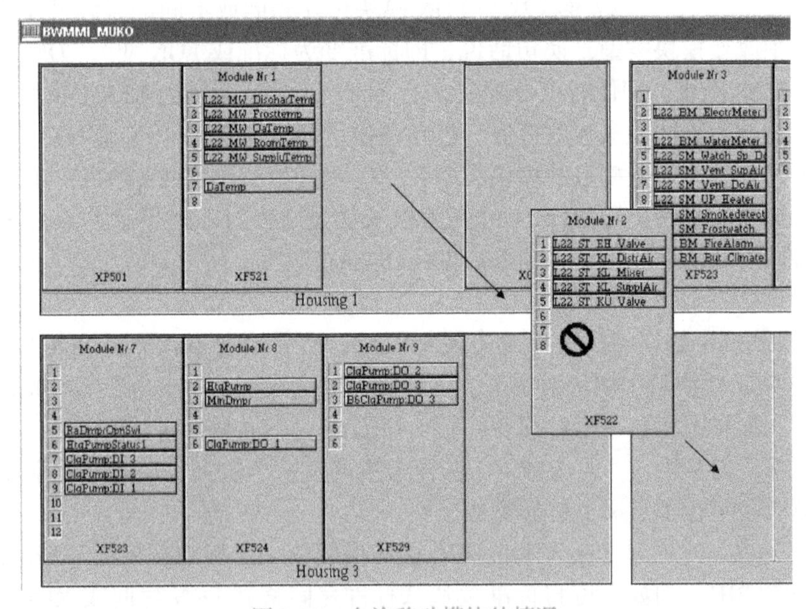

图2-83　允许移动模块的情况

（5）模块的移去　当移去一个已分配用户地址的模块时，它的用户地址将会转移到Boardless-Points窗口，在移去前将点分配到另一个模块可避免上述情况发生。具体步骤如下：

1）在需移去的模块上单击鼠标右键，然后单击Remove Module（加亮），如果模块上还保留点，则弹出Confirm Remove Module对话框。

2）如果希望模块上的用户地址移到 Boardless-Points 窗口，单击 OK 确认，TAT 将移去模块，并将用户地址移到 Boardless-Points 窗口即可。

5. 带点工作

点可以分配到模块中，也可以改变点的类型，还可以通过 Drag&Drop 分配、改变、移动点的用户地址。

（1）点的分配　在 Boardless-Points 窗口缓冲的点可通过 Drag&Drop 分配到模块中，可分配单个点或所有的点。如果需要的话，可在点分配到模块前改变点的类型。

1）单个点的分配。将单个点分配到模块终端上。**注意**：XF528 模块的点用户地址可分配到 XF523 模块上，反之亦然。具体步骤如下：

① 在点的用地址需要分配的模块终端数字上单击鼠标右键。

② 单击 Assign Point（加亮），弹出 Possible Points 对话框，如图 2-84 所示，对话框中显示可分配到所选终端的所有点，但不能选择 LON 点（红色的）。

③ 选择相应的点用户地址并单击 OK，TAT 将分配点用户地址到相应的模块终端。

2）所有点的分配。在 Boardless-Points 窗口将所有的点分配到模块上。具体步骤如下：

① 在相应模块的自由区域单击鼠标右键，弹出 Assign Addresses? 对话框，如图 2-85 所示，确认是否需要将所有点用户地址分配到相应模块中。

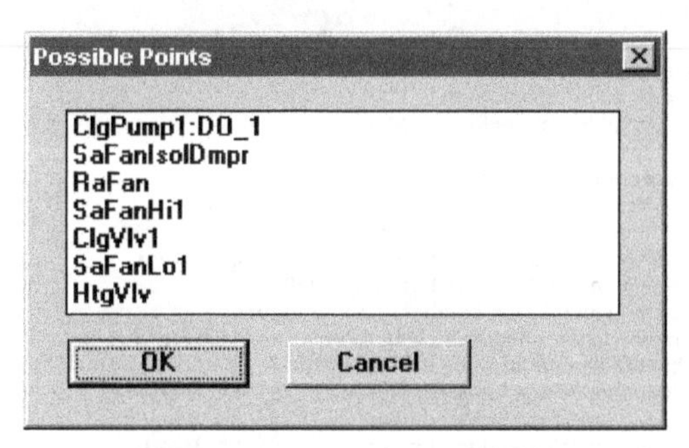

图 2-84　Possible Points 对话框

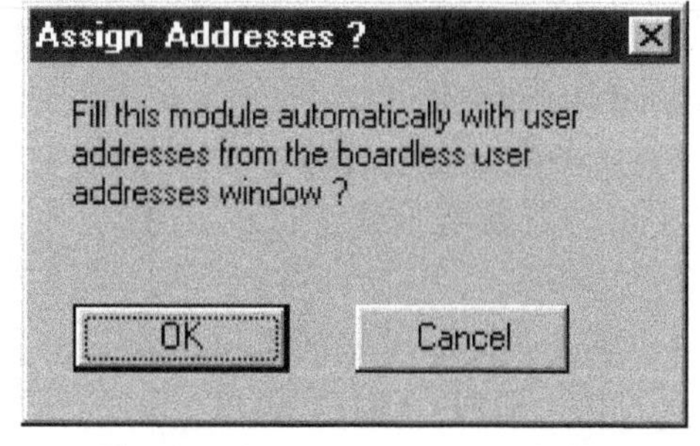

图 2-85　Assign Addresses? 对话框

② 单击 OK 确认。

（2）点类型的显示/修改

1）在点的用户地址上单击鼠标右键。

2）若点的用户地址在模块上，单击 Change Point Type（加亮），弹出相应点用户地址的 Change Point Type 对话框，显示当前点的类型。

3）从 New Type 框中选择相应的点类型进行修改。

4）单击 OK，TAT 将点用户地址分配到相应的模块终端。

点的移动与模块的移动类似，此处不再重复。

七、编译

当 Plant 的原理图、控制策略、开关逻辑已经完成后，要对已连接的 Plant 进行编译，将文件转换成适合下载到控制器的格式。

1. 编译步骤

确保 Plant 与 DDC 连接后，才能进行 Plant 编译，步骤如下：

1）打开控制器，然后单击所需控制器窗口。

2）单击 Controller 菜单中的 Translate 或单击工具栏中的 Translate 图标按钮，开始编译。编译时，窗口上会显示信息和警告，单击 OK 继续编译或单击 Cancel 中止编译。若取消，编译会停止，但编译窗口保留，可观察信息。

CARE 编译窗口包含 File 和 Help 两个菜单。File 提供两个菜单命令（End：退出功能；About：显示版本号和作者信息）。Help 提供在线 CARE 用户指导途径。

当编译完成时，在 Translation 窗口底部显示信息：“RACL generation completed successfully.”。

3）单击窗口右边滚动栏上的上下箭头可查看所有信息，以确定正确进行了编译。

4）单击 File 菜单中的 End，退出编译功能，返回 CARE 主窗口。

2. 编译屏幕

图 2-86 所示的 3 个截屏图显示了 Plant 编译时的信息类型，信息包括：

1）Loadable files：可下载的文件。

2）Point numbers and names (physical points, global points, pseudo points, flex points)：（物理点、全局点、伪点、flex 点）点数量和名字。一个控制器中最多有 383 点（128 物理点和 255 伪点）。

3）Flags and formula names (from the mathematical editor)：Flags 和公式名（从数学编辑器编辑），每

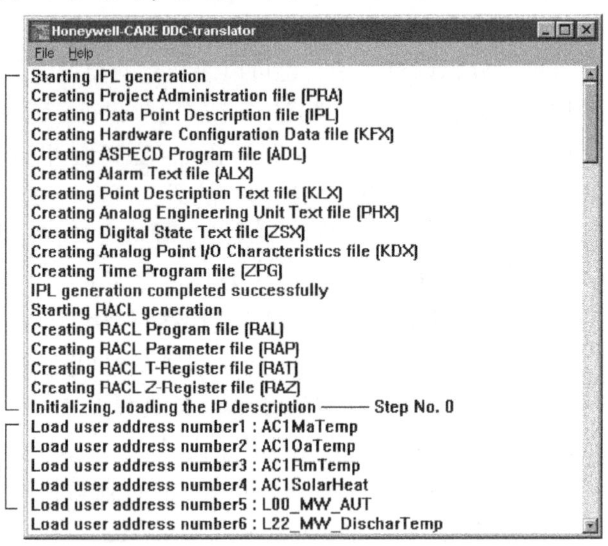

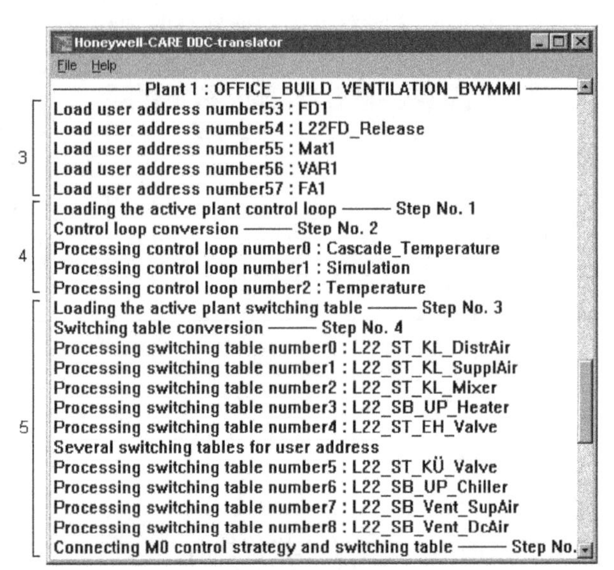

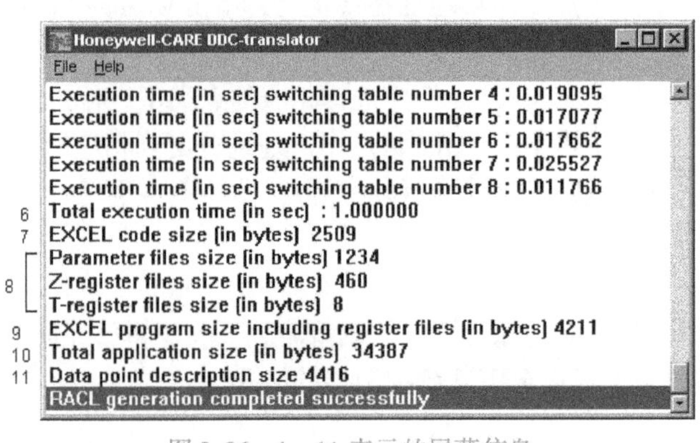

图 2-86　1～11 表示的屏幕信息

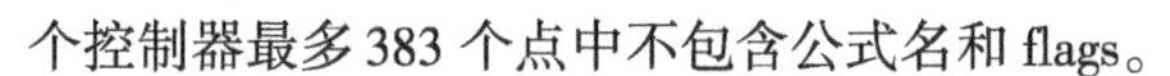
个控制器最多 383 个点中不包含公式名和 flags。

4）控制回路。

5）开关表。

6）计算运行时间，包含组件、控制回路、开关表和总的运行时间。

7）Excel code size：Excel 码容量（按字节算）。

8）文件大小（参数、Z-Register 和 T-Register）。

9）Excel program size ：Excel 程序容量。

10）Total application size：总的应用容量。

11）Data point description size：数据点描述容量。

图 2-86 中的数字 1 ~ 11 表示以上相应数字及信息。

3. 编译信息的打印

CARE 编译器会将信息存储在打印文件中，软件将采用控制器的最后 4 个字母并附加 4 个数字对文件进行命名。例如，控制器名为 AHUCPU1，打印文件名将会变为 CPU10001. LST。

八、文件管理

CARE 数据库包含属于所有的项目和 Plant 的文件和属于个别的项目和 Plant 的文件。当备份 CARE 数据库时，软件复制 CARE 中当前项目和 Plant 的所有必需文件，并建立一个名为 CARE××××DB 的单个文件，这里的××××是一系列数字，允许多个数据库备份到一个目录中。当备份项目时，软件复制与项目相关的所有文件并建立一个扩展名为 . PJT 的备份文件。建议备份数据库，或至少备份项目或 Plant 以避免工作不正常。

在 CARE 中进行备份和恢复时，可在备份和恢复步骤中有目的地选择或不选择下列文件：pic 文件（Plant 原理图中的段图形）、默认文件、控制器文件、XFMs 和元件库。

每个备份必须包括必需的默认文件，备份的所有默认文件在恢复时能自动恢复。

1. 文件管理

（1）文件的备份　文件备份包含 CARE 数据库备份和项目备份，下面以 CARE 数据库备份为例说明。

备份 CARE 数据库文件是用于替换被破坏的 CARE 数据库文件。具体步骤如下：

1）单击 Database 菜单中的 Backup，弹出 Backup Database 对话框，如图 2-87 所示，Target directory 是指接受文件备份的驱动器和目录。

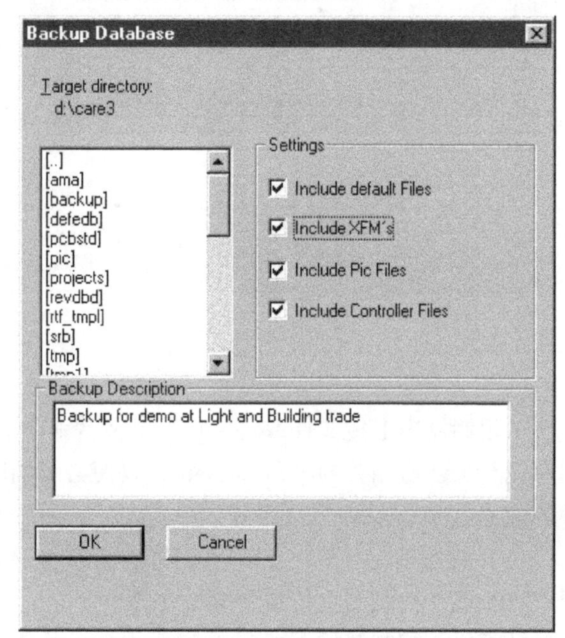

图 2-87　Backup Database 对话框

2）使用 Windows 技术选择不同的目

录，则 Target directory 显示所需的驱动器和目录。

3）Settings 区域包含数据库备份中要检测的所有默认文件。不需检测的文件可从数据库备份中排除，建议尽量保留所有的文件。

4）在 Backup Description 框中，可根据需要输入需备份的数据库的附加信息。

5）单击 OK 开始备份。Backup 窗口会显示已完成的百分比，同时可随时单击 Abort 停止。当完成备份时，Backup 窗口消失，重新出现主 CARE 窗口。

（2）文件的恢复　文件的恢复包含 CARE 数据库的恢复和项目的恢复，下面以 CARE 数据库恢复为例说明。

在 CARE 中进行备份时可包含或不包含某些文件，如元件库、pic 文件、默认文件和控制器文件，任何包含的备份文件均可自动恢复。具体步骤如下：

1）单击 Database 菜单中的 Restore，弹出 Restore Database 对话框，如图 2-88 所示，显示默认源目录（Source directory）和可获得的备份文件目录。

2）可选择不同的源目录，Source directory 显示所需的驱动器和目录，Database backup 区域显示 Date（日期）、Time（时间）和 Version（版本号）。

3）单击所需复制的备份行。

4）Setting 区域包含默认所有备份和检测的文件。

5）单击 OK 开始恢复。

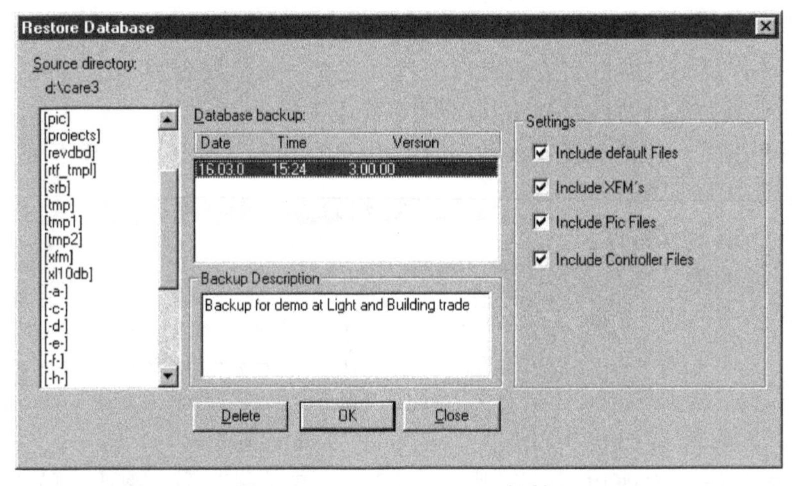

图 2-88　Restore Database 对话框

2. 文件的上传/下载

从控制器中上传文件或将文件下载到控制器，为防止下载时出问题，应先备份 CARE 数据库或至少备份相关的项目和 Plant，以便必要的时候可以进行恢复。从控制器上传/下载文件的前提是 Controller 已经编译。

（1）控制器与计算机的连接　将控制器与 CARE 个人计算机（PC）进行物理连接，以便 CARE 能从控制器上传或下载数据库。

计算机与控制器的距离应在 15m 内，最长的距离可达到 1000m，但必须增加驱动器。

使用 XW567 连接电缆，25 芯线直插式计算机-调制解调器电缆和 Opto-Isolator 将计算机

与控制器进行连接。具体步骤如下：

1）退出 CARE，关闭计算机和打印机的电源开关。

2）将 XW567 连接电缆上的插头插入到控制器计算机模块插座上，将 XW567 连接电缆上的另一个插头插入到 Opto-Isolator 的 DTE 上，将电源 PS015 与 Opto-Isolator 连接，设置数据终端设备侧的单投 DIP 开关（single-throw DIP switch to the DTE side）。

使计算机与控制器的距离尽量短（离 Opto-Isolator 任意一侧均小于 5m），以便可以用从 RS232 信号线提供的电源。

3）将 25 芯线直插式计算机-调制解调器电缆与计算机背面插座连接，电缆另一端与 Opto-Isolator 上 25 芯线 DCE 插座连接，如图 2-89 所示。

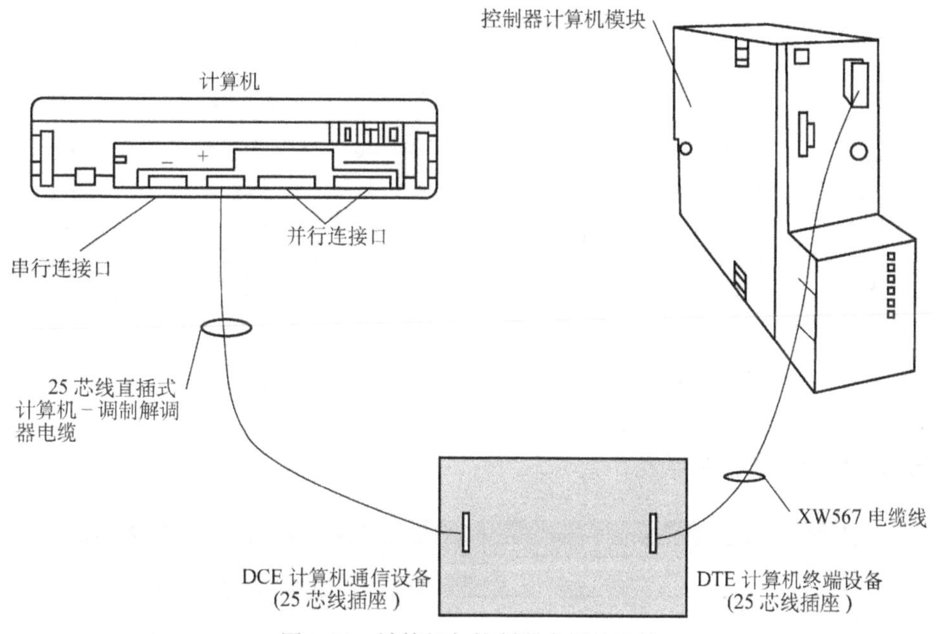

图 2-89　计算机与控制器之间的连接

4）将计算机电源电缆插到计算机背面插座上。

5）将电源电缆插到墙上的插座上。

6）如果有打印机，连接打印机。

7）启动计算机。电源启动顺序如下：先打开控制器计算机模块，再打开打印机，最后打开计算机。电源关闭顺序如下：先关闭计算机，再关闭打印机。屏幕显示的内容与加算机软件设置有关，要操作 CARE，必须先运行窗口。

8）弹出 Excel CARE 窗口，可从控制器上传/下载文件。

（2）CARE 上传/下载步骤　可以在控制器和 CARE 之间进行文件上传/下载，方法有两种：一是直接在 CARE 数据库和控制器之间（可在 Windows 95/98 和 NT 4.0 下）进行；二是通过 XI584 工具间接进行。现以直接上传/下载为例说明。

直接上传/下载的前提是计算机与相应端口已经连接，控制器已经编译。具体步骤如下：

1）在 CARE 窗口单击 Controller 菜单中的 Up/Download 或单击工具栏上的图标按钮，启动上传/下载，如图 2-90 所示。每次启动上传/下载程序时，软件会采用最后使用的设置

(端口和波特率)。

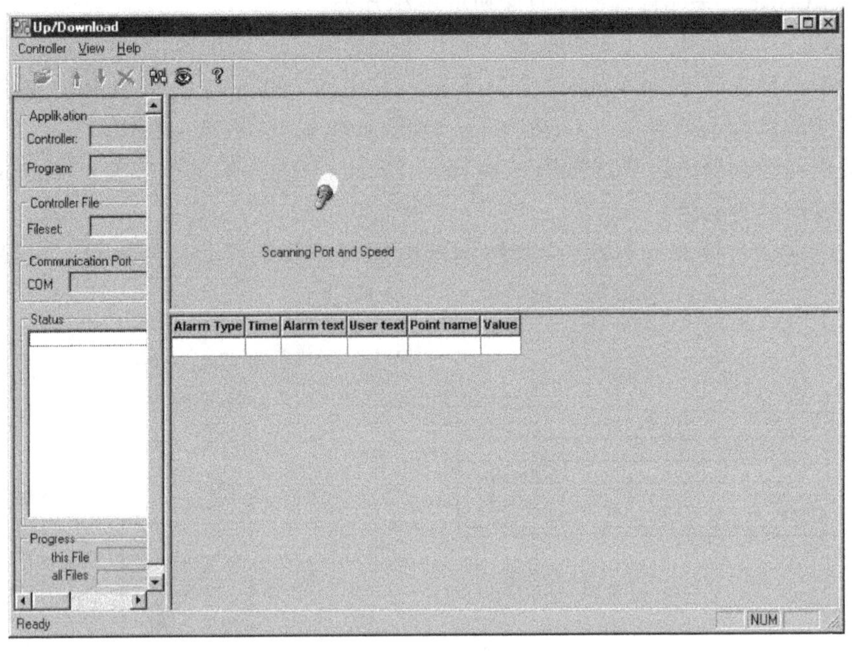

图 2-90　Up/Download 对话框（一）

2）弹出 Open 对话框，如图 2-91 所示，显示默认目录的项目。若软件不能重现原来的设置，应使用 Scan Ports and Baudrate 功能，选择所需上传/下载的项目。在右边区域分别显示控制器名、项目名和控制器号。

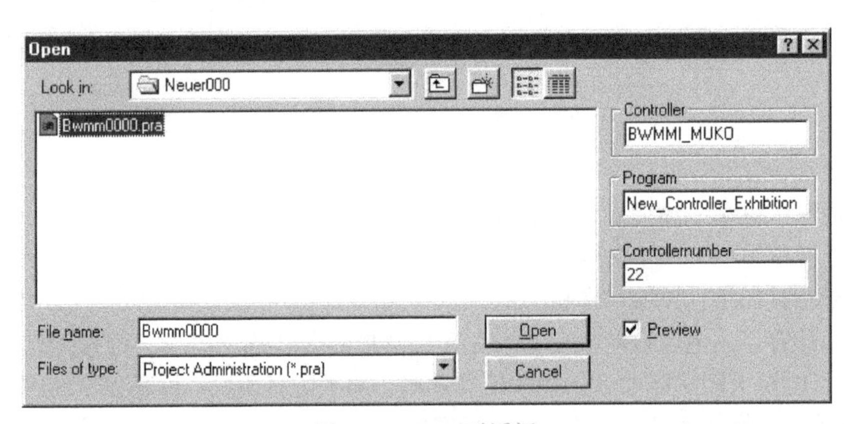

图 2-91　Open 对话框

3）单击 Open，如果可获得项目所有文件，在左边 Status 区域显示有效；如果控制器与端口已连接，XI581/2MMI 是绿色的，即控制器面板会在屏幕上显示；若在运行应用程序，则显示最初的文本；若没有运行应用程序，人机操作界面是空白的；若控制器没有与端口连接，则人机操作界面是灰色的，如图 2-92 所示。

4）若没有运行应用程序，则要重新设置控制器。

5）若人机操作界面是灰色的，则将控制器与端口连接。

6）确定 CARE 中的控制器号和 XI 581/2 MMI 中的一致，若不同，则在 CARE 或人机操作界面中设置。

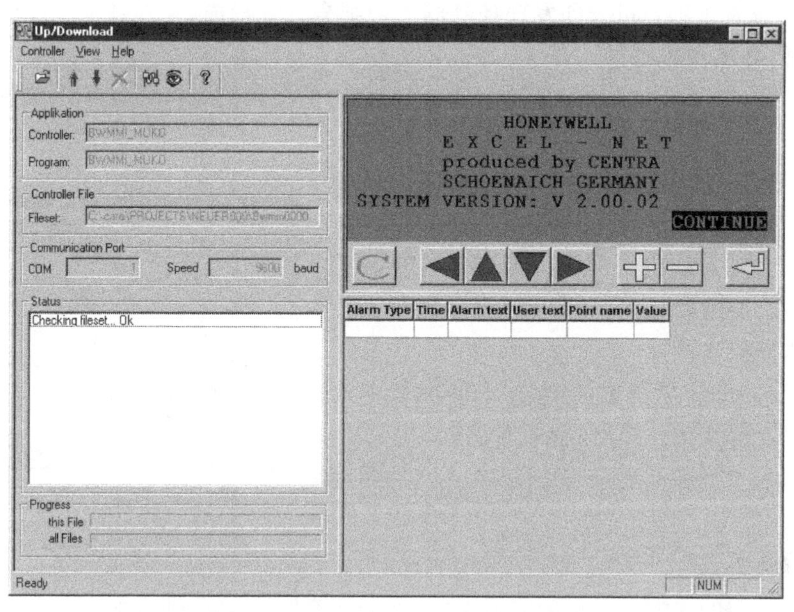

图 2-92　Up/Download 对话框（二）

（3）文件的上传　单击菜单 Controller 中的 Upload 或单击工具栏上的控制器图标按钮，开始上传，在左边 Status 和 Progress 区域连续显示进程，最后在右边显示控制器报警信息。

1）端口设置。定义与控制器连接的端口和数据交换的波特率，有可能在几个控制器（端口）之间切换，若不知道控制器的端口和波特率，可定义自动检测，控制器在扫描时应用自动检测设置。具体步骤如下：

① 单击 Controller 菜单中的 Port Settings 或单击工具栏上的图标按钮，弹出 Port Settings 对话框，如图 2-93 所示。

② 在 Port Settings 对话框中，移动指针可设置波特率和端口，可利用指针在与不同端口连接的控制器间切换，但上传/下载只能对当前控制器有效。

③ 在 Auto Detect Settings 框中，单击获得所需的波特率和端口。若不知道端口和波特率情况，可检测所有项，若知道某些端口和波特率是不可能的，则不需要检测。

④ 单击 OK 确认，软件开始对端口进行扫描，若 Ports Settings 对话框设置正确，控制器将立即被发现；若设置不正确，会继续扫描。波特率数值大可提高下载速度，但控制器必须保证能在高波特率下，数据传输正确。

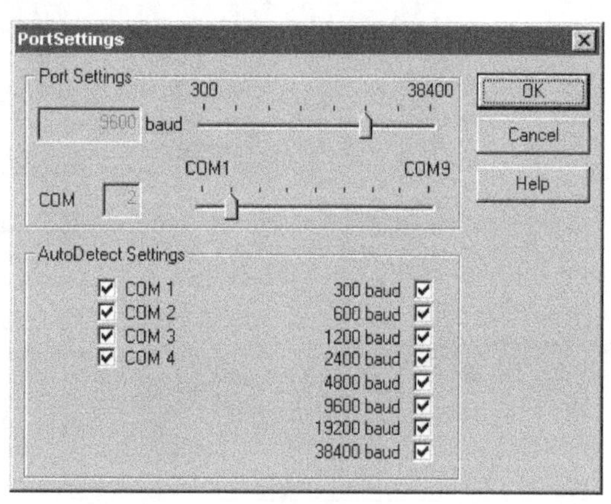

图 2-93　Port Settings 对话框

2）端口和波特率的扫描。扫描与控制

器连接的端口和控制器波特率的具体步骤如下：单击 Controller 菜单中的 Scan Ports and Speed 或单击工具栏图标按钮，软件根据 Port Settings 对话框的设置扫描端口和波特率。若 Ports Settings 对话框设置正确，可立即发现控制器，否则会继续扫描。

3）报警信息栏目的设置。

① 在 XI581/82 人机操作界面下将光标移到右边的报警信息区域或单击鼠标右键，弹出 Select Columns 对话框，如图 2-94 所示。

② 选择所需显示的项目。

③ 单击 OK 确认。

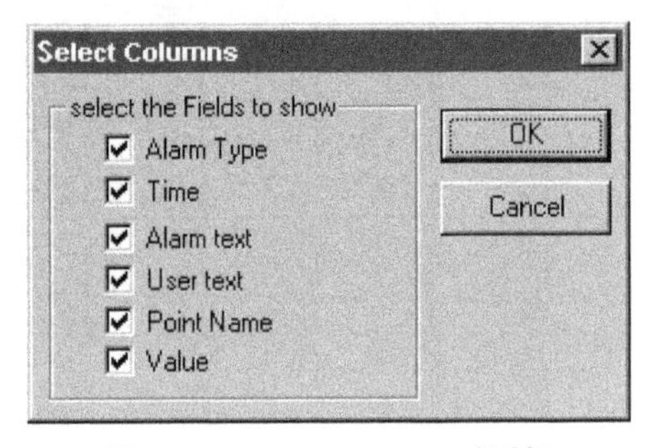

图 2-94　Select Columns 对话框

4）打开上传/下载应用程序。如果 CARE 和控制器间的通信已经建立，可打开应用程序进行上传或下载。具体步骤如下：

① 单击 Controller 菜单中的 Open Fileset 或单击工具栏上的图标按钮，弹出 Open 对话框。

② 浏览所需文件夹，选择应用程序（项目管理文件 *.pra）。

③ 单击 OK 确认。

5）上传/下载的取消。为正确完成上传/下载，有时不得不进行取消，例如在传输过程中通信中断或很明确需要取消。具体步骤如下：单击 Controller 菜单中的 Cancel Up/Download 或单击工具栏上的图标按钮，当前上传/下载过程取消。

6）单击 Controller 菜单中的 Exit，关闭 Up/Download 对话框，退出上传/下载功能。

（4）文件的下载　单击 Controller 菜单中的 Download 或单击工具栏上的控制器图标按钮，开始下载，在左边 Status 和 Progress 区域连续显示进程，最后在右边显示控制器报警信息，如图 2-95 和图 2-96 所示。步骤与文件上传类似。

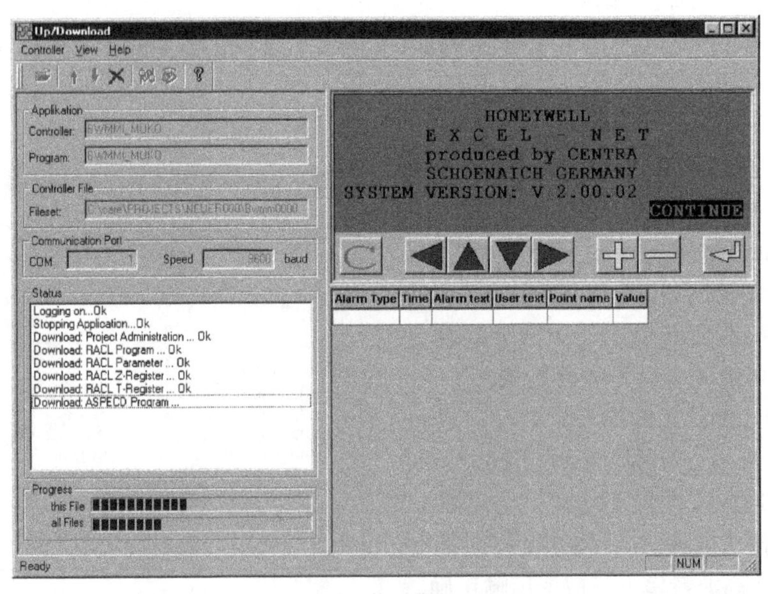

图 2-95　下载对话框（一）

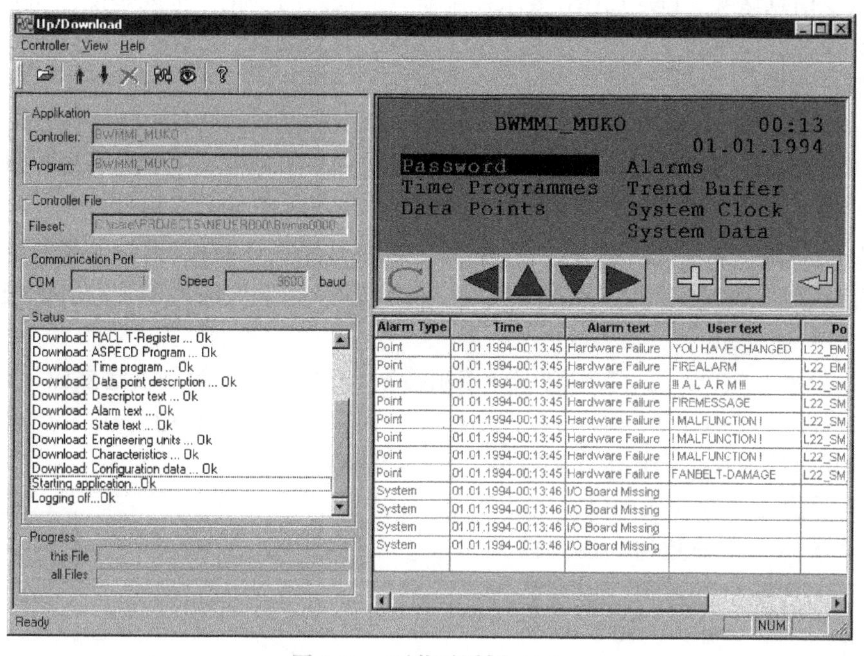

图 2-96　下载对话框（二）

九、Live CARE

Live CARE（Excel Live Computer Aided Regulation Engineering）软件提供检测 Excel 50、Excel 80、Excel 100、Excel 500、Excel 600、Excel 800 和 Excel Smart 控制器功能，可通过与控制器的物理连接进行检测操作，也可使用仿真软件进行模仿控制器操作，可监视原理图、控制策略或开关逻辑中的硬件点、软件点和 Z-Registers，也可固定或修改这些点，在原理图中还可观察到用户地址、控制策略和开关表。通过以上的检测和监视，可确保系统进行正确的操作。

1. Live CARE 的基本概念

Live CARE 可改变控制策略的符号参数、点模式及控制器数据库中的手动数值，但 Live CARE 不会自动保存这些变化。

Live CARE 可监控 Plant 中任意点和 Z-Register，同一时间监控点的最大数值是每个控制器 20 个。

Live CARE 可直接与控制器通信，也可通过仿真软件仿真控制器功能，Live CARE 可通过控制器上的 B-Port（XI584 Port）或计算机串口 RS232C 直接通信，若选择静态仿真选项则由 Live CARE 仿真控制器功能。Excel Building Supervisor 和 Live CARE 可与同一控制器进行通信，Excel Building Supervisor 通过 C-BUS 与控制器通信而 Live CARE 通过 B-Port 通信，两者同时运行不会出错。

若 Live CARE 直接与控制器连接，因 Live CARE 和 XI584 都采用控制器 B-Port 端口，所以不能同时运行。

Live CARE 的响应时间与控制器类型、监控的点、Z-Registers 的数量以及在 Live CARE 上同时运行的其他程序数量有关，监控的点和 Z-Registers 越多，控制器响应越慢；为加快响应速度，减少信息堵塞，Live CARE 要求控制器只汇报点的变化，也就是说，如果点的数值或状态没有改变，控制器不必发信息给 Live CARE，与之相反，Z-Registers 点则要根据定义的循环时间连续发送。

2. Live CARE 的启动和退出

（1）在线仿真（控制器与计算机已连接）　将控制器与 Excel CARE 计算机进行物理连接，确保 Live CARE 可读取控制器数据库。计算机与控制器距离不超过 15m，若超过此距离，需增加驱动器。采用 XW567 控制电缆、25 芯线直插式计算机-调制解调器电缆以及光绝缘体连接计算机和控制器。连接方式与从控制器上传/下载时需要的连接方式类似，不再重复。

（2）控制器仿真的启动　在成功编译控制器后，CARE 将为控制器建立应用程序。Live CARE 仿真软件在 PC 工作站建立仿真控制器，包含应用文件、RACL 程序和时间程序，可对控制器应用程序做出一个评价，然后再下载到控制器。

仿真是指静态（static）仿真，也就是说可设置输入点的数值、运行控制器程序、查看输出点数值，但无法仿真任意区域的输入/输出。图 2-97 所示描述了 CARE 和 Live CARE 的仿真操作，用户可指定设置命令（如仿真控制器的日期、时间以及步数）和操作命令（如连续或单步操作、实时加速度）。仿真软件从 CARE 控制器应用程序文件中建立一个仿真控制器，在程序中运行。仿真软件与 Live CARE 通信以接受点的请求，调整数值，然后按照控制器操作返回新的点数值。

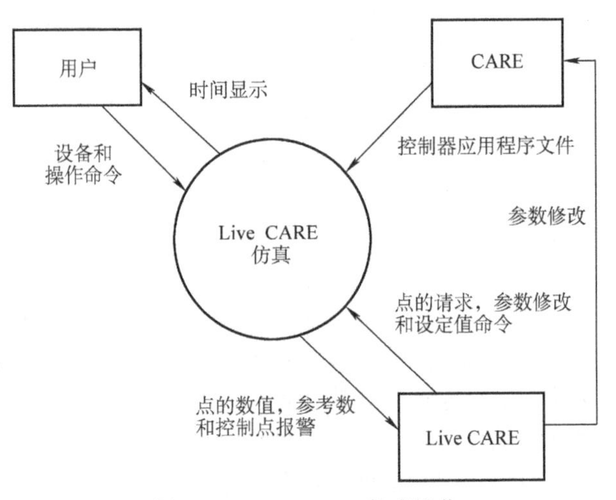

图 2-97　Live CARE 仿真操作

所需仿真的控制器必须连接了一个或多个已编译的 Plants，只有 Excel 50、Excel 80、Excel 100、Excel 500、Excel 600、Excel 800 和 Excel Smart 控制器可以进行仿真。

（3）Live CARE 的启动和退出　打开 Live CARE 窗口，选择 Plant，检测它的控制功能。具体步骤如下：

1）选择至少连接一个已编译 Plant 的控制器。

2）单击 Database 菜单中的 Select 或单击工具栏中的 Select 图标按钮，弹出 Select 对话框。

3）单击所需的项目名或文件夹图标，显示相关的 Plant 和项目。

4）单击所需的控制器名（或控制器图标）或已连接的 Plant，单击 OK，出现新的窗口，标题栏显示控制器名，窗口显示控制器信息。

5）单击 Controller 菜单中的 Tools，选择其子菜单中的 Live CARE，则同时显示 Live CARE 主窗口和 Open Plant 对话框，如图 2-98 所示。

Live CARE 主窗口的标题栏包含 System 菜单（CARE 符号）、软件名（Live CARE）和

窗口控制图标。菜单栏包含 File 和 Help 两项：File 提供 Plant 的选择和退出 Live CARE 两项，Help 可提供在线帮助。

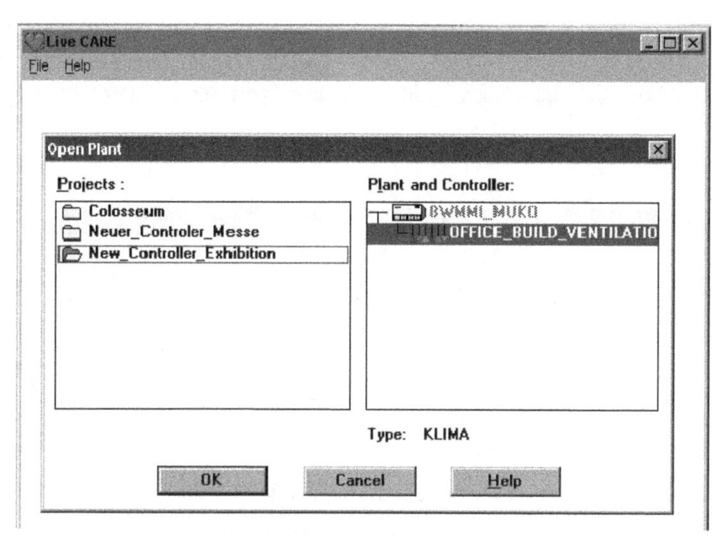

图 2-98 Live CARE 主窗口和 Open Plant 对话框

（4）Live CARE 的退出 单击 File 菜单中的 Exit，可关闭 Live CARE 窗口，返回 Excel CARE 主窗口。

3. Live CARE 常用步骤

先选择项目、控制器、Plant，Live CARE 显示 Plant 原理图和用户地址，可通过单击硬件点箭头或软件点栏的缩写来监控硬件点、软件点和标志点。除此之外，还可以监控 Z-Registers。也可选择 View 下拉菜单命令显示控制策略回路或开关逻辑表，若仅仅是仿真控制器操作，可利用仿真数值来影响监控点并测试控制器的响应。下面描述如何执行这些功能。

（1）Plant 和通信界面的选择

1）在 Live CARE 主窗口单击 File 菜单中的 Open 或选择所需的 Plant 或控制器，然后单击 Controller 菜单中 Live CARE，弹出 Open Plant 对话框，如图 2-99 所示。

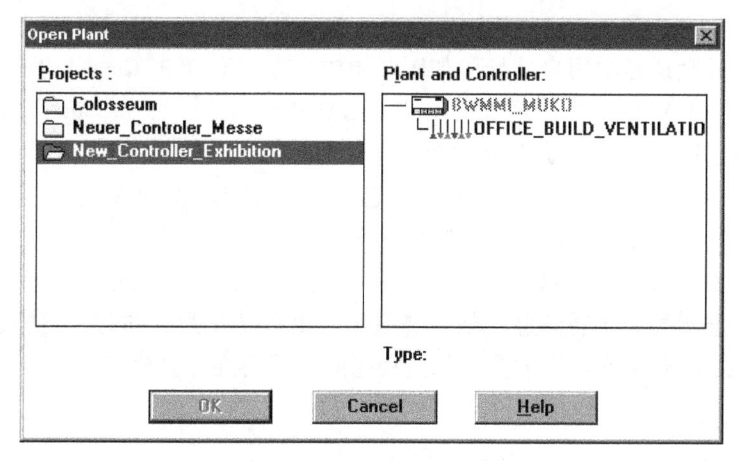

图 2-99 Open Plant 对话框

2）单击所需的项目名，相关的 Plant 和控制器出现在 Plant and Controller 框中。

3）单击所需的 Plant 名或图标。只能选择已连接的 Plant，已连接的 Plant 在控制器下方。

4）单击 OK，若所选的 Plant 未连接，则不会出现 OK 按钮。若选择了不同的项目、控制器或 Plant，会弹出 Communications 对话框，如图 2-100 所示，软件将会停止原先 Plant 所有点的监控。

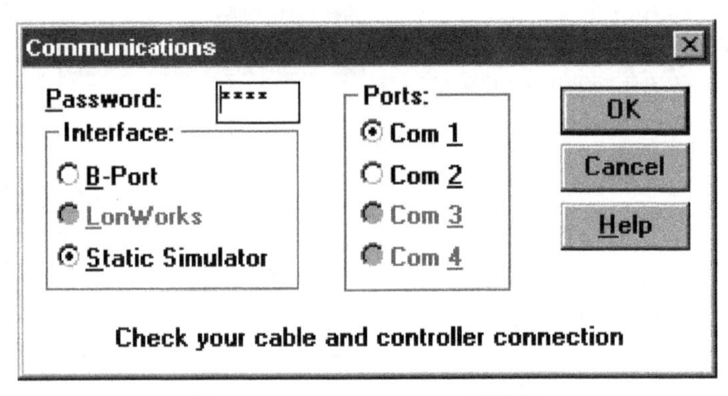

图 2-100 Communications 对话框

若改变了点的模式（从自动到手动或从手动到自动）而没有恢复到原来的模式，则会弹出一个对话框，单击 OK 继续，单击 Cancel 保持控制器的选择，纠正点的模式。

在图中选择“Static Simulator”表示静态仿真，选择“B-Port”表示在线仿真。一般先进行静态仿真，正确后再进行在线仿真。

5）输入项目的 4 个数字密码，CARE 的默认密码是 3333，若通过 XI581/582/584 等便携式操作终端修改了密码，则需输入新的密码。

6）单击所需 Ports（串口），默认为 COM1。

7）单击所用的界面连接类型，Static Simulator 启动仿真软件，若选择 Static Simulator，Ports 项变为灰色。

8）单击 OK，软件检测控制器名是否匹配，密码是否正确。若控制器名不匹配或密码不正确，均会显示一个错误信息；否则启动所选控制器的通信，显示原理图、硬件点和软件点监控对话框，并默认显示用户地址，如图 2-101 所示。若单击 Cancel，则不保存并退出。标题栏与 Live CARE 窗口一样，菜单栏比 Live CARE 窗口多了一个 View，View 包含 control strategy、switching logic 和 user address 4 个菜单命令。

（2）控制器操作仿真　DDC 应用于静态监测时，与控制器硬件无关。图 2-102 所示为静态仿真的例子。可改变控制器的仿真速度、日期/时间，也可选择连续或单步仿真，仿真软件保留在 Live CARE 窗口底部。当 Live CARE 显示监控点的修改数值时，可允许控制仿真。仿真工具会显示控制报警信息（如当模拟输入由自动变为手动时）。仿真控制器操作以及监控点/Z-Register 数值和状态的变化都是动态的，需要在仿真窗口和 Live CARE 窗口进行调整。

1）仿真窗口。

① 仿真速度控制栏 Normal Simulation Speed Fast。速度控制栏允许比实时更快地操作控制器（最

快 18 倍)，例如，可在 30min 内执行和测试 8h 的日程序。仿真速度受硬件平台的限制。单击左箭头将速度设置得更低些，单击右箭头将速度设置得更高些，也可拖动滑块进行设置。

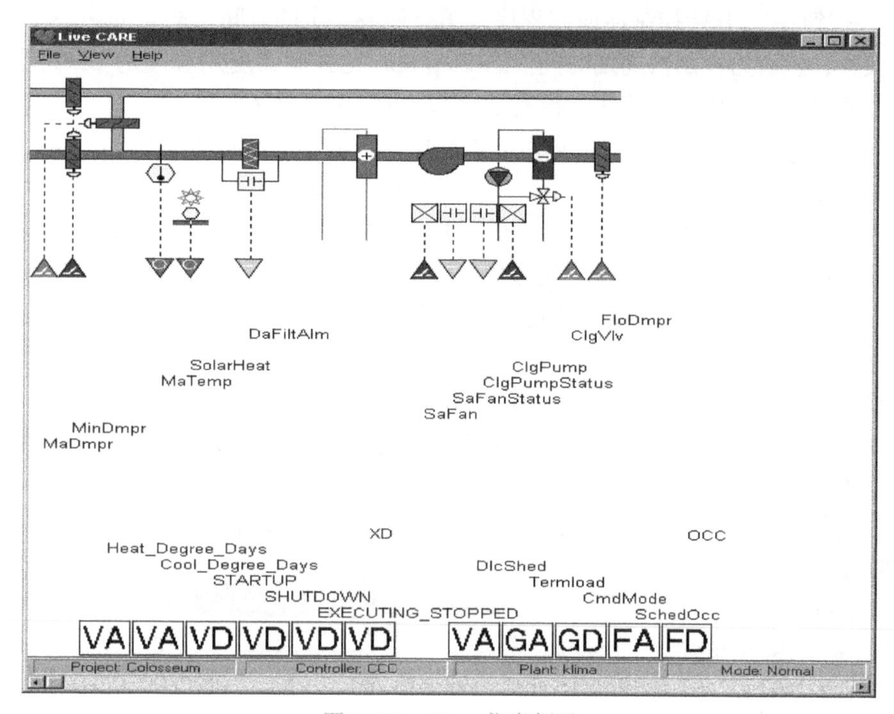

图 2-101　Plant 仿真例子

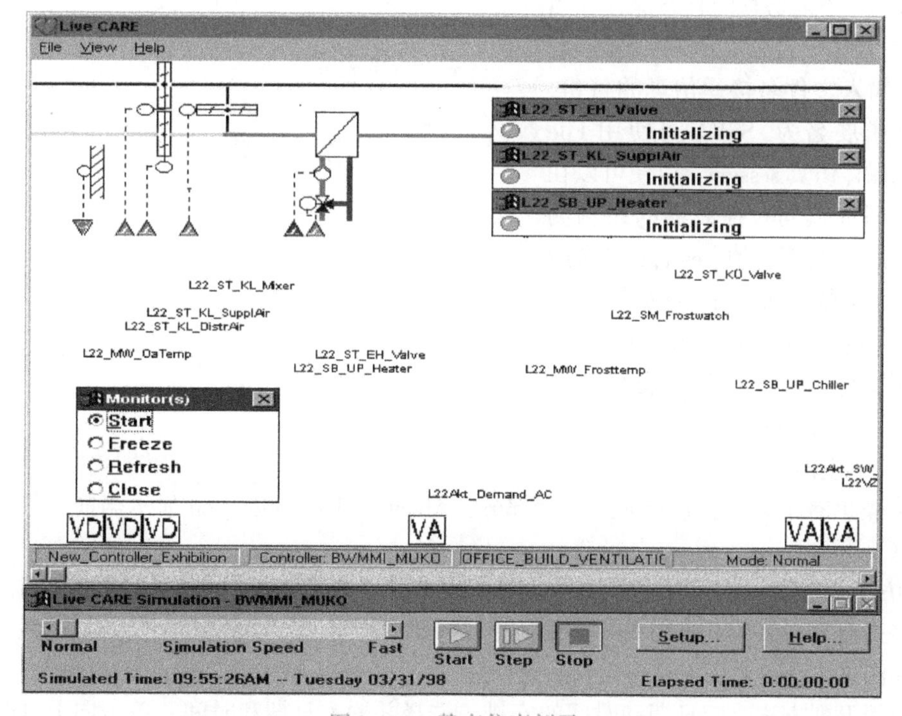

图 2-102　静态仿真例子

② 开始按钮▶。开始控制器应用程序，进行连续运行。若没有程序载入时，按钮不活动。

③ 单步按钮▶。开始控制器应用程序，运行一段特定的时间。Step time（size）在仿真设置窗口设置，默认为控制器周期时间。若 Step Size 比控制器应用程序的 DDC 周期短，仿真运行一个完整的执行周期后停止。没有程序载入时，按钮不活动。

④ 停止按钮■。停止仿真，仿真窗口仍然保留，需要的话可重新启动。没有程序载入时，按钮不活动。

⑤ 设置（Setup）按钮。设置窗口，允许设置控制器日期、时间，定义 step 仿真的时间长度，保存和恢复仿真，为控制器应用程序改变 DDC 周期。

⑥ 帮助（Help）按钮。提供与仿真窗口相关的在线帮助主题。

⑦ 仿真时间（Simulated Time）。仿真设置窗口改变日期和时间，单击设置按钮显示设置窗口。例如，可将日期设在星期六或假日测试控制器操作。

⑧ 运行时间（Elapsed time）。若仿真速度控制栏设置的时间比正常的快，则这个时间与实时时间不匹配。注意：在正常速度时，有些工作站也可能比实时操作慢。

2）仿真设置。仿真设置如图 2-103 所示。下面介绍各项设置：

① 菜单命令。

File 菜单有下列命令：

Open：显示 Open 对话框，选择原来保存的仿真文件（＊.SSV）。

Save：若当前系统是从.SSV 文件载入的，则将当前仿真的状态保存在当前.SSV 文件中，否则显示 File Save As 对话框，输入文件名接受仿真的备份，默认文件扩展名为.SSV。可使用 File Save 功能保存仿真 session，以便可以在以后的时间继续同一控制器的结构测试。保存的控制器仿真 session 包含所有 I/O 点手动数值和所有系统的快照。

Save As：显示 File Save As 对话框，输入文件名接受仿真的备份。默认文件扩展名为.SSV。

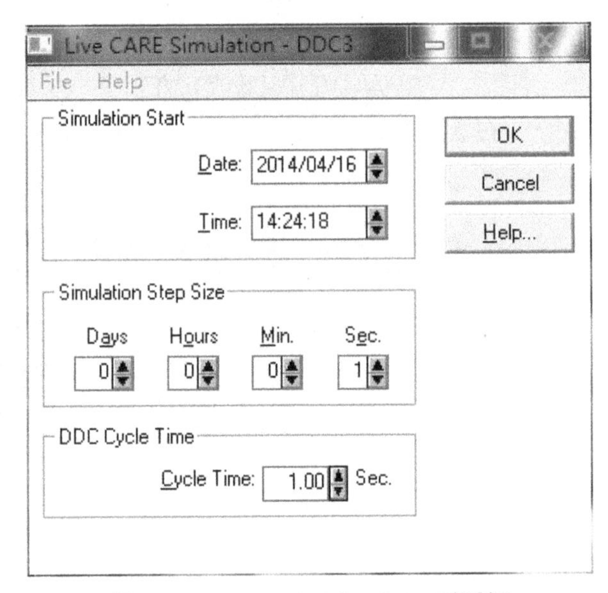

图 2-103　Live CARE Simulation 对话框

Exit：中止仿真软件。

Help 菜单有子菜单，直接显示帮助部分，About CARE Simulation 显示当前软件版本和版本号信息。

② 仿真的启动。分配给控制器的日期和时间默认为计算机当前的日期和时间，日期和时间的格式在 Windows Control Panel 中设置。例如，可将 Date and Time 设为星期六或假日进行操作和测试。

可使用下列方法改变日期和时间的安排：选择并输入日期和时间，单击向上/向下箭头，双击 date 显示日历，如图 2-104 所示。单击左右箭头选择年或月，选择所需的日期，单击

OK 保存这个日期并关闭对话框。

③ 仿真步数容量。当在 Simulation 窗口选择 Step 按钮时，运行仿真时间的长度，默认是 DDC 周期时间（只是整数数值），通过单击上下箭头可选择不同仿真步数容量。若 Step Size 比控制器应用程序的 DDC 周期时间短，仿真运行一个完整的执行周期后停止。

④ DDC 循环时间。在控制器应用系统编译过程中，CARE 会计算周期时间长度，选择并输入进行改变，或单击上下箭头改变。

⑤ 保存与取消。单击 OK 保存改变，关闭对话框，单击 Cancel 不保存变化并关闭对话框。

2014						
April						
Sun	Mon	Tue	Wed	Thur	Fri	Sat
		1	2	3	4	5
6	7	8	9	10	11	12
13	14	15	16	17	18	19
20	21	22	23	24	25	26
27	28	29	30			

OK　Cancel

图 2-104　Date 日历对话框

(3) 用户地址的查看　显示原理图中硬件点和软件点的用户地址，当第一次打开 Plant 时，默认查看用户地址。用户地址的查看包括下列功能：监控软件点、硬件点和标志点，监控 Z-Registers，固定/不固定点，修改标志点和 Z-Registers。具体步骤如下：单击 View 菜单中的 User Address，在原理图下方、软件点上方显示硬件和软件点用户地址，如图 2-105 所示。可使用滚动栏显示部分不出现在窗口的原理图。

(4) 控制策略的查看

1) 单击主窗口 View 菜单中的 Control strategy，弹出 View Control Strategy 对话框，显示所选 Plant 控制策略回路目录。若开始没有选定控制回路，则自动选择目录中的第一个回路，否则最后一次察看的控制回路高亮显示。

2) 单击所需回路然后单击 OK，显示所选控制策略回路、控制符号、已连接的软件点和硬件点。

3) 重新选择 View 菜单中的 Control Strategy，可查看不同的控制回路，如图 2-106 所示。

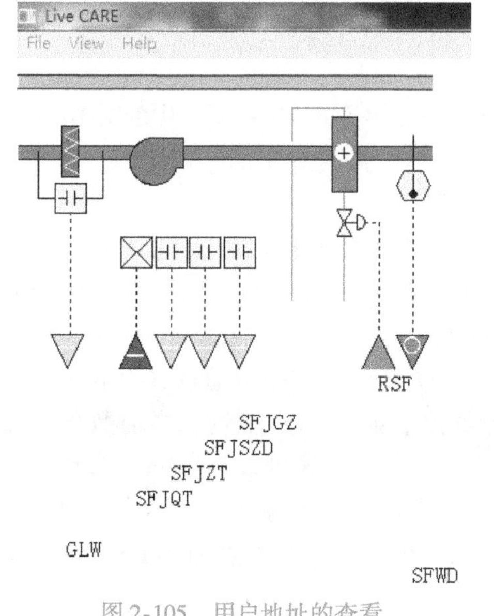

图 2-105　用户地址的查看

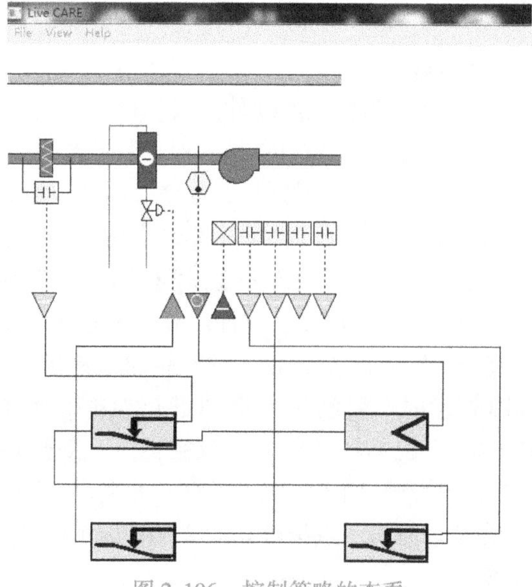

图 2-106　控制策略的查看

4）从 File 或 View 菜单选择另一个功能即可退出控制策略功能。

（5）开关逻辑的查看

1）单击 View 菜单中的 Switching logic，弹出 View Switching Table 对话框，显示开关表中 User Address 目录和所选 User Address 的 Command value 变量。

2）选择所需 User Address，在 Command Value 显示相应的变量值。

3）单击所需 Command value，然后单击 OK，显示所选开关逻辑表，用户地址后一列为灰色，显示点的当前数值或状态，但工程单位不显示。第二列为延时列，后面是逻辑表列，0 表示假，1 表示真。显示开关表时会自动监控所有的点，如图 2-107 所示。

4）可固定或修改开关表中点的数值或状态。

5）从 File 或 View 菜单选择另一个功能即可退出开关逻辑功能。

（6）监控　显示控制器和 Z-Register 数值或状态的变化。有两种方法监控，一是打开对话框显示数值/状态、工程单位和模式，二是通过在 View Switching Logic 中选择开关表，两种方法可同时使用。每个控制器最多可监控 20 个点。

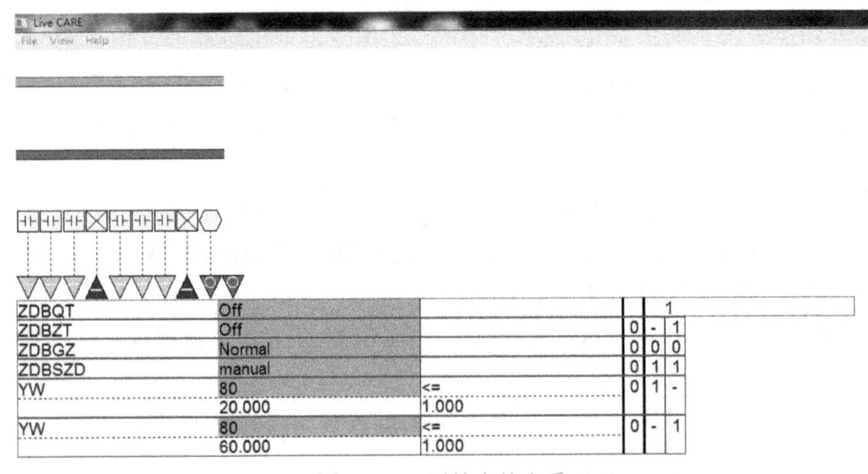

图 2-107　开关表的查看

1）步骤。

① 选择所需监控的硬件点或软件点，要监控 Z-Register 可通过 View 菜单中的 Z-Register 进行选择，在 Select Z-Register 对话框中输入文件和检索号，同时弹出两个对话框，屏幕左边显示 Monitor（s）对话框，如图 2-108 所示。

Monitor（s）对话框提供启动监控、冻结监控、刷新监控和停止监控 4 种功能。屏幕右边出现所选点和 Z-Register 监控对话框，点显示为 Initializing，Z-Register 显示当前数值。图 2-109所示为硬件点、软件点和 Z-Register 监控的例子。

② 选择 Static Simulator 时在屏幕底部单击 Start 开始仿真，若控制器通过 B-Port 或 LonWorks 通信时，启动后会自动进行监控。每个点的监控框显示用户地址、当前数值（如 302.0）、工程单位（如 Deg 或空白）、状态（On、Off）。监控方式可以是 Auto（自动）或 Manual（手动），框左边的 LED 指示灯为灰色时表示正常模式，为绿色时表示点在进行更新，为黄色时表示点报警。图 2-110 表示图 2-109 中相应硬件点、软件点和 Z-Register 启动后的例子。

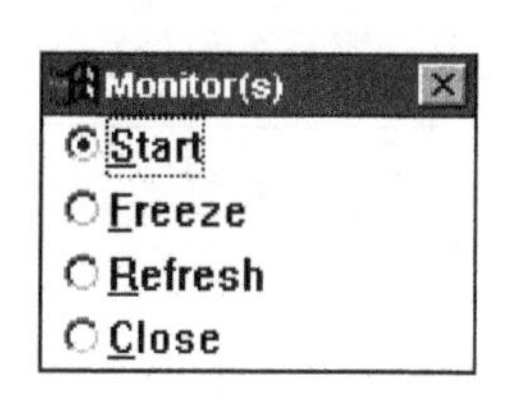

图 2-108　Monitor（s）对话框

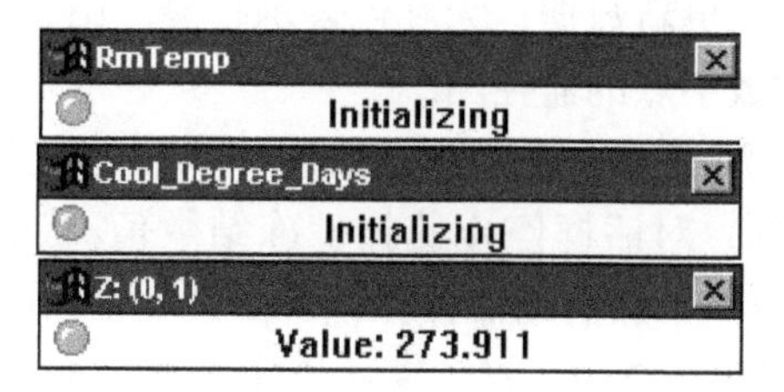

图 2-109　硬件点、软件点和 Z-Register 监控的例子

③ 单击仿真软件窗口屏幕底部的 Stop 即可停止仿真控制器的监控。

④ 单击单个监控对话框的系统菜单选择 Close 即可结束单个点的监控。

⑤ 在 Monitor（s）对话框中选择 Close 或通过 File 菜单中的 Open 选择不同 Plant 可结束所有的监控。

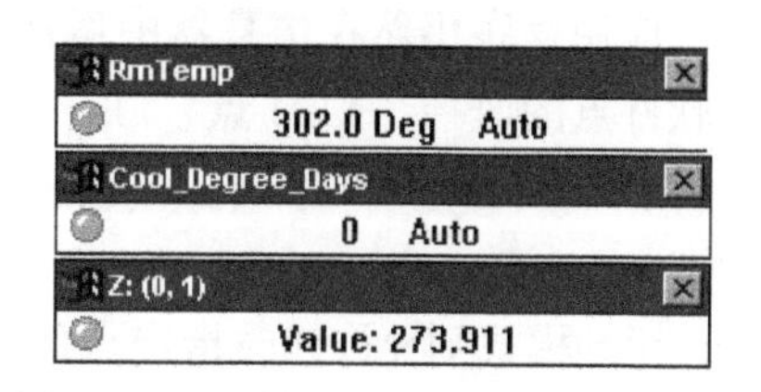

图 2-110　硬件点、软件点和 Z-Register 启动后的例子

2）特殊点。Live CARE 监控时总是有 3 个特殊的点：STARTUP、SHUTDOWN 和 EXECUTING_STOPPED。这些点自动与每个 Excel 5000 控制器连接，可通过检测这些点的状态来确定应用程序是否运行。

3）监控对话框。可监控点/Z-Register，提供监控的启动、冻结、更新和停止功能。可在屏幕右边移动某些点来重新排列对话框。选择第一项进行监控或选择查看开关逻辑，则弹出 Monitor（s）对话框，只要有项目在监控，对话框就一直保留在屏幕上。

① 按钮功能如下：

Start：若选择了停止或冻结时，可重新启动监控，对话框打开时默认为 Start，当与控制器直接连接时，监控会自动运行，当采用仿真时，仿真软件窗口的 Start 按钮需要单击才能动作。

Freeze：停止在点/Z-Register 对话框中更新点的数值/状态。

Refresh：显示在点/Z-Register 对话框中最新的数值/状态。

Close：关闭 Monitor（s）对话框。

② 系统菜单。当单击窗口符号时，左上角的系统菜单提供如下功能，如图 2-111 所示。

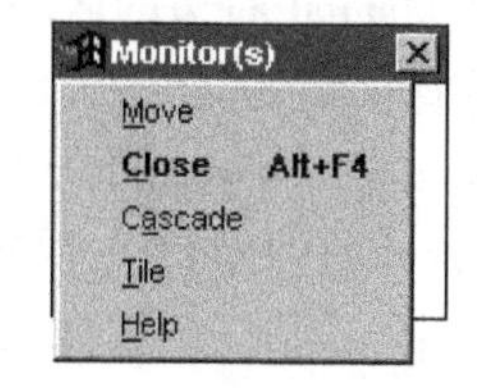

图 2-111　Monitor（s）功能

Move：移动对话框。

Close：停止监控，关闭对话框。

Cascade：层叠方式显示点/Z-Register。

Tile：Tile 方式显示点/Z-Register。

Help：显示 Monitor（s）在线帮助。

4）硬件点的监控。

① 在查看控制策略、开关逻辑或用户地址时单击所需监控的硬件点箭头，出现相应硬件点的监控对话框，显示点的用户地址（如 MaTemp）、当前数值（如 302.0）、工程单位（如 Deg 或空格）以及状态（如 On 或 Off、Alarm 或 Normal），还会显示监控方式是 Auto 或 Manual，在左下角有一个指示灯，若指示灯的颜色为灰色表示处于正常模式，为绿色表示有

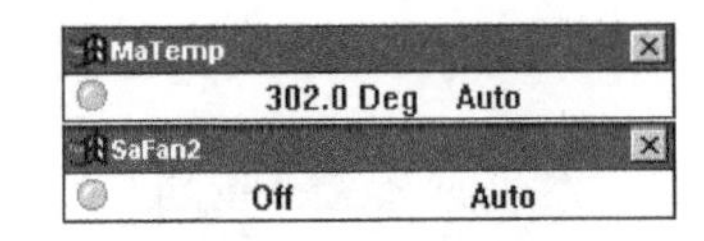

图 2-112　模拟点和数字点的监控图

一个点正在更新数据，为红色表示报警。图 2-112 分别是模拟点和数字点的监控图。

② 检测点的功能，注意数值和状态的变化，可采用 Monitor（s）对话框停止监控、冻结数值/状态、更新数值/状态以及重新启动监控，也可固定某个点的数值/状态。

③ 采用仿真时，单击 Stop 停止监控，停止仿真器中应用程序的运行，但监控对话框仍然保留在窗口。

④ 单击单点监控对话框，选择 Close 结束监控。

⑤ 单击 Monitor（s）对话框中的 Close 或通过 Open 项选择不同的 Plant 来结束所有点的监控，应用程序仍然在仿真器中运行，单击 Stop 停止应用程序的运行。

软件点的监控，XFM 点、Flag 点等的监控与硬件点监控方式类似，此处不再重复。

（7）点的固定/解除固定（Fixed/Unfixed）　固定一个点意味着必须先从自动模式变为手动模式，自动（Automatic，Auto）模式告诉系统根据传感器和执行器的读数更新点的数值/状态，手动模式则允许修改指定点的数值/状态。例如，可指定 outdoor air temperature 点一个很低的数值，以便观察控制器的反应。硬件点、软件点和 XFM 的内部用户地址及映射参数均可以进行固定/解除固定。除非将模式设置为 Auto，否则会一直保持点的手动数值/状态。

1）固定点的步骤。

① 启动点的监控。单击监控点对话框中的系统菜单，选择 Fix Point，在 Fix Point 前出现“√”标记，如图 2-113 所示。对开关表中的点，单击开关表灰色区域点的数值/状态，弹出包含 Manual/Auto 选项的点监控对话框，如图 2-114 所示。

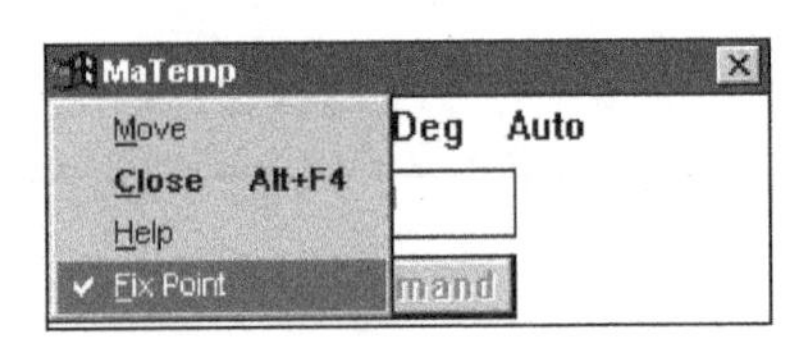

图 2-113　Fix Point 菜单项

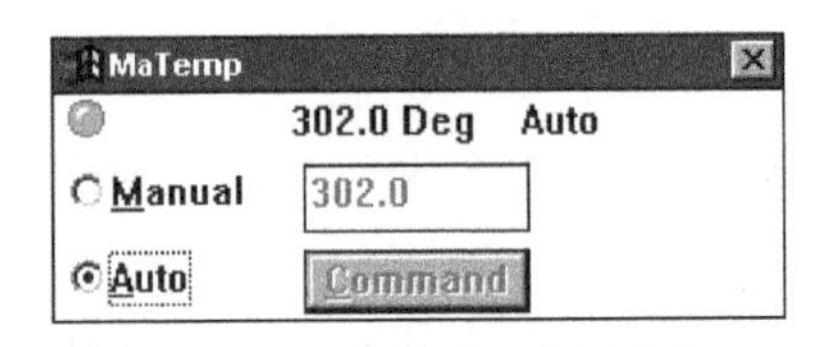

图 2-114　开关表中点的监控

② 单击 Manual 指定数值/状态，对模拟点在 Manual 右边的区域输入所需的数值，对数字点在 Manual 右边的区域输入所需的状态，或单击下拉箭头显示可能出现的状态进行选择，除非选择了 Manual 方式，否则不能修改数值/状态。

③ 单击 Command 保存设置，点一直保持那个数值/状态直到解除固定。

2）解除固定点的步骤。与固定点的步骤类似，只是在第②步选择 Auto。

关闭 Plant 时，软件会询问是否想在 Manual Mode 中对点进行扫描，如图 2-115 所示，单击 No，任何设置到 Manual Mode 的点将保留这种模式。

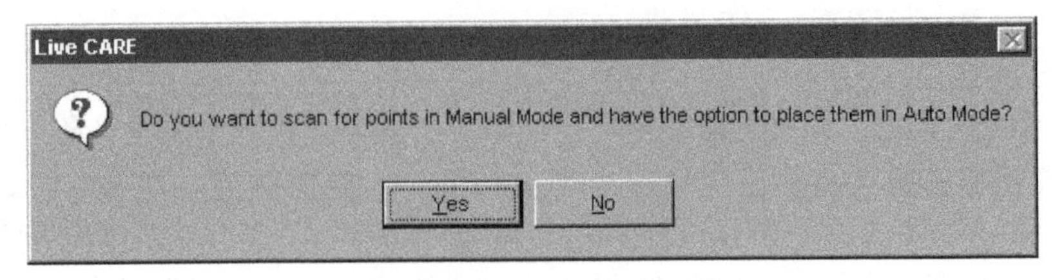

图 2-115　关闭 Plant 时的提示信息

3）返回自动模式的点

① 如图 2-115 所示，单击 Yes 将 Manual Mode 的点返回到自动模式，弹出 Scanning Points 对话框，如图 2-116 所示。手动模式下，项目中所有的点扫描完后，会弹出 Change Points To Auto Mode 对话框，如图 2-117 所示。

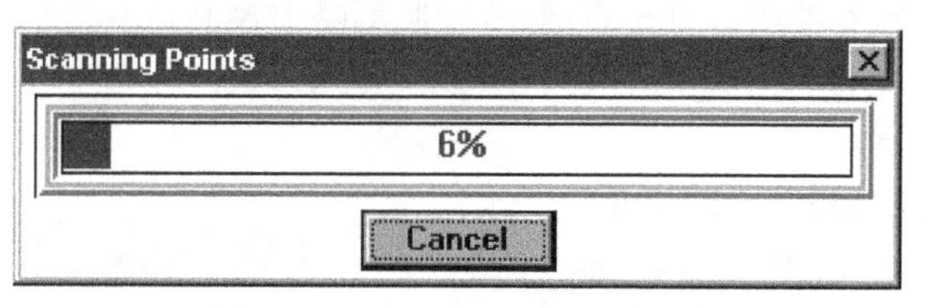

图 2-116　Scanning Points 对话框

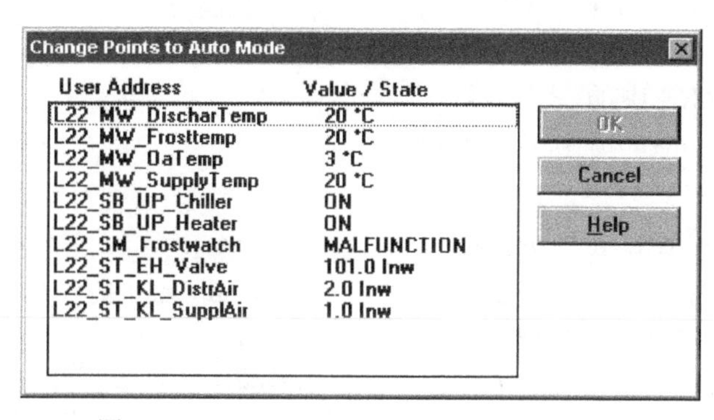

图 2-117　Change Points To Auto Mode 对话框

② 选择所需变为自动模式的点，则所选的点返回自动模式，对话框关闭。**注意**：在静态仿真时，Change Points To Auto Mode 对话框不活动。

（8）符号信息的查看和修改　可查看/修改控制策略符号中的如下项：输入、内部参数和 XFM 的内部用户地址、映射参数及 Z-Registers。对每个控制策略符号，不一定可以获得所有的项，例如只有 XFM 才有内部用户地址、映射参数，若在 CARE.INI 文件中没有 Z-Register 途径，则不能获得 Z-Register 选项。有两种方法得到符号信息。

1）步骤。

① 单击 View 菜单中的 Control strategy 打开控制策略。单击控制策略中的符号，弹出 Symbol Information 对话框，如图 2-118 所示。或用鼠标右键单击符号显示下列快捷菜单，如图 2-119 所示。

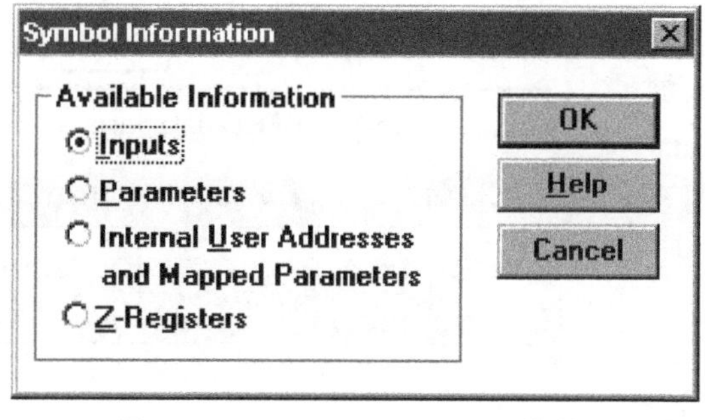

图 2-118　Symbol Information 对话框

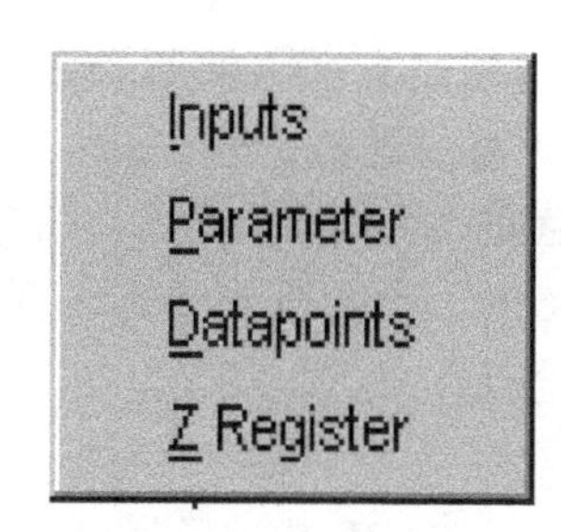

图 2-119　快捷菜单

Symbol Information 对话框中的灰色项在快捷菜单中会被忽略。例如，当符号没有输入数值的需要时，Inputs 项会不活动或忽略；当 PID 的所有输入都来自其他符号、物理点或软件点时，Inputs 项也是灰色的。

② 在 Symbol Information 对话框中或在快捷菜单中单击菜单命令来选择所需要的项。

2）输入符号的查看/修改。可查看/修改控制策略中控制符号的输入参数，可对 CARE 中控制符号分配输入、输出，Live CARE 允许修改输入参数，并将它们保存在 CARE 数据库和控制器中。步骤如下：

① 打开 Symbol Information 对话框。在 Symbol Information 对话框中单击 Inputs 或在快捷菜单中单击 Inputs，弹出 Input Parameters 对话框，再单击 OK 确认即可，图 2-120 为 PID 控制符号。这个对话框与 Excel CARE 中的一样，只是在 Update CARE database 前多了一个“√”标记，如果有“√”标记，表示当单击 OK 时，Live CARE 会将所做的变化写入 CARE 数据库中，否则不会。

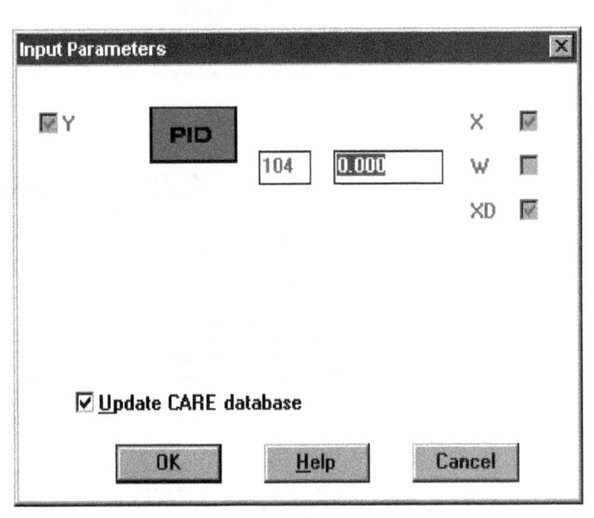

图 2-120　PID 控制符号

② 单击 OK 保存修改，对控制器文件进行更新。若 Update CARE database 前有“√”标记，也会更新 CARE 数据库，否则只更新控制器。在 Update CARE database 处默认有“√”标记。关闭对话框，则显示 View Control Strategy 窗口。

3）符号参数的查看/修改。可查看/修改控制策略中控制符号的输入参数，可对 Excel CARE 中与符号功能相关的一些符号分配内部参数，如 PID 符号中的 proportional band 和 derivative time 等。Live CARE 允许修改内部参数，并保存在 CARE 数据库和控制器中。步骤如下：

① 打开 Symbol Information 对话框。在 Symbol Information 对话框中或快捷菜单中单击 Parameters，弹出内部参数的相关对话框，单击 OK 确定。图 2-121 为 PID 内部参数对话框。

② 可修改方框中的所有数值，在区域中输入所需的数值。若 Update CARE database 前面的方框内有“√”标记，表明当单击 OK 时，参数改变将写入到数据库中，否则不会保存。

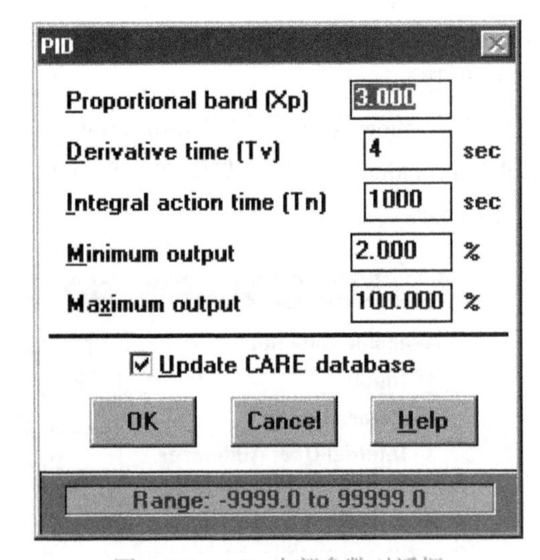

图 2-121　PID 内部参数对话框

4. CARE. INI 文件的设置

与 Live CARE 相关条目可以进行设置：

（1）Z-Register 路径　Z-Register 路径可通过［User Privileges］部分设置，例如：［User Privileges］CanAccessZRegs = 1 表示 CanAccessZRegs 必须为 1 时才能使 Z-Register 路径有效。

（2）Z-Register poll 循环　两个 Z-Register 间 poll 动作的最小时间可通过［Live CARE］部分设置。

（3）密码　密码可通过［LCDisp Goodies］部分设置。

（4）串口界面　默认串口和通信界面对话框可通过［LCDisp Goodies］部分设置，例如，［LCDisp Goodies］XL500SetPortDefault = 1 XL500SetSimulatorDefault = 1 串口默认设置为 1 ~ 4，1为 COM1，2 为 COM2，…，以此类推；仿真默认设置为 0 或 1，1 设置仿真默认界面，0 设置 B-Port 默认界面。

（5）步骤　打开 CARE. INI 文件进行编辑然后保存即可。

5. 静态仿真实例

图 2-122 所示为两管制直流式（全部新风）空调系统控制原理的静态仿真图，当过滤网不堵塞、送风机起动后，设定温度为 25℃，监测温度为 28℃时，冷水阀的阀开度为 96.3%。

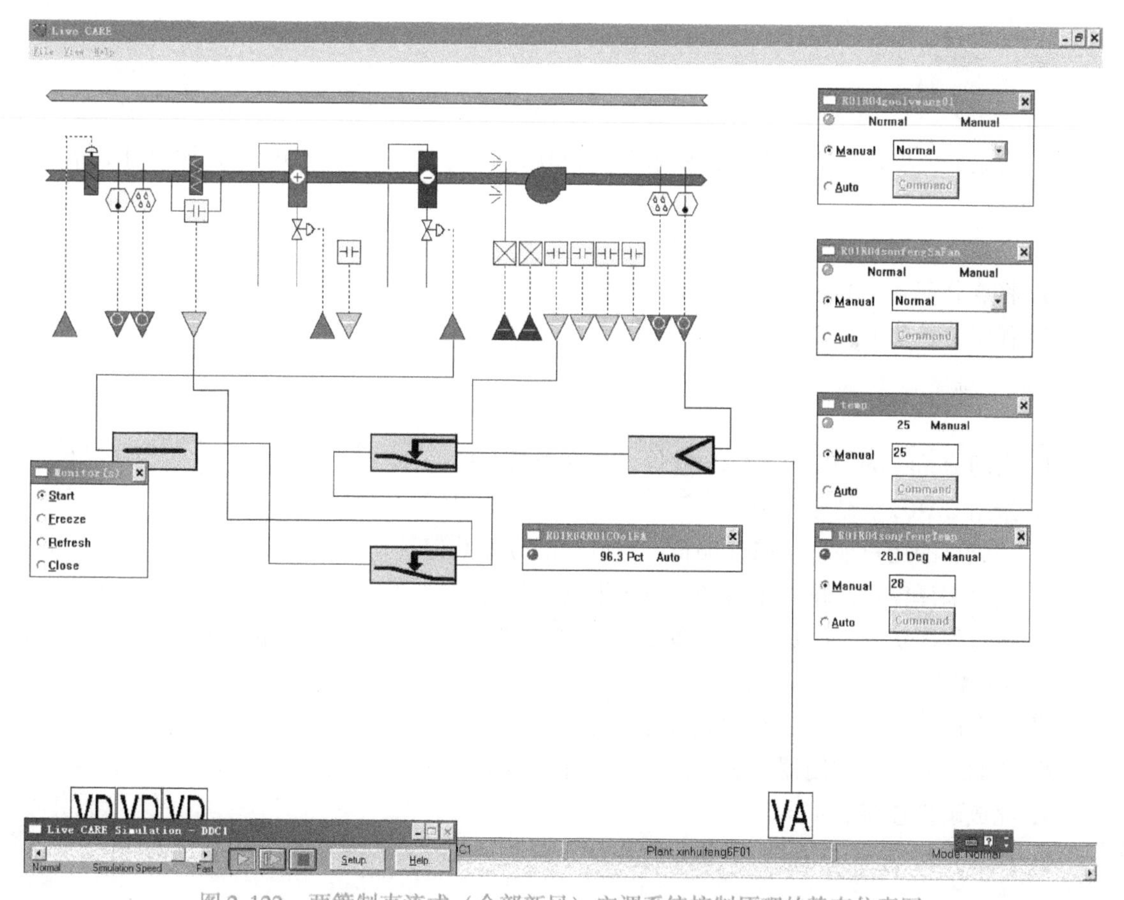

图 2-122　两管制直流式（全部新风）空调系统控制原理的静态仿真图

第六单元　CARE 软件基本操作实训

一、实训目的

1. 熟悉 CARE 软件界面。
2. 掌握项目、Plant 的建立方法。
3. 熟悉原理图的绘制流程。
4. 熟悉编译下载流程。
5. 掌握文件管理方法。

二、实训设备

1. DDC（如 Honeywell Excel 50）。
2. 各类传感器执行器或独立的开关元件、电位计、继电器、指示灯等。
3. 万用表、插接线等。

三、实训要求

1. 建立 1 个项目、1 个 Plant，要求至少含有 2 个 AI 信号，2 个 DI 信号，2 个 DO 信号，2 个 AO 信号。

2. 完成点的用户地址、属性等编辑。

3. 将点分配到 DDC 端口。

4. 程序编译及下载。

四、实训步骤

1. 启动 Honeywell Excel CARE 软件，建立项目、Plant。

2. 采用 CARE 绘制原理图。

3. 完成点的用户地址及属性编辑，完成点的分配并记录。

4. 启动编译窗口，将程序编译成适合下载的格式。

5. 进行程序仿真，确定程序设置是否合理。如不合理，重新进行前面的过程。注意选择合适的参数。

若仿真成功，将 DDC 与计算机连接，进行程序下载。

6. 绘制 Excel 50 控制器与实训模块的硬件连接图。

7. 完成硬件连接。

8. 通过在线仿真查看输入信号的变化，通过在线仿真修改输出，查看输出信号的变化。

五、实训项目单

实训（验）项目单

Training Item

姓名：______　班级：______　学号：______　　　　　　　　日期：______年____月____日

<table>
<tr><td>项目编号
Item No.</td><td>BAS-02</td><td>课程名称
Course</td><td>楼宇自动化技术</td><td>训练对象
Class</td><td></td><td>学时
Time</td><td></td></tr>
<tr><td>项目名称
Item</td><td colspan="3">CARE 软件基本操作</td><td>成绩</td><td colspan="3"></td></tr>
<tr><td>目的
Objective</td><td colspan="7">1. 熟悉 CARE 软件界面
2. 掌握项目、Plant 的建立方法
3. 熟悉原理图的绘制流程
4. 熟悉编译下载流程
5. 掌握文件管理方法</td></tr>
</table>

一、实训设备

1. DDC（如 Honeywell Excel 50）。
2. 各类传感器执行器或独立的开关元件、电位计、继电器、指示灯等。
3. 万用表、插接线等。

二、实训要求

1. 建立 1 个项目、1 个 Plant，要求至少含有 2 个 AI 信号，2 个 DI 信号，2 个 DO 信号，2 个 AO 信号。
2. 完成点的用户地址、属性等编辑。
3. 将点分配到 DDC 端口。
4. 程序编译及下载。

三、实训步骤

1. 启动 Honeywell Excel CARE 软件，建立项目、Plant。
2. 采用 CARE 绘制原理图。
3. 完成点的用户地址及属性编辑，完成点的分配并记录。

	第 1 个 AI	第 2 个 AI	第 1 个 DI	第 2 个 DI	第 1 个 DO	第 2 个 DO	第 1 个 AO	第 2 个 AO
用户地址								
属性								
DDC 端口								
备注								

4. 启动编译窗口，将程序编译成适合下载的格式。

5. 进行程序仿真，确定程序设置是否合理。如不合理，重新进行前面的过程。注意选择合适的参数。若仿真成功，将 DDC 与计算机连接，进行程序下载。

6. 绘制 Excel 50 控制器与实训模块的硬件连接图。

（续）

7. 完成硬件连接。
8. 通过在线仿真查看输入信号的变化，通过在线仿真修改输出，查看输出信号的变化。

四、实训总结（详细描述实训过程，总结操作要领及心得体会）

五、思考题

原理图中各种点的图标有什么特点？

评语：

教师：____________年______月______日

模块三
电梯系统的监控

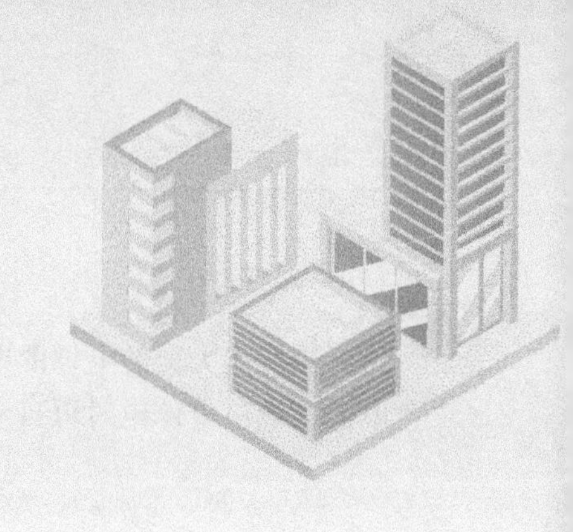

第一单元　电梯系统概述

电梯是高层建筑内唯一安全、迅速、舒适和方便的垂直运输交通工具。按其用途分为客梯、货梯、观光梯、医梯及自动扶梯；按驱动方式可分为交流电梯和直流电梯。电梯由轿厢、曳引机构、导轨、对重、安全装置和控制系统组成。对电梯系统的要求是：安全可靠，起动、制动平稳，感觉舒适，平层准确，候梯时间短，节约能源。电梯的好坏不仅取决于电梯本身的性能，更重要的是取决于电梯的控制系统性能。过去电梯控制采用继电接触控制或半导体控制，其性能远不如计算机控制。控制系统的作用有两部分：一部分是对拖动系统的控制，目前由于计算机发展迅速，变频装置价格下降，采用变频调速装置控制电梯的运行速度，其调速平滑，因此越来越多的交流电动机取代了结构复杂、成本高、维护困难的直流电动机；第二部分是对运行状态的控制、监测、保护与综合管理。

常见的电梯拖动系统的控制方式有：

1）交流调压调频拖动方式，又称 VVVF 方式。这种拖动系统利用微机控制技术和脉宽调制技术，通过改变曳引电动机电源的频率及电源电压使电梯运行速度按需要平滑调节，调速范围广，调速精度高，动态响应好，使电梯具有高效、节能、舒适等优点，是目前高层建筑电梯拖动的理想形式。这种 VVVF 电梯拖动系统自动化程度高，一般选择自带计算机系统，强电部分包括整流、逆变半导体及接触器等执行电器，弱电部分通常为微机控制或为 PLC，并且留有与 BAS 的接口，可与分布在各处的控制装置和上位管理计算机进行数据通信，组成分布式电梯控制系统和集中管理系统。

2）交流调压调速拖动方式。用晶闸管控制电动机的电源电压，从而改变电动机的速度，用于满足电梯的升、降、起、停所要求的速度，因而，这种拖动方式结构简单、方便、舒适，但晶闸管调压结果使电压波形发生畸变，影响供电质量，故不适合高速电梯。

第二单元　电梯系统的监控原理

在智能建筑中，对电梯的起动加速、制动减速、正/反向运行、调速精度、调速范围和动态响应等都提出了更高要求。因此，电梯系统通常自带计算机控制系统，并且应留有相应的通信接口，用于与建筑设备自动化系统进行监测状态和数据信息的交换。因此，建筑设备自动化系统对电梯系统的监控是“只监不控”的。

一、电梯系统的供电电源

对于智能大厦的电梯的电源应由专门电路供电，当电梯为重要的一级负荷时，还要有应急电源，当市电停电时可自动切换到应急电源上。

二、电梯系统的监控内容

1. 按时间程序设定的运行时间表起/停电梯、监视电梯运行状态、故障及紧急状况报警

运行状态监视包括起/停状态、运行方向、所处楼层位置等，通过自动检测并将结果送入 DDC，动态地显示各台电梯的实时状态。故障检测包括电动机、电磁制动器等各种装置出现故障后的自动报警，并显示故障电梯的地点、发生故障时间、故障状态等。紧急状况检测通常包括火灾、地震状况检测以及发生故障时电梯内是否有人等，一旦发现，立即报警。电梯运行状态监视原理如图 3-1 所示。

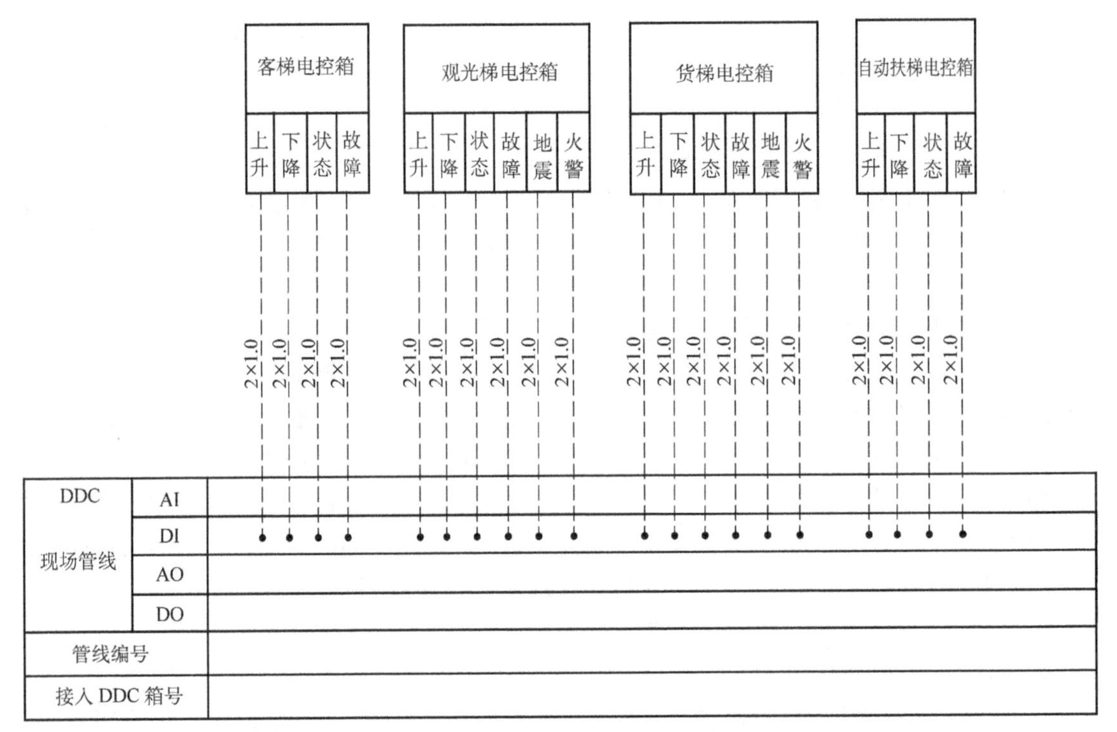

图 3-1　电梯运行状态监视原理图

2. 多台电梯群控管理

以办公大楼中的电梯为例，在上下班及午餐时间，电梯客流量十分集中，其他时间又比较空闲。如何在不同客流时期自动进行调度控制，达到既能减少候梯时间，最大限度地利用现有交通能力，又能避免数台电梯同时响应同一召唤造成空载运行及电力浪费，这就需要不断地对各厅的召唤信号和轿厢内选层信号进行循环扫描，根据轿厢所在位置、上/下方向停站数、电梯内人数等因素来实时分析客流变化情况，自动选择最适合于客流情况的输送方式。群控系统能对运行区域进行自动分配，自动调配电梯至运行区域的各个不同服务区段。服务区域可以随时变化，它的位置与范围均由各台电梯通报的实际工作情况确定，并随时监

视，以便随时满足大楼各处的不同厅站的召唤。

群控管理可大大缩短候梯时间，改善电梯交通的服务质量，最大限度地发挥电梯作用，使之具有比较好的适应性和交通应变能力。这是单靠增加台数和调整电梯行驶速度不易做到的，在经济上也是最可取的。

3. 配合消防系统协同工作

发生火灾时，普通电梯直驶首层放客，切断电梯电源；消防电梯由应急电源供电，在首层待命。

4. 配合安全防范系统协调工作

按照保安级别自动行驶至规定的停靠楼层，并对轿厢门进行监控。

最后说明的是，由于电梯的特殊性，每台电梯本身都有自己的控制箱，对电梯的运行进行控制，如行驶方向、加/减速、制动、停止定位、轿厢门开/闭、超重检测报警等。有多台电梯的建筑场合一般有电梯群控系统，通过电梯群控系统实现多部电梯的协调运行与优化控制。BAS 主要实现对电梯运行状态及相关情况的监视，只有在特殊情况下，如发生火灾等突发事件时才对电梯进行必要的控制。

第三单元　CARE 数据点编辑器

Honeywell CARE 提供了 6 个不同功能的编辑器：

1）混合文本编辑器（Miscellaneous Text Editor）：定义和编辑默认的文本以及自定义的文本，如点描述、报警文本、工程单位和特性等。

2）数据点编辑器（Datapoint Editor）：分配和修改点的属性，数据点编辑器只有当设备附加在控制器后才能使用。混合文本编辑器是包含在数据点编辑器中的。

3）默认文本编辑器（Default Text Editor）：在一些特殊的地方，自定义工程默认信息。

4）网络变量（NV）编辑器（Network Variables Editor）：为 CARE 的数据点创建、编辑网络变量。映射数据点为网络变量，给控制器定义值转换表。

5）时间程序编辑器（Time Program Editor）：创建日、周、年时间程序，结合实际使用状况来控制设备起停。

6）OPS 模板编辑器（OPS Template Editor）：给 OPS 控制器以及下属的子系统设备、控制器及数据点等创建模板。一般先打开 Datapoint Editor，采用 Miscellaneous Text Editor 定义/编辑系统中点的常用文本；再采用 Datapoint Editor 指定/修改系统中点的属性，若工作于 LON，指定 LON 点的属性，若工作于 OPS，指定 OPS 点的属性。

下面介绍数据点编辑器（Datapoint Editor），时间程序在后面介绍。其他编辑器的工作原理类似，不再详述。

一、数据点编辑器的启动

数据点编辑器用于定义/修改点的属性。属性是指点的描述信息，与点的类型有关。如模拟点需要指定高、低报警限位，而数字点需要指定运行时间值。

在 CARE 主窗口左边区域，选中 DDC 下的 Plant，则右边区域会出现 Plant 所含所有点的信息，以 Grid（栅格方式）显示，如图 3-2 所示；如选中树形结构中 Plant 下某个具体的

点，如图 3-3 所示，则右边区域显示该点的详细信息。

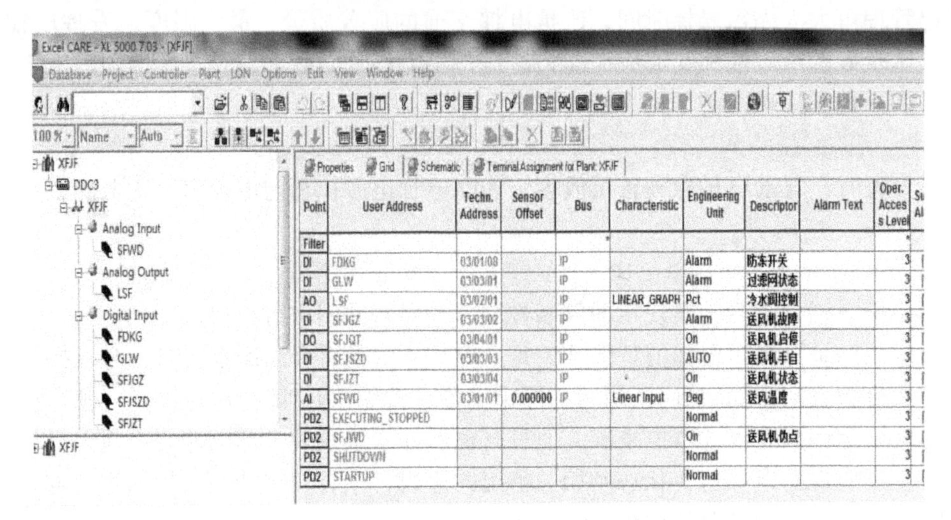

图 3-2　Datapoint Editor 窗口（栅格方式）

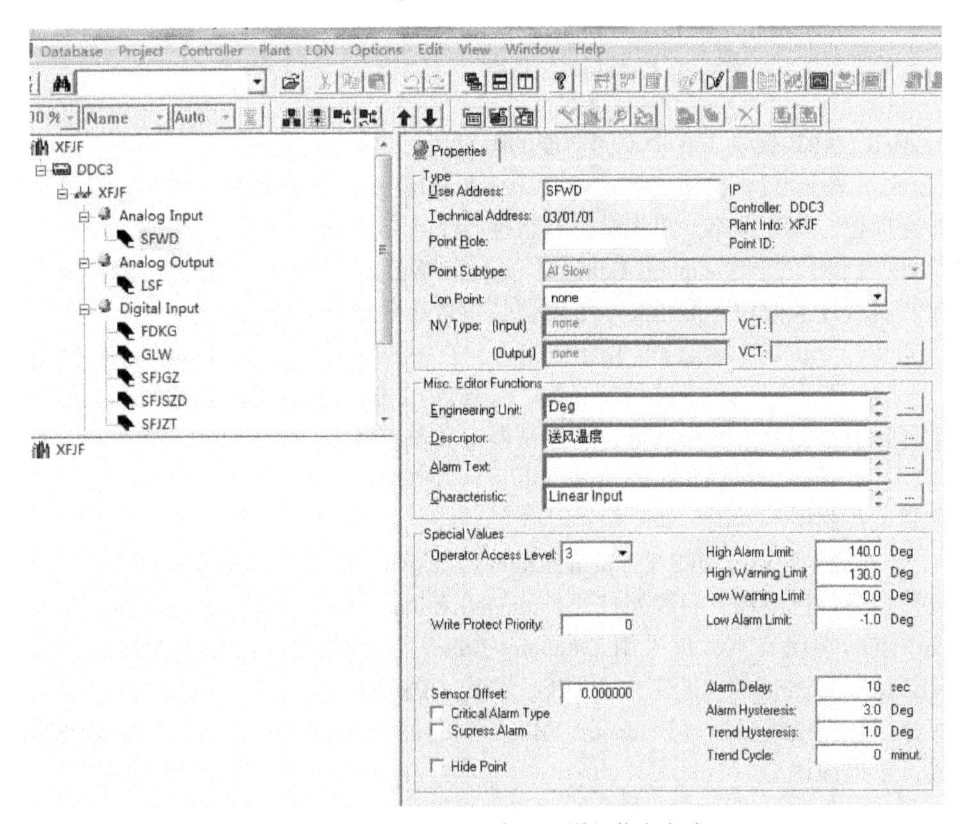

图 3-3　Datapoint Editor 窗口（详细信息方式）

二、点的描述

1. 模拟点的描述

不同的点虽监控内容不同，但点的命名规则需符合行业规范，遵守“点名称 = 属性 +

类型+对象描述”的原则；为了提高程序的规范性与可读性，点的描述必须清晰可读，践行行业职业规范。现以模拟输入点为例说明。如图3-4所示，下面对图中的常用项进行介绍：

User Address：用户地址，最多18个字符。

Technical Address：技术地址，内部6位数字，定义和定位系统中的点，包含控制器号（0～30）、模块号（1～16）和终端号（1～12）。例如，010302表示1号控制器，模块3的端口2。

Point Subtype：点的类型，可从下拉列表框中选择。

Engineering Unit：可从下拉列表框中选择合适的单位。

Descriptor：完成点信息，最多32个字符。对用户地址可再增加一些描述，更详细地了解点的情况。

Alarm Text：报警文本，可从下拉列表框中选择。

Characteristic：相关传感器的输入/输出特性，可从下拉项中选择。

Operator Access Level：操作优先级别（1～4），优先级别高的才能修改点的属性。

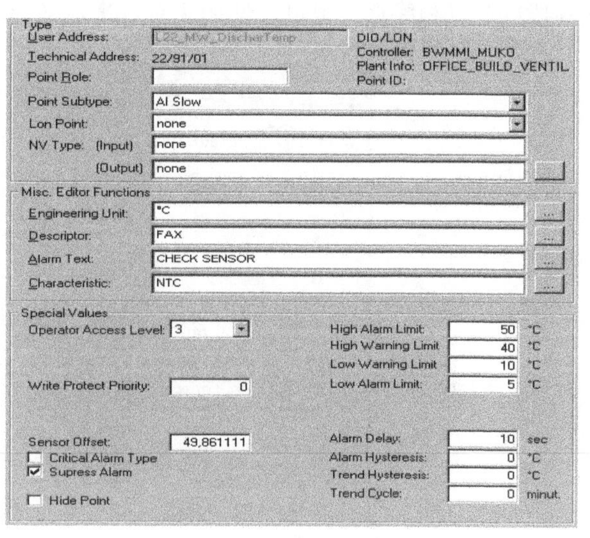

图3-4　详细项目显示的点信息

High Alarm Limit：高位报警限位。

High Warning Limit：高位警告限位。

Low Warning Limit：低位警告限位。

Low Alarm Limit：低位报警限位。

Alarm Delay：报警延时。

图3-4中，显示了点的各种信息，也可对点进行各种编辑，下面以属性（Characteristic）为例说明。图中的属性（Characteristic）为NTC，若要更改，可单击Characteristic NTC后空白处，出现下拉箭头，单击下拉箭头，出现各种属性，如图3-5所示，根据具体的传感器特性进行选择。软件提供了几种默认的线性设定，这些设定可按照控制设备属性来修改；同时也提供了几个空白的行，允许定义新的属性。

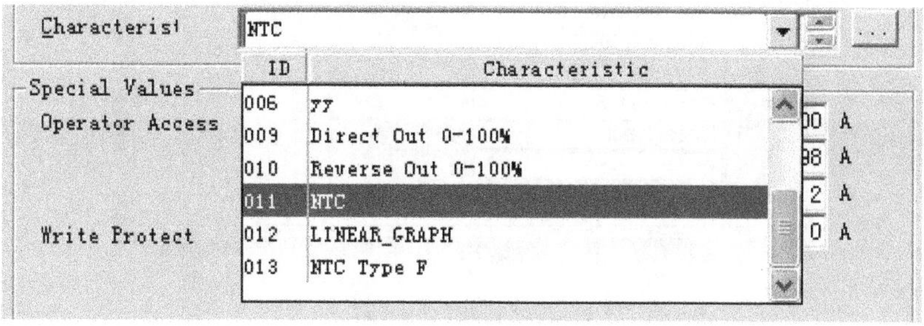

图3-5　各类属性

2. 新属性的创建

定义新的属性，可单击 Characteristic 行最后的图标[...]或单击 Controller 菜单中的 Edit Text 下的 Characteristics，弹出如图 3-6 所示的编辑器对话框，下方出现已有的属性设置列表（最多 10 个）。每个属性设定有一个编号 ID（1～10）和属性名。选择一个属性名，则在上面出现该定义对应内容。左边为 DDC 接收的电压信号，右边为传感器实际的测量范围。定义提供了 4 对特殊点，最少可以使用两对点来定义一个简单的线性比例关系，两对点分别为线性段的起点和终点，也可以使用 4 对点来定义稍复杂的线性关系。

Miscellaneous Text Editor / Input/Output ...

Slow Input/Output Characterist　Other Source　OK　Default　Cancel　Help

Reference			
0.000000	V	-25.000000	
2.000000	V	0.000000	
10.000000	V	100.000000	
11.000000	V	112.500000	

ID	I/O Characteristic	Use	Defaul
1	Pressure 0-100Kpa	☐	☐
2	2-10V=0-100%	☐	☑
3	242PC250G	☑	☐
4	FLOW 4-20mA=0-10	☑	☐
5	Linear Input	☑	☑
6	DA 0-10V=0-100A	☑	☐

图 3-6　混合文本编辑器对话框

如果没有满意的属性，可自行定义。创建新的属性，先要选择一个空白行，在 I/O Characteristic 列键入一个容易识别的名字，如图 3-7 所示，新创建的属性名为 yy；在参考点区域，键入所需要的数值，然后单击 OK 即可。创建好后，新的属性将出现在下拉属性中。

Miscellaneous Text Editor / Input/Output Characteristics

Slow Input/Output Characteristics　Other Sources　OK　Default　Cancel　Help

Reference Points			
0.000000	V	100.000000	
2.000000	V	60.000000	
5.000000	V	40.000000	
10.000000	V	0.000000	

ID	I/O Characteristic	Used	Default
1	Pressure 0-3"	☐	☑
2	2-10V = 0-100%	☐	☑
3	Pressure +-0.25"	☐	☑
4	Pressure 0-5"	☐	☑
5	Linear Input	☑	☑
6	yy	☐	☐
7		☐	☑

图 3-7　创建新的属性

如果在详细项目显示的 Characteristic 中无法选择所需属性，那么可以在栅格显示方式中进行选择。如图 3-8 所示，在栅格显示方式下，在 Characteristic 列单击下拉箭头，出现各种属性，包括新建的属性，单击选择所需属性即可。

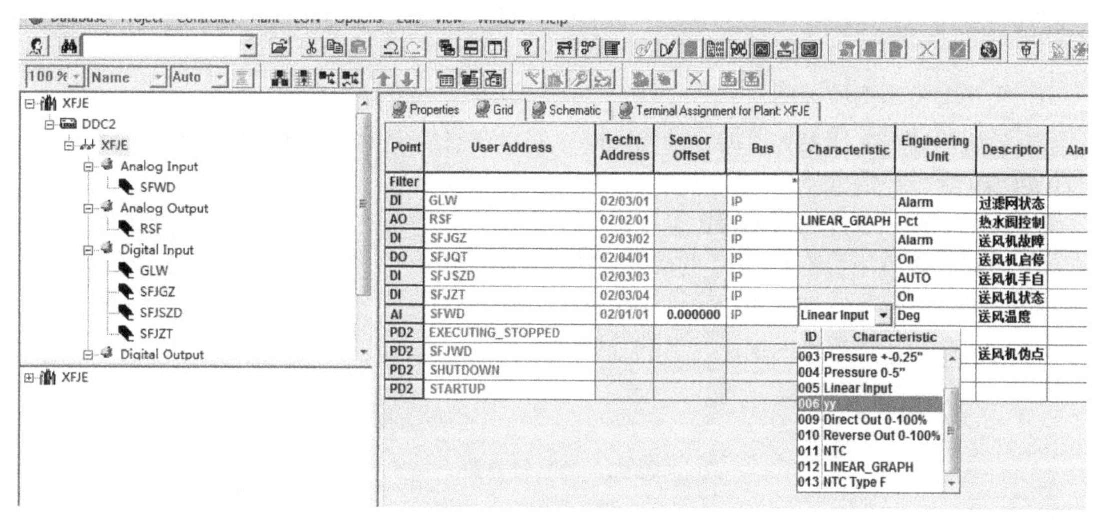

图 3-8　栅格方式下属性的选择

工程单位（Engineering Unit）、描述（Descriptor）和报警文本（Alarm Text）的选择与创建的过程与属性（Characteristic）类似，不再重复。

第四单元　电梯系统监控实训

一、实训目的

1. 熟悉电梯的系统组成及工作原理。
2. 掌握 Excel 50 控制器的 DI 通道的使用。
3. 掌握电梯监测原理图与控制器端子接线图的绘制。
4. CARE 软件使用及 DI 点编辑。
5. 电梯监测程序的编译、下载与测试。

二、实训设备

1. DDC（如 Honeywell Excel 50）。
2. 电梯系统模块或独立的开关元件。
3. 万用表、插接线等。

三、实训要求

现有一台 3 层电梯模型，使用 Excel 50 控制器监测电梯 1～3 层轿厢到站信号（即楼层信号）、电梯故障信号、电梯上行信号、电梯下行信号、电梯开门信号、电梯关门信号（注：所有信号都为无源触点）。

1. 楼层信号属性要求：一楼 1/0：1/－二楼 1/0：2/－三楼 1/0：3/－或一楼 1/0：1F/－二楼 1/0：2F/－三楼 1/0：3F/－。

2. 将楼层信号全部连接在 DDC 的 AI 端口。

四、实训步骤

1. 绘制电梯监测原理图。

2. 采用 CARE 完成电梯监测原理图绘制，要求在表格中填写每个信号用户地址、描述、属性、DDC 端口等信息。

3. 应用 CARE 软件编写电梯监测程序。

4. 绘制电梯监测系统与 DDC 的硬件接线图。

5. 完成控制器与实训模块的硬件接线。

6. 完成电梯监测程序的编译、下载及调试。

电梯监控系统
实训—编程

五、实训项目单

实训（验）项目单

Training Item

姓名：_____　班级：_____　学号：_____　　　　日期：_____年___月___日

<table>
<tr><td>项目编号
Item No.</td><td>BAS-03</td><td>课程名称
Course</td><td colspan="2">楼宇自动化技术</td><td>训练对象
Class</td><td></td><td>学时
Time</td><td></td></tr>
<tr><td>项目名称
Item</td><td colspan="3">电梯系统的监控</td><td>成绩</td><td colspan="4"></td></tr>
<tr><td>目的
Objective</td><td colspan="8">1. 熟悉电梯的系统组成及工作原理。
2. 掌握 Excel 50 控制器的 DI 通道的使用。
3. 掌握电梯监测原理图与控制器端子接线图的绘制。
4. CARE 软件使用及 DI 点编辑。
5. 电梯监测程序的编译、下载与测试。</td></tr>
<tr><td colspan="9">一、实训设备
1. DDC（如 Honeywell Excel 50）。
2. 电梯系统模块或独立的开关元件。
3. 万用表、插接线等。
二、实训要求
现有一台 3 层电梯模型，使用 Excel 50 控制器监测电梯 1～3 层轿厢到站信号（即楼层信号）、电梯故障信号、电梯上行信号、电梯下行信号、电梯开门信号、电梯关门信号（注：所有信号都为无源触点）。
三、实训步骤
1. 绘制电梯监测原理图。</td></tr>
</table>

（续）

2. 采用 CARE 完成电梯监测原理图绘制，要求在表格中填写每个信号用户地址、描述、属性、DDC 端口等信息。

用户地址	描　述	属性（1/0）	DDC 端口	备　注

3. 应用 CARE 软件编写电梯监测程序。
4. 绘制电梯监测系统与 DDC 的硬件接线图。

5. 完成控制器与实训模块的硬件接线。
6. 完成电梯监测程序的编译、下载及调试。

四、实训总结（详细描述实训过程，总结操作要领及心得体会）

五、思考题

如何使用 Excel 50 控制器 AI 端口监测电梯的上行、下行、开门或关门状态。

评语：

教师：______年____月____日

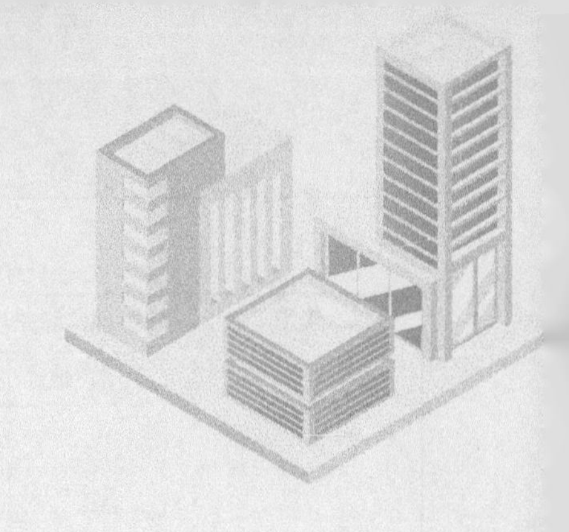

模块四

供配电系统的监控

第一单元 供配电系统概述

一、智能建筑的供电要求

供配电系统是为建筑物提供能源的最主要的系统，对电能起着接收、变换和分配的作用，向建筑物内的各种用电设备提供电能。供配电设备是建筑物不可缺少的最基本的建筑设备。为确保用电设备的正常运行，必须保证供电的可靠性。从设置 BAS 的核心目的之一——节约能源来讲，电力供应管理和设备节电运行也离不开供配电设备的监控管理。因此，供配电系统是 BAS 最基本的监控对象。

供配电系统是把各类型发电厂、变电所和用户连接起来组成的一个发电、输电、变电、配电和用户的整体，其主要目的是把发电厂的电力供给用户使用。供配电系统示意图如图 4-1 所示。

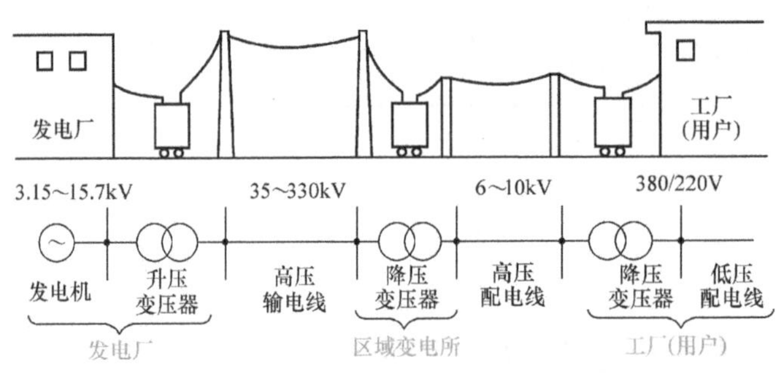

图 4-1 供配电系统示意图

按照 JGJ 16—2008《民用建筑电气设计规范》，供电负荷分为 3 个等级：一级负荷必须保证任何时候都不间断供电（如重要的交通枢纽、国家级场馆等），应有两个独立电源供电；二级负荷允许短时间断电，采用双回路供电，即有两条线路一备一用，一般生活小区、民用住宅为二级负荷；凡不属于一级和二级负荷的一般电力负荷均为三级负荷，三级负荷无特殊要求，一般为单回路供电，但在可能的情况下，也应尽力提高供电的可靠性。

智能建筑应属二级及以上供电负荷，采用两路电源供电，两个电源可双重切换，将消防用电等重要负荷单独分出，集中一段母线供电，备用发电机组对此段母线提供备用电源。常用的供电方案如图 4-2 所示。

这种供电方案的特点为：正常情况下，楼内所有用电设备为两路市电同时供电，末端自切，应急母线的电源由其中一路市电供给。当两路市电中失去一路时，可以通过两路市电中间的联锁开关合闸，恢复设备的供电；当两路市电全部失去时，自动起动发电机组，应急母线由发电机组供电，保证消防设备等重要负荷的供电。

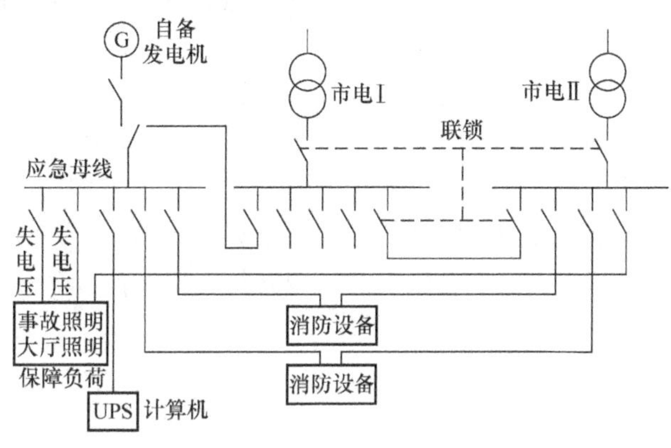

图 4-2 智能建筑常用供电方案

二、建筑供配电系统的组成

建筑（或建筑群）供配电系统是指从高压电网引入电源，到各用户的所有电气设备、配电线路的组合。变配电室是建筑供配电系统的枢纽，它担负着接受电能、变换电压、分配电能的任务。典型的户内型变配电室平面布置如图 4-3 所示。

变配电室由高压配电、变压器、低压配电和自备发电机 4 部分组成，为了集中控制和统一管理供配电系统，常把整个系统中的开关、计量、保护和信号等设备，分路集中布置在一起。于是，在低压系统中，就形成各种配电盘或低压配电柜；在高压系统中，就形成各种高压配电柜。

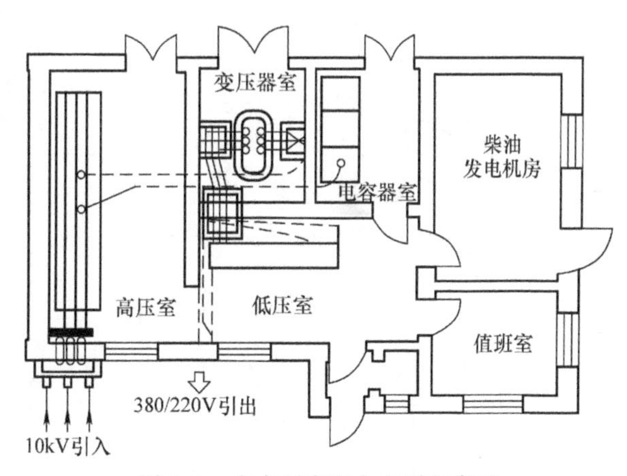

图 4-3 户内型变配电室平面布置

变配电室的位置在其配电范围内布置在接近电源侧，并位于或接近于用电负荷中心，保证进出线路顺直、方便、最短。高层建筑的变配电室宜设在该建筑物的地下室或首层通风散热条件较好的位置，配电室应具有相应的防火技术措施。

变配电室的主要电气设备如下：

1）高压配电柜。主要安装有高压开关电器、保护设备、监测仪表和母线、绝缘子等。

2）变压器。供配电系统中使用的变压器称为电力变压器，常见的有环氧树脂干式变压器及油浸式变压器。建筑物配电室多使用干式变压器。

3）低压配电柜。常用的低压配电柜分为固定式和抽屉式两种。其中，主要安装有低压开关电器、保护电器、监测仪表等，在低压配电系统中作控制、保护和计量之用。

4）自备发电机组。

第二单元　供配电系统的监控原理

供配电系统是大厦的动力供电系统，如果没有供配电系统，大厦内的空调系统、给水排水系统、照明系统、甚至于消防、安全防范系统都无法工作，成为一堆废物。因此，供配电系统是智能大楼的命脉，电力设备的监视和管理是至关重要的，正因为如此，设备中央控制室管理人员没有权限去分合供配电线路，智能化系统只能监视设备的运行状态，而不能控制线路开关设备。简单地说，就是对供配电系统施行的是“只监不控”。

供配电系统监控时需要注意用电安全及相关规章制度，设备运行人员必须持国家劳动部门颁发的特殊工种操作许可证；电气设备上的作业必须严格按照操作规程进行。

一、供配电系统的监控内容

1. 监视电气设备运行状态

包括高、低压进线主开关分合状态及故障状态监测；柴油发电机切换开关状态与故障报警。

2. 对用电参数测量及用电量统计

包括高压进线三相电流、电压、功率及功率因数等监测；主要低压配电出线三相电流、电压、功率及功率因数等监测；油冷变压器油温及油位监测；柴油发电机组油箱油位监测。这些参数测量值通过计算机软件绘制成用电负荷曲线，如日负荷、年负荷曲线，并且实现自动抄表、输出用户电费单据等。

图 4-4 所示为低压供配电监控系统原理图。由于系统只监不控，所以只有监视点 AI 和

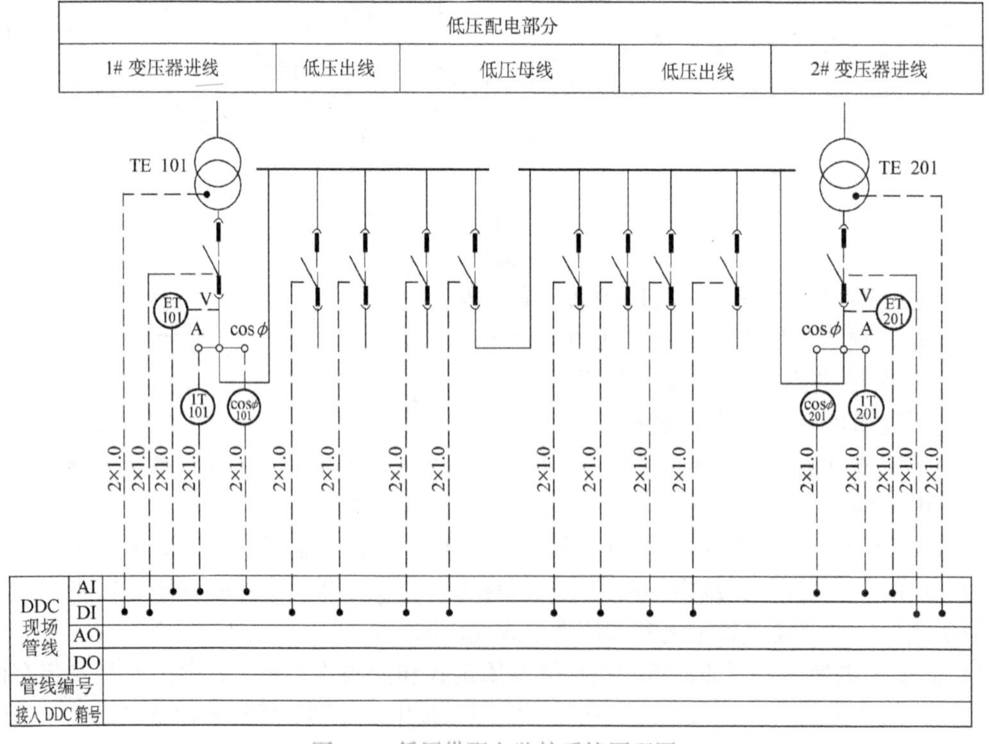

图 4-4　低压供配电监控系统原理图

DI，而没有控制点。控制器通过接收电压变送器、电流变送器、功率因数变送器的信号，自动检测线路电压、电流和功率因数等参数，实时显示相应的电压、电流等数值，并可检测电压、电流、累计用电量等。

供配电系统的主要监视设备有：

1）电压变送器，监测电压参数。

2）电流变送器，监测电流参数。

3）功率因数变送器，监测功率因数参数。

4）有功功率变送器，监测有功功率参数。

5）有功电度变送器，监测有功电度参数，即电量计量。

6）DDC，这是整个监控系统的核心，接收各检测设备的监测点信号。

图4-5所示为DDC与变送器测量接线示意图。图中，DDC采集电流变送器、电压变送器、功率因数变送器、有功功率变送器的数值，并将其分送至中央监控中心。

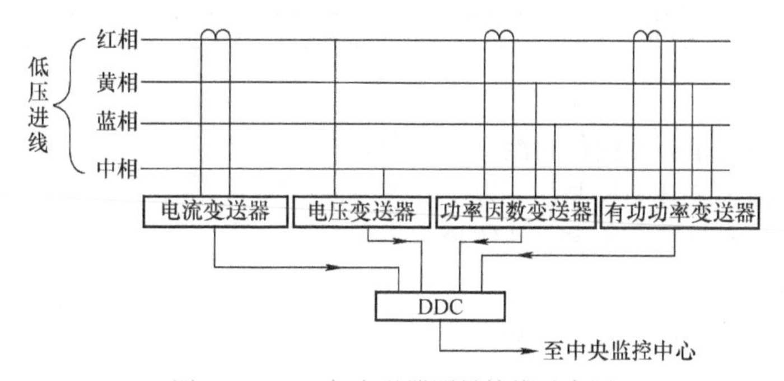

图4-5　DDC与变送器测量接线示意图

二、应急发电机与蓄电池组的监控原理

为保证消防泵、消防电梯、紧急疏散照明、防排烟设施、电动防火卷帘门等消防用电和重要部门、重要部位的安全防范设施用电，必须设置自备应急柴油发电机组，按一级负荷对消防设施和安防设施供电。柴油发电机应起动迅速并自起动控制方便，能在市网停电后10 ~15s内接待应急负荷，适合作为应急电源。对柴油发电机组的监控包括电压、电流等参数检测，机组运行状态监视，故障报警和日用油箱液位监测等。

智能建筑中的高压配电室对继电保护要求严格，一般的纯交流或整流操作难以满足要求，必须设置蓄电池组，以提供控制、保护、自动装置及应急照明等所需的直流电源。镉镍电池以其体积小、重量轻、不产生腐蚀性气体、无爆炸危险、对设备和人体健康无影响而获得广泛应用。对镉镍电池组的监控包括电压监视、过电流/过电压保护及报警等。应急柴油发电机与蓄电池组监控原理图如图4-6所示。由于应急发电机品牌、类型比较多，在图4-6中，表示了发电机运行状态、故障状态、油箱液位、电流与电压的监测原理和蓄电池组电压的监测原理，其他参数没有在图中标示出来。在具体工程中，应根据发电机和系统需求进行设计。

发电机组的运行参数、状态和蓄电池组的监控内容如下：

1）发电机组输出电压、电流、有功功率、功率因数等检测。

2）发电机配电屏断路器状态、断路器故障检测。

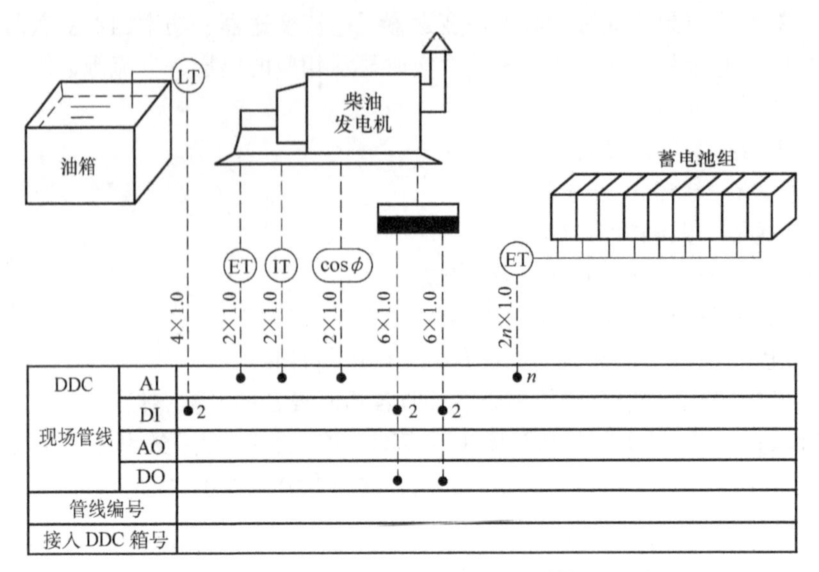

图4-6　应急柴油发电机与蓄电池组监控原理图

3）发电机日用油箱高低油位检测。

4）发电机冷却水泵开关控制。

5）发电机冷却水泵运行状态、故障检测。

6）发电机冷却风扇开关控制。

7）发电机冷却风扇运行状态、故障检测。

8）蓄电池组电压检测。

第三单元　供配电系统监控实训

一、实训目的

1. 熟悉供配电系统的系统组成。
2. 掌握Excel 50控制器的DI、AI通道的使用。
3. 掌握供配电系统监测原理图与控制器端子接线图的绘制。
4. 掌握CARE软件使用及DI、AI点编辑。
5. 掌握供配电系统监测程序的编译、下载与测试方法。

二、实训设备

1. DDC（如Honeywell Excel 50）。
2. 供配电系统模块或独立的开关元件、电位计等。
3. 万用表、插接线等。

三、实训要求

现有一低压配电柜，A、B、C相分别为消防系统、电梯系统、空调系统、给水排水系

统供电，使用 Excel 50 控制器监测配电柜开合闸状态、变压器温度报警信号、电压信号、电流信号、功率因数信号等。其中电流变送器采用 DC 0 ~10V/0 ~50A 属性，给水排水系统开合闸状态采用 1/0：OPEN/CLOSE，其他可自行定义。

四、实训步骤

1. 绘制供配电系统监测原理图。
2. 采用 CARE 完成供配电系统监测原理图绘制，要求在表格中填写每个信号的用户地址、描述、属性、DDC 端口等信息。
3. 应用 CARE 软件编写供配电系统监测程序。
4. 绘制供配电监测系统与 DDC 的硬件连接接线图。
5. 完成 DDC 与实训模块的硬件接线。
6. 完成供配电系统监测程序的编译、下载及调试。

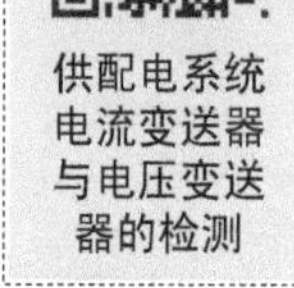

供配电系统电流变送器与电压变送器的检测

五、实训项目单

实训（验）项目单

Training Item

姓名：______ 班级：______ 学号：______ 日期：______年____月____日

项目编号 Item No.	BAS-04	课程名称 Course	楼宇自动化技术	训练对象 Class		学时 Time	
项目名称 Item	供配电系统的监控		成绩				
目的 Objective	1. 熟悉供配电系统的系统组成。 2. 掌握 Excel 50 控制器的 DI、AI 通道的使用。 3. 掌握供配电系统监测原理图与控制器端子接线图的绘制。 4. 掌握 CARE 软件使用及 DI、AI 点编辑。 5. 掌握供配电系统监测程序的编译、下载与测试方法。						

一、实训设备

1. DDC（如 Honeywell Excel 50）。
2. 供配电系统模块或独立的开关元件、电位计等。
3. 万用表、插接线等。

二、实训要求

现有一低压配电柜，其中 A 相（电压变送器量程范围为输入 AC 0 ~ 500V，输出 DC 0 ~ 10V；电流变送器量程范围为输入 0 ~ 50A，输出 DC 0 ~ 10V）分别为消防系统、电梯系统、空调系统、给水排水系统供电，使用 Excel 50 控制器监测配电柜开合闸状态、变压器温度报警信号、电压信号、电流信号、功率因数信号等。功率因数的属性自行定义。

三、实训步骤

1. 绘制供配电系统监测原理图。

（续）

2. 采用 CARE 完成供配电系统监测原理图绘制，要求在表格中填写每个信号的用户地址、描述、属性、DDC 端口等信息。

用户地址	描　述	属性	DDC 端口	备　注

3. 应用 CARE 软件编写供配电系统监测程序。
4. 绘制供配电监测系统与 DDC 的硬件连接接线图。
5. 完成 DDC 与实训模块的硬件接线。
6. 完成供配电系统监测程序的编译、下载及调试。

四、实训总结（详细描述实训过程，总结操作要领及心得体会）

五、思考题

某电压变送器输入信号 AC 0～500V，输出信号 4～20mA 时，Excel 50 控制器应如何采集该电压变送器信号？并说明如何在 CARE 中进行属性编辑。

评语：

教师：______年____月____日

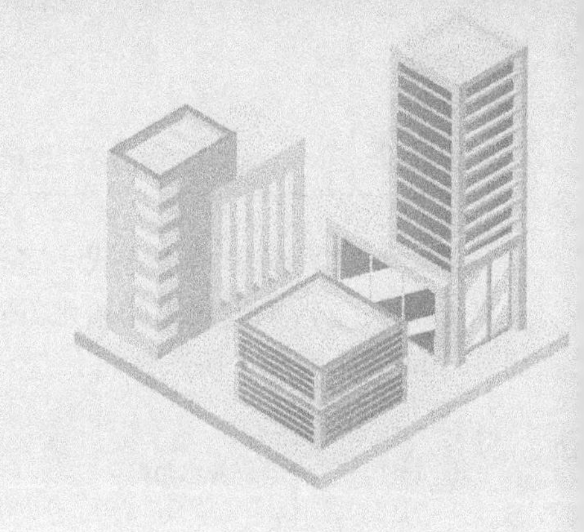

模块五 给水排水系统的监控

第一单元　给水排水系统概述

水与空气、能量并称为人类生存的三大要素，在建筑物中可靠、经济、安全地为人类的生活和生产活动提供充足、优质的水源，并将使用后的水进行一定的水质处理使之符合环保要求后再排入城市管网或自然水系是建筑给水排水工程的任务。其工程范围包括建筑给水排水、热水和饮水供应、消防给水、建筑排水、建筑中水、建筑小区给水排水和建筑水处理等多项内容。

一、给水系统的分类

建筑给水系统的任务是按其水量、水压供应不同类型建筑物及小区内的用水，即满足生活、生产和消防的用水需要。建筑给水系统一般包括建筑小区和建筑物内的给水两部分，按供水用途可分为三种给水系统。

1. 生活给水系统

供应民用建筑、公共建筑和工业建筑中的饮用、烹饪、洗浴及浇灌和冲洗等生活用水。除水量、水压应满足需要外，水质也必须符合国家颁布的生活饮用水水质标准。

2. 生产给水系统

供给生产设备冷却、原料和产品的洗涤以及各类产品制造过程中所需的生产用水。由于工业种类、生产工艺各异，因而对水量、水压及水质的要求也不尽相同。为了节约水量，在技术经济比较合理时，应设置循环或重复利用给水系统。

3. 消防给水系统

供给层数较多的民用建筑、大型公共建筑及某些生产车间消防系统的消防设备用水。消防用水对水质要求不高，但必须保证其有足够的水量和水压，并应符合国家制定的现行建筑设计防火规范要求（有时消防给水系统与生活给水系统可合用一套系统）。

上述三种给水系统应根据建筑的性质，综合考虑技术、经济和安全条件，按水质、水量及室外给水的情况，组成不同的公用系统，如生活、生产、消防公用给水系统，生活、消防公用给水系统，生活、生产公用给水系统，生产、消防公用给水系统。

二、给水系统的给水方式

给水方式是指建筑内部给水系统的供水方案，合理的供水方案，是根据建筑物的各项因素，如使用功能、技术、经济、社会和环境等方面，采用综合评判的方法进行确定的。

1. 直接给水方式

按给水系统直接在室外管网压力下工作，可分为如下方式。

(1) 简单给水方式　室外管网水压任何时候都满足建筑内部用水要求，如图 5-1 所示。

(2) 单设水箱的给水方式　室外管网大部分时间能满足用水要求，仅高峰时期不能满足，如图 5-2 所示。

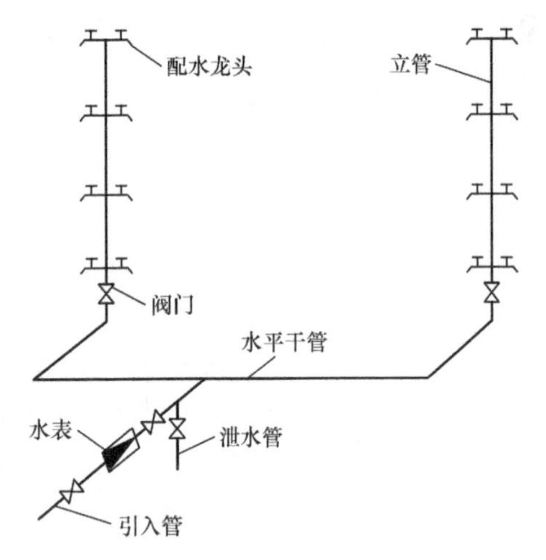

图 5-1　简单给水方式

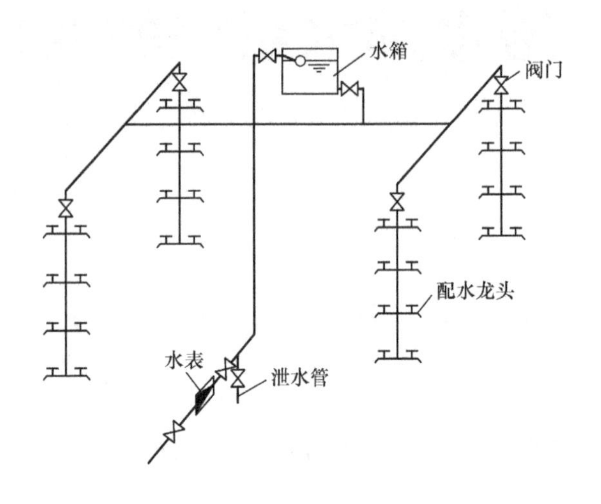

图 5-2　单设水箱的给水方式

2. 设储水池、水泵和水箱的给水方式

当建筑内部给水系统用水量大，室外给水管网水质和水量能满足要求，而水压不满足要求时，给水系统可采用这种给水方式。另外，室内消防设备要求储备一定容积的水量时也可采用这种方式，其给水流程为：室外管网→储水池→水泵→水箱→出水管→供水，如图 5-3 所示。

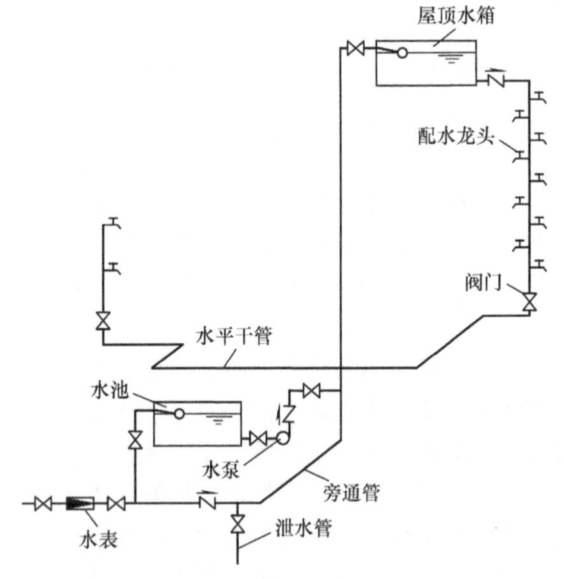

图 5-3　设储水池、水泵和水箱的给水方式

3. 分区给水方式

建筑物层数较多或较高时，若室外管网的水压只能满足较低楼层的用水要求，而不能满足较高楼层用水要求，可采用分区给水方式。这种方式的通常做法是下区采用直接供水，上区采用储水池、水泵、水箱联合供水方式。两区之间通过连通管和闸阀连接，如图 5-4 所示。

4. 气压给水方式

气压给水方式是利用密闭压力罐内的压缩空气，将罐中的水送到用水点的一种增压供水方式。密闭压力罐是一种增压装置，相当于屋顶水箱或水塔，可以调节和储存水量并保持所需水压，如图 5-5 所示。

5. 变频调速恒压给水方式

以供水主管上的压力或管网某结点的压力作为目标值，由智能控制器控制变频器的频率增减及水泵的投入或退出数量，从而实现闭环控制。对电动机变频调速并通过恒压控制器接收给水系统内的压力信号。经分析运算后，输出信号控制水泵转速，达到恒压变流量的目的。

系统由储水池、变频器、控制器、调速泵等组成，如图5-6所示。

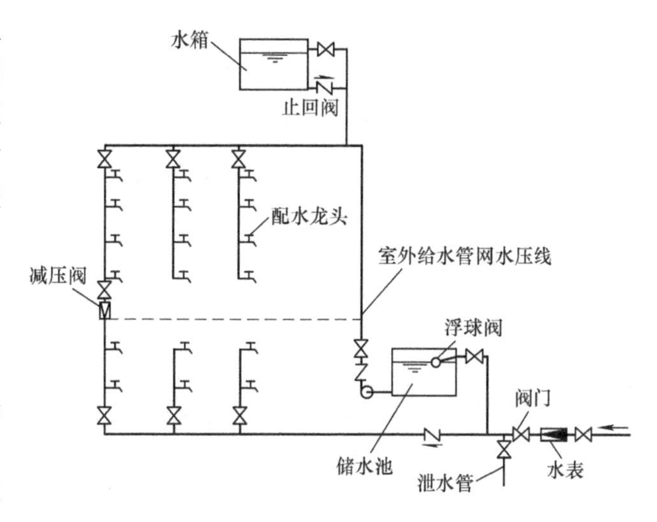

图5-4　分区给水方式

对于智能型建筑的恒压供水系统，大多采用了变频调速环节来降低供水的电能消耗并提高系统的自动化程度。最初的恒压供水系统依靠接触器-继电器控制电路，由人工操作和利用调节泵出口阀的开起度来实现恒压供水，现在采用微机及PLC控制系统，对拖动电动机实施变频调速可大幅度节能。这种节能型变频调速恒压供水系统已被广泛应用。

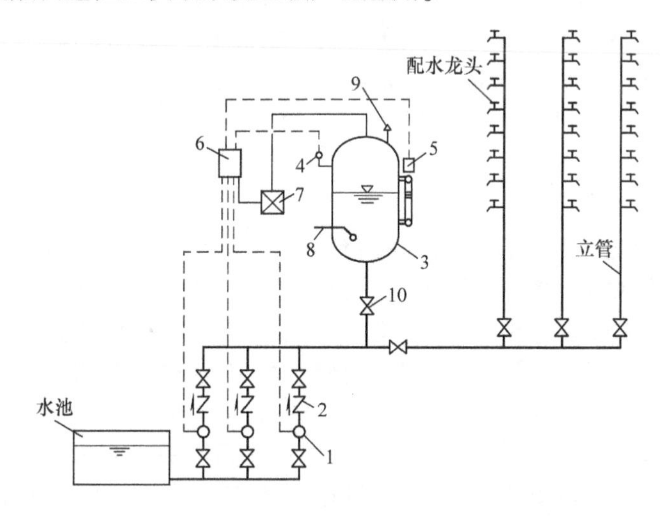

图5-5　气压给水方式

1—水泵　2—止回阀　3—气压水罐　4—压力信号器　5—液位信号器
6—控制器　7—补气装置　8—排气阀　9—安全阀　10—阀门

三、排水系统的分类

建筑排水系统的任务是将建筑内生活、生产中使用过的水收集并排放到室外的污水管道系统。根据系统接纳的污、废水类型，可分为三大类：

（1）生活排水系统　用于排除居住、公共建筑及工厂生活间的盥洗、洗涤和冲洗便器等污废水。生活排水系统也可进一步分为生活污水排水系统和生活废水排水系统。

（2）工业废水排水系统　用于排除生产过程中产生的工业废水，由于工业生产门类繁多，所以所排水质极为复杂。工业废水排水系统根据其污染程度又可分为生产污水排水系统

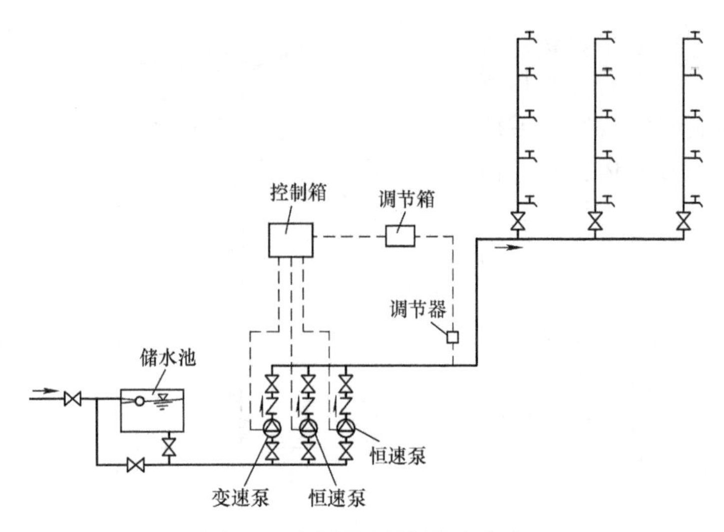

图 5-6　变频调速恒压给水方式

和生产废水排水系统。

（3）雨水排水系统　用于收集排出建筑物上的雨雪水。

本书仅限于对建筑物内部的给水排水系统进行监控。建筑中水、排水水处理装置都有自身完整的控制系统，BAS 对它们的处理类似于对冷水机组、锅炉的处理方式，不必去直接控制。另外，按我国现行消防管理的要求，消防给水应由消防系统统一控制管理，也不直接纳入到 BAS 中，故本节主要讨论生活给水排水系统的监控。

四、液位传感器

在给水排水系统中，经常需要测量各种容器或设备中两种介质分界面的位置，例如储水池中液体的深度、给水箱中液体的多少等，这些就是液位检测。检测液位即测量气体和液体间的界面位置，一般以设备或容器的底部作为参考点来确定液面与参考点间的高度（即液位）。液位是属于机械位移一类的变量，因此把液面位置经过必要的转换，测量长度和距离的各种方法原则上都可以使用。液位检测的单位是 m、cm 等。

液位传感器（静压液位计/液位变送器/水位传感器）是一种测量液位的压力传感器。静压投入式液位变送器（液位计）是基于所测液体静压与该液体的高度成比例的原理，采用先进的隔离型扩散硅敏感元件或陶瓷电容压力敏感传感器，将静压转换为电信号，再经过温度补偿和线性修正，转化成标准电信号（一般为 4～20mA/DC0～10V）。

1. 液位传感器的分类

液位传感器一般分为两类：一类为接触式，包括单法兰静压/双法兰差压液位变送器、浮球式液位变送器、磁性液位变送器、投入式液位变送器、电动内浮球液位变送器、电动浮筒液位变送器、电容式液位变送器、磁致伸缩液位变送器和伺服液位变送器等；第二类为非接触式，分为超声波液位变送器、雷达液位变送器等。

2. 几种常用液位传感器

（1）静压投入式液位传感器　静压投入式液位传感器（液位计）适用于石油化工、冶金、电力、制药、供排水、环保等系统和行业的各种介质的液位测量，如图 5-7 所示。精巧的结构、简单的调校和灵活的安装方式为用户轻松地使用提供了方便。4～20mA、0～5V、0～

10V 等标准直流信号输出方式由用户根据需要任选。

（2）投入式液位传感器　利用流体静力学原理测量液位，是压力传感器的一项重要应用。采用特种的中间带有通气导管的电缆及专门的密封技术，既保证了传感器的水密性，又使得参考压力腔与环境压力相通，从而保证了测量的高精度和高稳定性。图 5-8 所示为投入式液位传感器。

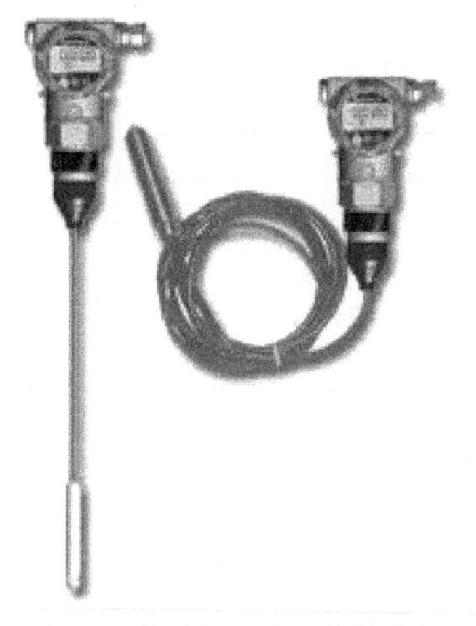

图 5-7　静压投入式液位传感器

图 5-8　投入式液位传感器

第二单元　给水排水系统的监控原理

一、给水系统的监控原理

建筑内给水应尽量利用城市给水管网的水压直接供水，这样既经济又卫生，但直接供水通常只能达到 15～18m 的建筑高度。大多数智能建筑属于高层建筑，在大部分建筑高度上不得不采用加压供水的方式。

生活给水系统通常分为两种方式：一是采用变频调速恒压给水方式（无水箱）供水，即应用变频装置改变水泵电动机转速，以适应用水量变化。目前，随着我国众多科研人员在变频领域的不断学习与钻研，国内的变频器行业，无论是在品牌、性能，还是价格方面，都在很大程度上满足了我国的工业发展现状，因此变频调速装置在工业与民用供水系统中也得到了越来越广泛的应用。它的特点是供需水量相匹配，节约能源，节省设备（不设高位水箱）和建筑面积。二是采用设蓄水池、水泵和水箱的给水方式供水，即在屋顶设高位水箱，在低处（地下室）设一低位水池，中间设置水泵。

1. 变频调速恒压给水方式（无水箱）供水

随着智能建筑的迅速发展，各种恒压给水系统的应用越来越多。最初的恒压供水系统采用接触器-继电器控制电路，通过人工起动或停止水泵和调节泵出口阀开度来实现恒压给水。该系统线路复杂，操作麻烦，劳动强度大，维护困难，自动化程度低。后来增加了微机 + PLC 监控系统，提高了自动化程度。但由于驱动电动机是恒速运转，水流量靠调节泵出口阀开度来实现，浪费大量能源。而采用变频调速可通过变频改变驱动电动机的转速来改变泵出口流量。由于流量与转速成正比，而电动机的消耗功率与转速的三次方成正比，因此，当需要水量降低时，电动机转速降低，泵出口流量减少，电动机的消耗功率大幅度下降，从而达到节约能源的目的。为此出现了节能型的由 PLC 和变频器组成的变频调速恒压给水系统。

（1）水泵起/停自动监控　恒压给水系统由压力传感器、PLC、变频器、供水泵组等组成，其原理框图如图 5-9 所示。

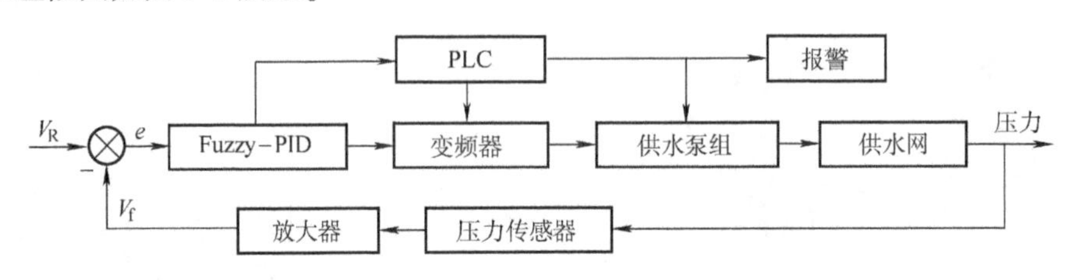

图 5-9　恒压供水控制原理图

系统采用压力负反馈控制方式。压力传感器将供水管道中的水压变换成电信号，经放大器放大后与给定压力比较，其差值进行 Fuzzy-PID 运算后，去控制变频器的输出频率，再由 PLC 控制并联的若干台水泵在工频电网与变频器间进行切换，实现压力调节。一般并联水泵的台数视需求而定，如设计采用 3 台并联水泵，先由变频器带动水泵 1 进行给水运行。当需水量增加时，管道压力减小，通过系统调节，变频器输出频率增加，水泵的驱动电动机的转速增加，泵出口流量亦增加。当变频器的输出频率增至工频 50Hz 时，水压仍低于设定值，PLC 发出指令，水泵 1 切换至工频电网运行，同时又使水泵 2 接入变频器并起动运行，直到管道水压达到设定值为止。若水泵 1 与水泵 2 仍不能满足给水需求，则将水泵 2 亦切换至工频电网运行，同时使水泵 3 接入变频器，并起动运行。若变频器输出到工频时，管道压力仍未达到设定时，PLC 发出报警。当需求水量减少时，给水管道水压升高，通过系统调节，变频器输出频率减低，水泵的驱动电动机的转速降低，泵出口流量减少。当变频器输出频率减至起动频率时，水压仍高于设定值，PLC 发出指令，接在变频器上的水泵 3 被切除，水泵 2 由工频电网切换至变频器，依次类推，直至水压降至需求值为止。

（2）自动监测及报警　在低位蓄水池处可设一液位传感器或压力传感器来检测水池液面位置。当水池水位下降至下限（停泵水位）时，传感器向 DDC 送出信号，DDC 给水泵机组输送信号，使水泵自动停机；当水位低于所设的低位报警水位时，系统报警，但此时水池通常仍有水。这部分水供消火栓用水，当水位低于所设消火栓停泵水位时，消火栓水泵受 DDC 控制自动停止运行。这种压力传感器可以通过压力连续检测水池液位，并把信号送入 DDC 中，而停泵和报警液位的设定是可改变的。例如，某智能大楼有一 5m 深地下水池，设定下限（停泵）水位为 2.5m，低位报警液位为 2m，消火栓泵停泵水位为 0.5m。压力传感器检测压力所对应的液位，系统按其功能自动控制水泵停机或报警。

2. 设蓄水池、水泵和水箱的给水方式供水

设蓄水池、水泵和水箱的给水方式供水监控原理如图 5-10 所示，通常的给水系统从蓄水池取水，通过水泵把水注入高区水箱及中区水箱，再从高位水箱及中区水箱靠其自然压力将水送到各用水点。

（1）水泵起/停自动监控　各水箱及蓄水池内可设液位传感器，当测得水箱水位低于下

限水位时，液位传感器把信号送入 DDC 中，然后 DDC 输出信号，自动起动水泵；当水箱水位高于上限水位时，则自动停止水泵。水泵为一备一用，当一台水泵出现故障时，信号送入 DDC 中，系统自动报警，且另一台水泵接收 DDC 指令，自动投入运行，并自动显示起/停状态，累计水泵运行时间及用电量。

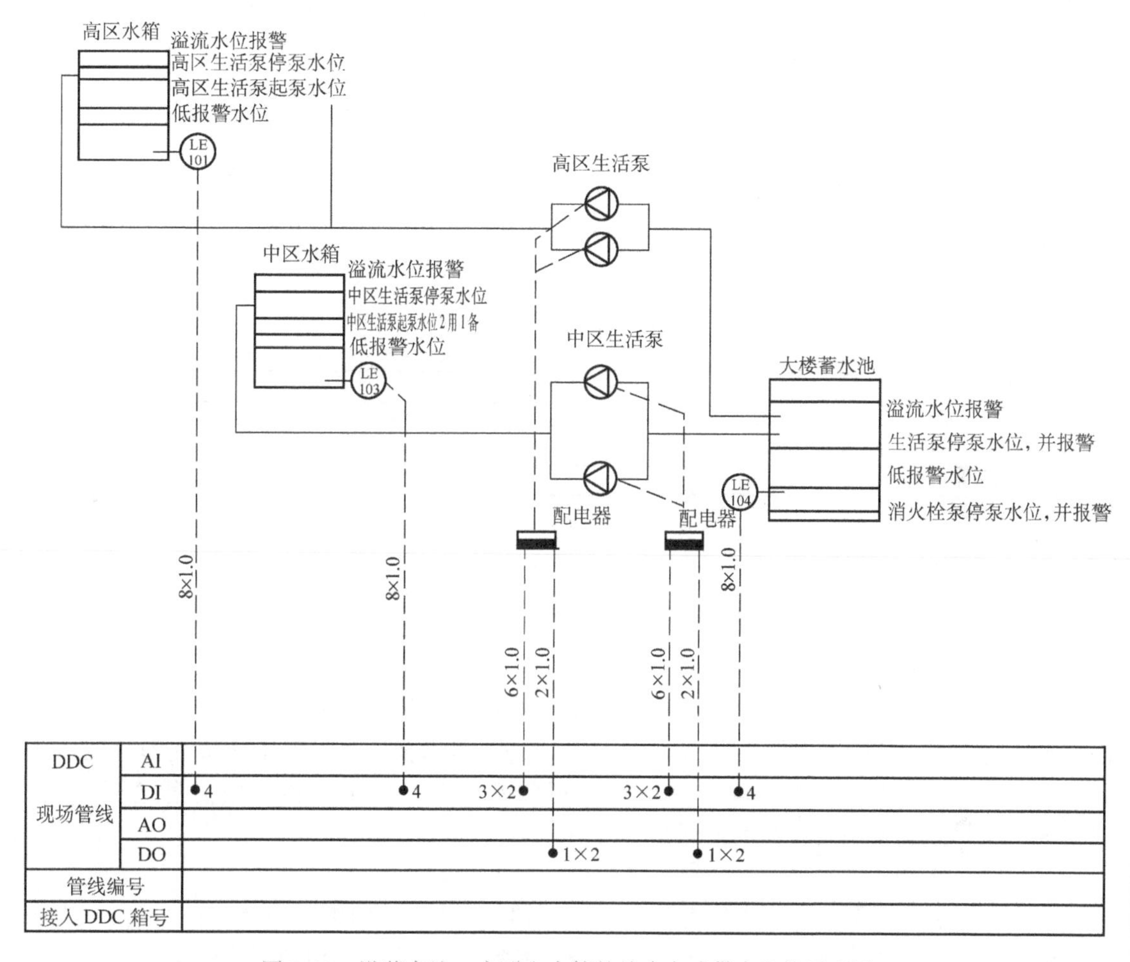

图 5-10　设蓄水池、水泵和水箱的给水方式供水监控原理图

（2）自动监测及报警　高、中区水箱水位还设有上上限及下下限，即溢流水位及低报警水位。当水箱水位到达上上限水位时，说明水泵在水箱水位到达上限时没有停止，此时上上限水位开关发出溢流水位报警信号送到 DDC 报警；当水箱水位到达低报警水位时，说明水泵在水箱水位到达下限时没有开启，此时下下限水位开关发出低位报警信号送到 DDC 报警；当发生火灾时，蓄水池水位低于消火栓泵停泵水位，则信号送入 DDC，DDC 输出信号自动控制消火栓泵停止运行。

二、排水系统的监控原理

生活排水系统分集水坑排水和污水池排水，其监控原理相同，现以集水坑排水为例介绍排水系统监控原理。排水系统监控原理与给水系统监控原理相似，排水系统由集水坑、排水泵、污水泵和液位传感器等构成，监控原理图如图 5-11 所示。

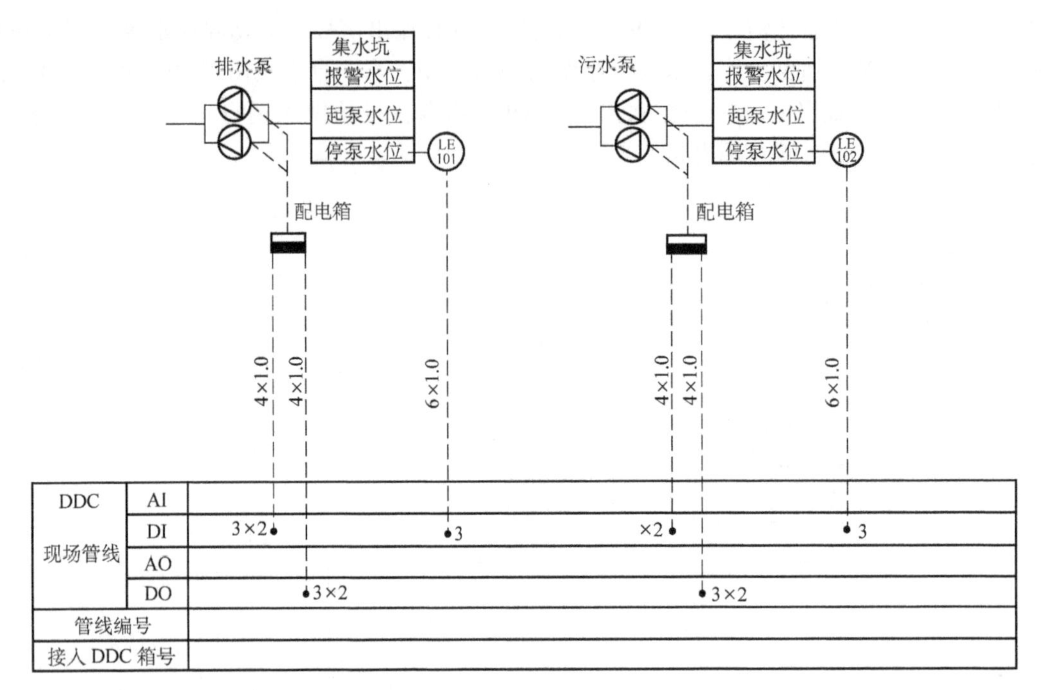

图5-11　排水系统监控原理图

1. 排水泵起/停监控

如图5-11所示，排水泵为一用一备，集水坑有3种液位，液位由液位传感器把信息传递给DDC，实现排水自动控制。当集水坑中水位超过起泵水位，液位传感器把信号送给DDC，DDC再把起泵信号送给工作泵，工作泵起动，实现排水功能；当集水坑中水位低于停泵水位时，液位传感器把信号送给DDC，DDC把信号送至工作泵，工作泵立即自动停止运行，排水过程结束。当集水坑中液位超过报警水位时，液位传感器把信息送至DDC，DDC再把信号送给备用泵，备用泵则立即自动起动。

2. 检测与报警

当集水坑中液位超过报警水位时，液位传感器把信号送给DDC，系统自动报警；当水泵出现故障时，信号送给DDC，系统自动报警。水泵运行时间、用电量自动累计。

第三单元　CARE开关逻辑

开关逻辑是在Plant原理图完成后提供点的数字控制的环境工具。当一系列的条件满足时，可将模拟点或数字点设定为某一特定值或状态，也可加入时间延时，例如在启动supply fan 30s后自动启动return air。

开关逻辑比控制策略的优先级别高，当某点受开关逻辑控制时，控制策略将无法对该点进行操作，只有当开关逻辑无效时，控制策略才能控制该点。

一、开关逻辑窗口

1. 菜单栏

1）打开CARE软件，选择所需的Plant。

2）单击 Plant 菜单中的 Switch Logic 或单击工具栏中的开关逻辑按钮，弹出 Switching Logic 窗口，显示菜单 File、Software Points、View、Help 和逻辑图标工具栏，如图 5-12 所示，标题栏显示项目名和 Plant 名，菜单栏 File、Software Points、View 和 Help 提供下列菜单命令：

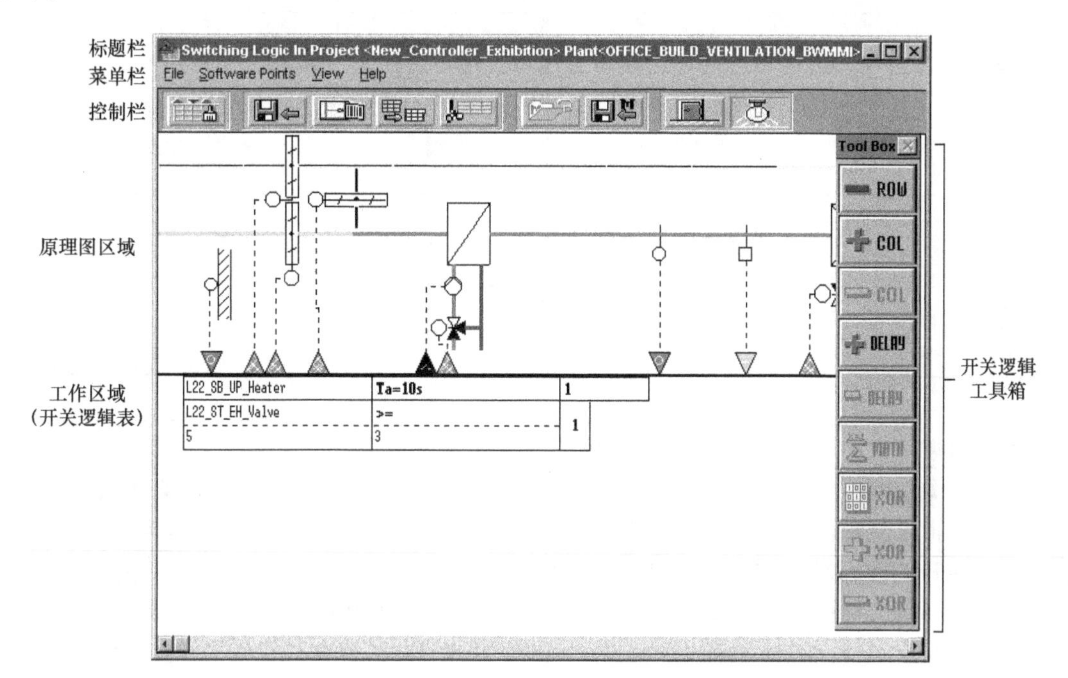

图 5-12 Switching Logic 窗口

File 有 8 个菜单命令：Delete：删除开关逻辑表；Copy：复制开关逻辑表；Save macro：将当前开关逻辑表保存到 macro 库中；Save：保存当前开关逻辑表；Load marco：从 macro 库中载入已保存的 macro；Restore：恢复开关逻辑表；New/Clear：结束当前开关逻辑表，启动另一个开关逻辑表；Exit：退出开关逻辑功能，返回主窗口。

Software Points 有 8 个菜单命令，用于建立伪数字点、伪模拟点和全局模拟点、全局数字点等。

View 有 3 个菜单命令：Physical user address：显示原理图中物理点的用户地址；Show Tool Box：显示工具栏；Show Control Bar：显示控制图标栏。

Help 有 2 个菜单命令：Switch Logic：显示开关逻辑帮助信息；About：显示版本号。

2. 控制栏

菜单栏下方就是控制栏，可通过单击相应的图标按钮直接进入开关逻辑功能，图标按钮的意义见表 5-1。

3. Plant 原理图区域

显示由 Schematic 功能建立的原理图，位于控制栏下方。

4. 物理点栏

显示原理图中物理点的区域，若物理点箭头上有白色阴影线，说明该点已经建立了开关逻辑表，单击箭头即可显示该点的开关逻辑表。

表 5-1 图标按钮的意义

图标	意义	图标	意义
	新/清屏		载入 macro
	保存		保存 macro
	恢复		结束
	复制		从窗口移去控制栏
	删除	—	—

5. 工作区域

开关逻辑表显示的区域，位于物理点栏下方。

6. 开关逻辑工具箱

开关逻辑工具箱位于窗口右侧，如图 5-13 所示，工具箱上的图标按钮的开关逻辑功能如下：－ROW：删除开关表中的行，但不能删除第一行，可使用 File 菜单中的 Delete 将开关标全部删除；＋COL：在开关表右侧增加列；－COL：删除开关表中的列；＋DELAY：加入延时时间；－DELAY：删除延时时间；MATH：插入公式；XOR：将开关表中的多个 OR 列变为唯一的列；＋XOR：在 XOR 表中加入新的行；－XOR：删除 XOR 表中的行。

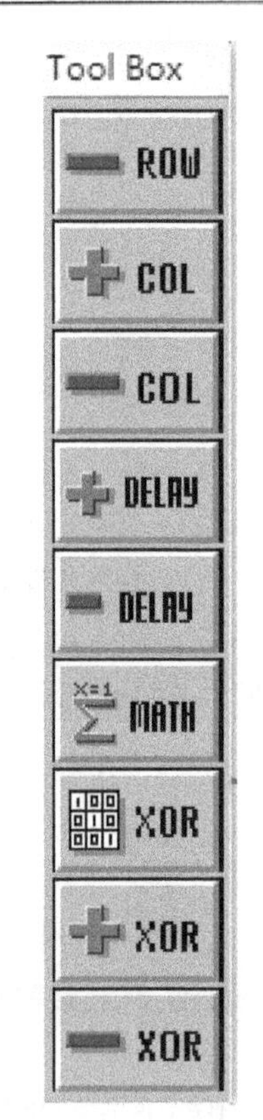

图 5-13 开关逻辑工具箱

7. 未用的软件点

单击 Software points 菜单中的 Delete Unused SW Points，弹出 Delete Unused Software Points 对话框，显示点目录，可单击 Delete 删除原理图中未用的软件点，单击 Cancel 则关闭对话框，未删除的点仍然保留在 Plant 中。

二、开关表的描述

开关表由行和列组成，每一行包含点或输出的条件、用户地址、数值和开关状态。表中的第一行总是指定所需的输出结果。第一行的格式如下：

结果行（数字点输出）

输出点用户地址	最小的延时时间	1 或 0

结果行（模拟点输出）

输出点用户地址	最小的延时时间	0～100

例如，下行表示点 Supply_Fan 在延时 30s 后启动。

结果行为

Supply_Fan	Te = 30s	1

点必须是输出点、伪点或标志点。对数字点，所需的结果可为 0 或 1；对模拟输出，结果为一数值，例如下行表示 Bld1_dmpr 开到 100%。

Bld1_dmpr		100.0

单击输出点箭头或选择 Software points 菜单及所需的伪点或标志点，可建立开关表的第一行。若开关表已经保存为 macro，可使用 Load macro 载入到 Plant。表中后续的行用于完成所需输出结果而需要的条件。

1. AND（与）逻辑

在结果行下面的行中使用 AND 逻辑来实现结果行的命令。换句话说，结果行下面所有行中的条件全部满足时才能发命令给结果行。例如，图 5-14 表示 STATUS_FAN_SUP 打开 30s 并且 DISCH_AIR_TEMP≥68F（20℃偏差为 ±3F）时，启动 RET_FAN。最后一行第二列中的 3.0 表示 68F 的偏差，防止 RET_FAN 频繁启动。

单击输入点或输出点箭头或通过 Software Points 菜单选择所需的点均可建立后续行，在 True or False 列中“1”和“0”有特殊意义：对模拟点，“1”表示真，“0”表示假；对数字输入点、数字输出点，“1”和“0”表示什么，与点属性一一对应。

RET_FAN		1
STATUS_FAN_SUP	Te = 30s	1
DISCH_AIR_TEMP	>=	1
68.0	3.0	

图 5-14　AND 逻辑

数字点只占一行，但模拟点占两行。模拟点的第一行指定用户地址和比较类型（如大于或等于），第二行指定测试值和偏差，最后一列的开关状态则适用于两行。

一个开关表最多包含 11 个数字控制条件或 5 个模拟控制条件，也可同时包含数字控制条件和模拟控制条件。

2. OR（或）逻辑

开关逻辑表也可在附加的列中包含 OR（或）逻辑。OR（或）逻辑指任一条件满足时，均可启动所需的结果。图 5-15 表示 STATUS_FAN_SUP 打开 30s 或者 DISCH_AIR_TEMP≥68F，偏差为 3F 时，均可以打开 RET_FAN。

RET_FAN		1	
STATUS_FAN_SUP	Te = 30s	1	–
DISCH_AIR_TEMP	>=	–	1
68.0	3.0		

图 5-15　OR 逻辑

对一个点，最多可定义 10 个 OR 列。

3. 延时时间

在软件动作前对存在的条件设置最小延时时间和命令，选项包括：行条件的延时、逻辑与的延时、开关表输出点的命令延时。图 5-16 说明了上述三种延时时间选项：Air_Cool._t_status 点必须打开 10s，软件才会将它的状态变为真；列中的 AND 条件必须为真至少 15s，软件才发 ON 命令给 Cooler_

开关逻辑的延时

pump；软件必须再等待2min才能使Cooler_pump为ON。

可在结果行和数字行的第二列加入延时，也可在最下面行加入附加延时，但不能对模拟行加入延时。

当选择延时时间时，也可选择延时类型，延时类型包括：On（开）、Off（关）、Cycle（循环）。

如果开关表和控制策略均控制同一个点，则开关表的优先级别高。图5-17所示为控制策略与开关逻辑相互作用的例子。只要Fan为1，Damper为100.0。当Fan不为1时，开关逻辑不控制Damper，而由控制策略控制，将Damper设置为50.0。

Cooler_pump	Te = 2m	1
Air_Cool．_t_status	Te =10s	1
Air_Cool．_t_sen34	>=	1
60	2	
		Te 15s

图5-16　三种延时时间

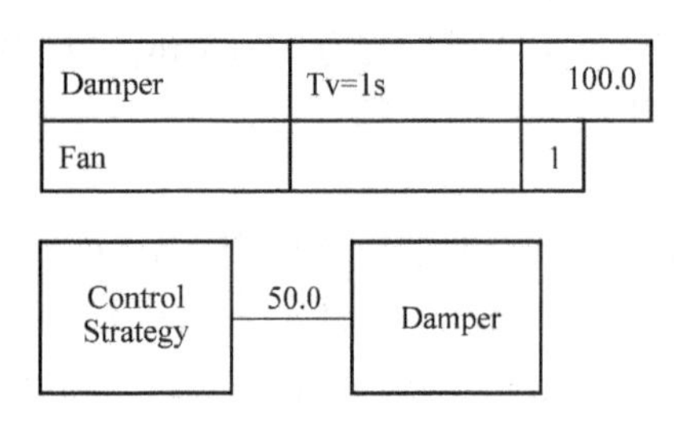

图5-17　控制策略与开关逻辑相互作用

三、开关逻辑表的建立

1. 步骤

1）选择所需控制的设备，设备可以是物理点、伪点或标志点。新的开关逻辑表结果行出现在原理图下方区域，该行显示所选点的用户地址、设置延时的空白列和所需状态/数值列（显示默认值）。

2）选择任意物理点、伪点或标志点来建立开关逻辑表的其他行，在结果行下面出现新的行。每个数字点只有一行，显示点的用户地址、一个空白列和一个默认状态为“-”的状态列；每个模拟点有两行，显示点的用户地址、一个默认比较符号“>=”、一个默认状态为“-”的状态列，第二行全为0。通过设置时间延时、改变默认值、加入OR列或加入数学公式来编制开关逻辑表，每一行的操作会有一些不同。

2. 开关逻辑表操作

（1）开关逻辑表参数的删除　选择所需删除的开关逻辑，单击File菜单中的Delete即可。

（2）开关逻辑表的复制　选择所需复制的开关逻辑，单击File菜单中的Copy即可。

（3）OFF和ON表　若一个点有一个OFF表和一个ON表，但没有控制策略，ON表优先，将点打开或关闭。因此，OFF表是不必要的。如有控制策略但没有ON表（只有OFF表），只要OFF表没有被触发就由控制策略控制该点。开关逻辑总是比控制策略优先。如只有OFF表（没有ON表或控制策略），则在OFF表将点关闭后什么也不能将点打开。

3. 行的删除

1）单击窗口右边的-ROW图标，图标底色变为白色。

2）从开关逻辑表中选择输入条件（行）进行删除。对数字输入条件，开关逻辑表只删除一行；对模拟输入条件，删除两行。用鼠标右键再次单击-ROW图标，则取消删除状态。

注意：这个功能不能删除结果行，但可以使用File菜单中的Delete删除整个开关表。

4. 结果行

当开关逻辑表条件为真时，结果行可指定输出，也可用数字命令指定延时。结果行总是在开关逻辑表中的第一行。

结果行的点必须是输出点、伪点或标志点。对数字输出，所需的结果为 0 或 1；对模拟输出，结果是数值。

5. 指令的改变

对数字点，单击指令行改变数值。例如，单击区域将表中指令输出变为 1，如图 5-18 所示，单击后状态在 1 和 0 间改变。Muti-stage 点有 7 个状态，可从 0 变到 1 ~ 6 中的任一整数值。

对模拟点，先点击数值，如图 5-19 所示，数值背景变为蓝色，然后输入新的数值即可。

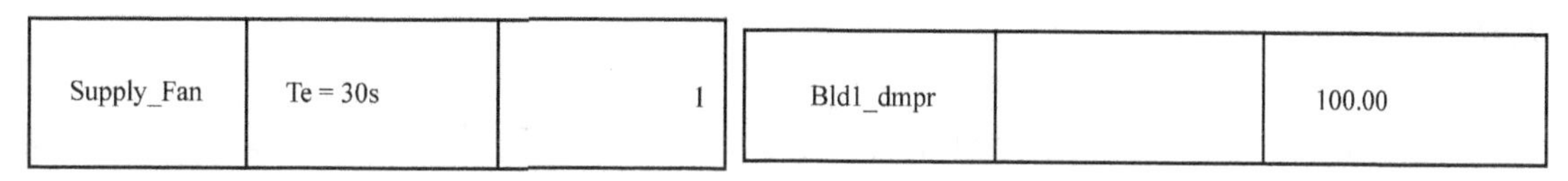

Supply_Fan	Te = 30s	1

图 5-18　数字点指令的改变

Bld1_dmpr		100.00

图 5-19　模拟点指令的改变

四、数字条件行

数字条件行的作用是指定数字条件来实现所需的输出结果。图 5-20 所示说明，若 STATUS_FAN_SUP 为 ON，则打开 RET_FAN。

1. 行条件的延时

行条件的延时即要求条件为真至少一段时间后才将它的状态变为真。例如，STATUS_FAN_SUP 为 ON 至少 30s 后才将它的状态变为真。步骤与前面类似。

RET_FAN		1
STATUS_FAN_SUP		1

图 5-20　数字条件行

若开关逻辑表中有多个数字条件且每个条件均设置了延时，则最小延时可能是没用的。例如，如数字条件 1 有 10s 延时，数字 2 有 15s 延时，则需要所有条件全满足时（至少 15s），该列才为真。如果开关表有多个数字条件，但是 OR 列，则多个延时可能仍然有用。同时，在循环条件有效的情况下，循环定时器优先于控制策略。

2. 真假的改变

如图 5-21a 所示，如果 STATUS_FAN_SUP 为 ON（1），且 SUP_FAN_CMD 为 ON（1）时，输出为真；任一点为 OFF，输出为假。若改变一个点的状态，如图 5-21b 所示，现在设置为当 STATUS_FAN_SUP 为 OFF（0）及 SUP_FAN_CMD 为 ON（1）时，输出为真。可以将行的状态设置为真（1）、假（0）或不用（-）。

RET_FAN		1
STATUS_FAN_SUP		1
SUP_FAN_CMD		1

a) 原状态

RET_FAN		1
STATUS_FAN_SUP		0
SUP_FAN_CMD		1

b) 状态的改变

图 5-21　点状态的改变

五、模拟条件行

指定模拟条件来实现所需的输出结果，每个模拟条件都需要两行。第一行指定用户地址和比较类型（如大于或等于），第二行指定比较数值和偏差。开关状态在最后一列且适用于两行。如图5-22所示，当STATUS_FAN_SUP为ON 30s且DISCH_AIR_TEMP≥68F时，打开RET_FAN，DISCH_AIR_TEMP行是模拟条件。最后一行第二列3.0为偏差，以确保设备不频繁起动。换句话说，温度至少下降到65F（68F－3F＝65F），条件才无效。

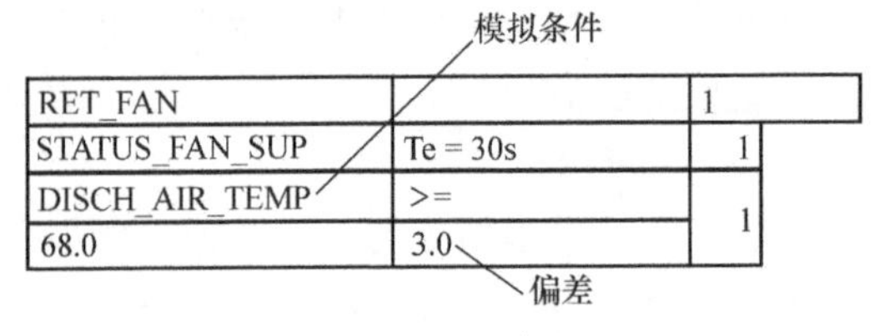

RET_FAN		1
STATUS_FAN_SUP	Te = 30s	1
DISCH_AIR_TEMP	>=	1
68.0	3.0	

图5-22 模拟条件行

1. 比较类型

对模拟点可选择小于等于或大于等于，单击比较符号进行选择。只有“ > = ”（大于等于）和“ < = ”（小于等于）两种情况，如图5-23所示。

2. 比较数值

选择要与模拟控制点进行比较的点或数值，可选择物理模拟点、伪点或插入数值或数学公式进行比较。比较数值最初显示0，单击后背景变为浅蓝色，如图5-24所示，然后输入相应数值即可。

单击此处进行选择

RET_FAN		1
STATUS_FAN_SUP	Te = 30s	1
DISCH_AIR_TEMP	>=	1
68.0	3.0	

图5-23 比较类型的选择

RET_FAN		1
STATUS_FAN_SUP	Te = 30s	1
DISCH_AIR_TEMP	>=	1
0		

图5-24 比较数值的修改

3. 偏差值

偏差值可用于建立比较数值的范围，如图5-25所示，DISCH_AIR_TEMP与数值68.0比较，偏差值为3.0，偏差值说明只要DISCH_AIR_TEMP在65～68间，条件就为真。如果DISCH_AIR_TEMP下降到65，条件无效。单击偏差值区域，背景变为浅蓝色，即可修改偏差值。使用偏差值可避免频繁产生命令。

RET_FAN		1
STATUS_FAN_SUP	Te = 30s	1
DISCH_AIR_TEMP	>=	1
68.0	3.0	

图5-25 偏差值

模拟条件行真假的改变与数字条件行类似，此处不再重复。

六、数学行

可通过建立计算数值来取代开关逻辑表中的变量，具体步骤如下：

1）单击变量名/数值，然后单击工具栏中的MATH图标，弹出MATH Editor窗口。在开关逻辑表中建立模拟行后就可以用计算数值来取代变量，也可选择模拟伪点或标志点或单击原理图中的物理点来建立变量。

2）为变量建立了数学计算后，软件则以数学变量名取代物理点名/伪点名。因此，如果采用了伪点/标志点，则在与 DDC 相连的过程中可以删除这些点；如采用了物理点，则不需要进行进一步的操作。

七、OR 列和高级 OR 表

OR 功能是指开关逻辑表中只要有一个条件满足时，软件就对点发出命令。图 5-26 表示，man_oride 为 1，Time_prog_1 为 1，frost_low_limit 为 1 这 3 个条件只要有一个满足时，Supply_fan_cmd 为 ON。每个开关逻辑表最多有 10 个 OR 列，最多有 8 行。

1. OR 列

1）单击 + COL 图标按钮，在开关表右边加入新的列。

2）单击列中状态，出现相应的真（1）、假（0）和不用（ - ）状态。单击一次，状态改变一次（从 0 到 1 再到 - 或从 - 到 1 再到 0）。

3）单击 - COL 图标按钮可删除 OR 列，再次单击 - COL 则取消删除。

2. 高级 OR 表

高级 OR 表只允许开关逻辑表中 OR 列的一个条件为真。在定义高级 OR 表前，开关逻辑表必须已经有 OR 列。单击 XOR 建立新表，如图 5-27 所示。只有 3 个条件中的一个为真时，Dig_out 才为 ON，否则为 OFF。每个开关逻辑表最多 10 个 XOR 列。

Supply_fan_cmd		1		
man_oride		1	–	–
Time_prog_1		–	1	–
frost_low_limit	<=	–	–	1
2	1			

图 5-26　OR 列

Dig_out	1		
	1	0	0
	0	1	0
	0	0	1

图 5-27　高级 OR 表

八、伪点

伪点是个计算数值，在系统中没有物理基础，它包含开关逻辑或控制策略所要求的方法或控制变量。当程序运行时，控制器就计算这个数值。具体步骤如下：

1）单击菜单命令 Software Points，出现 Pseudopoint type 目录。伪点类型包括：Pseudo analog（VA）、Pseudo digital（VD）、Pseudo totalizer（VT）、Global analog（GA）、Global digital（GD）、Flag analog（FA）、Flag digital（FD）。

2）单击所需伪点类型，弹出 Create/Select Software Point 对话框。在 New 编辑区域输入名字，建立新的伪点。单击 OK，则新建立的伪点名出现在目录中。

3）选择所需的伪点，双击伪点名，则在开关逻辑表最下面出现伪点行，数字伪点占一行，模拟伪点占两行。单击 Cancel 结束伪点功能，关闭对话框。

九、开关逻辑表的文件管理

1. 开关逻辑表的保存

将当前显示的开关逻辑表进行保存，单击 File 菜单中的 Save，弹出 Acknowledge 对话框，单击 OK 即可。与输出点相关的箭头处出现白色交叉阴影线。

2. 开关逻辑表的复制

将开关逻辑表进行复制，分配给另一个点（物理点或伪点），要分配的点的类型必须与开关逻辑表建立时点的类型兼容。保存到物理点的步骤如下：

1）单击 File 菜单中的 Copy，开关逻辑表高亮显示。

2）从原理图中选择所需的物理点，选择的物理点类型必须开关逻辑表建立时的点类型兼容。Acknowledge 对话框显示以确保成功保存。

3）单击 OK，开关逻辑表不再高亮显示，物理点符号处出现有白色交叉阴影线。

保存到伪点的步骤类似，此处不再重复。

3. 开关逻辑表的载入

重新显示已保存的开关逻辑表以便进行修改或查看。已存在的开关逻辑表输出可通过物理点栏白色交叉阴影线进行识别。单击原理图中所需的输出箭头，若该点只有一个开关表，则显示；若有多个开关表，则显示开关逻辑表名目录，单击所需的开关逻辑表名，然后单击 OK 则显示所选的开关逻辑表。

十、开关逻辑表的退出

1）单击 File 菜单中的 Exit，弹出 Note 对话框。

2）单击 OK 保存开关逻辑表然后退出，或单击 No 不保存直接退出，单击 Cancel 则保留开关逻辑功能。

十一、开关逻辑表实例

图 5-28 所示为给水系统中对主动泵的控制，系统中水箱液位采用 4 个 DI 水位采集，图中各点的属性见表 5-2。

表 5-2　图 5-28 中各点的属性

序号	用户地址	描述	属性（1/0）
1	ylsw	溢流水位	Alarm/normal
2	tbsw	停泵水位	Close/open
3	qbsw	起泵水位	Open/close
4	dbjsw	低报警水位	Alarm/normal
5	zdbzt	主动泵状态	ON/OFF
6	zdbqt	主动泵起/停控制	ON/OFF

泵的开关逻辑表如图 5-28 所示。在溢流水位、低报警水位正常的情况下，水位低于起泵低水位，泵起动，然后采集泵的状态，如果泵处于运行状态，而水位还没有到达停泵水位，则泵继续运行，水位一到停泵水位，泵立即停止。

图 5-29 所示为给水系统中对主动泵的控制，系统中水箱液位采用一个模拟液位信号采集，图中各点的属性见表 5-3。

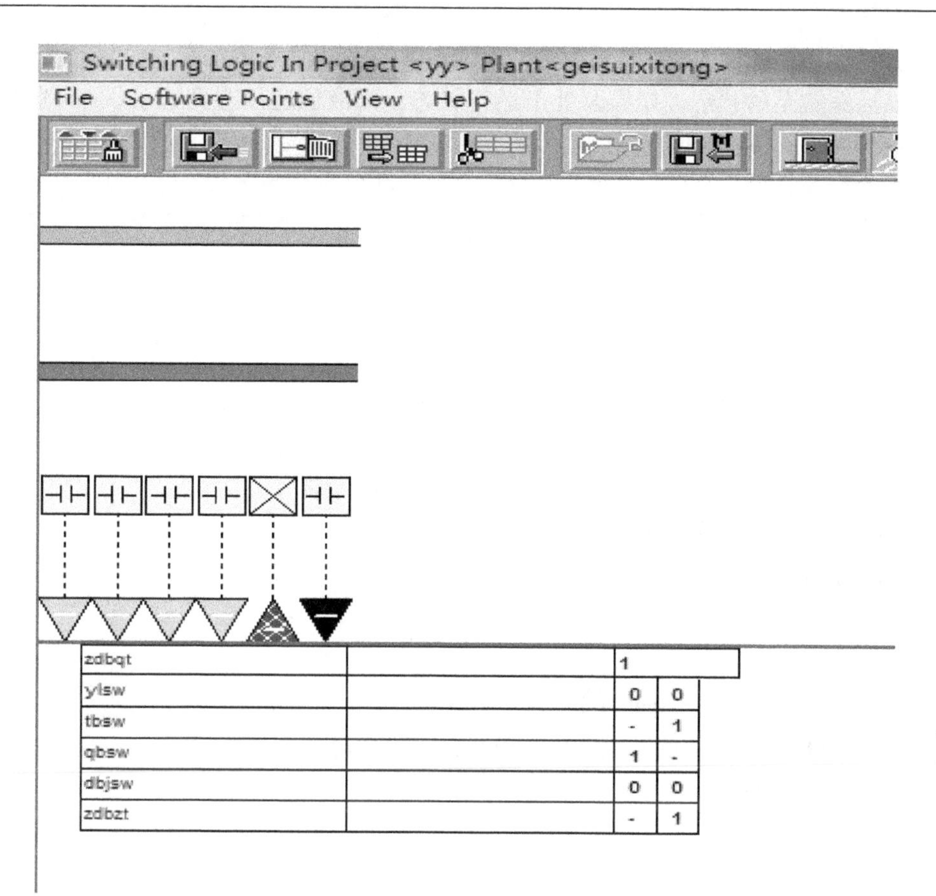

图 5-28　给水系统主动泵的开关逻辑（液位为 4 个 DI 信号）

<table>
<tr><td>ZDBQT</td><td></td><td colspan="2">1</td></tr>
<tr><td>YW
20</td><td><=
1</td><td>1</td><td>—</td></tr>
<tr><td>YW
85</td><td><=
0</td><td>—</td><td>1</td></tr>
<tr><td>ZDBSZD</td><td></td><td>1</td><td>1</td></tr>
<tr><td>ZDBGZ</td><td></td><td>0</td><td>0</td></tr>
<tr><td>ZDBZT</td><td></td><td>—</td><td>1</td></tr>
</table>

图 5-29　给水系统主动泵的开关逻辑（液位为 1 个 AI 信号）

表 5-3　图 5-29 中各点的属性

序号	用户地址	描述	属性
1	YW	液位信号	DC0～10V/0～100cm
2	ZDBGZ	主动泵故障	1/0：Alarm/normal
3	ZDBSZD	主动泵手/自动状态	1/0：Auto/Manual
4	ZDBZT	主动泵状态	1/0：On/Off
5	ZDBQT	主动泵起/停控制	1/0：On/Off

泵的开关逻辑表如图 5-29 所示。在主动泵正常、自动状态的情况下，液位低于 20cm，泵起动，然后采集泵的状态，如果泵处于运行状态，而液位还没有到达 85cm，则泵继续运行，液位一到 85cm，泵立即停止运行。

第四单元　给水系统监控实训

一、实训目的

1. 熟悉给水系统的系统组成、工作原理及供水方式。
2. 掌握 Execl 50 控制器的 DI、AI、DO 通道的使用。
3. 掌握给水系统监控原理图与控制器端子接线图的绘制。
4. 掌握 CARE 开关逻辑的编程方法。
5. 掌握给水系统监控程序的编译、下载与测试方法。

二、实训设备

1. DDC（如 Honeywell Excel 50）。
2. 给水系统模块或独立的开关元件、电位计、继电器等。
3. 万用表、插接线等。

三、实训要求

某给水系统由两台水泵（一个主动泵，一个备用泵）和一台给水箱（高 250cm）组成，每个泵有 3 个 DI 信号（手自动、故障、状态）和 1 个 DO 信号（起/停），水箱由一个液位传感器 AI 检测液位高度。液位属性为：DC 0～10V/0～280cm。

控制要求如下：

主动泵处于自动、无故障时，当水箱液位小于 45cm 时，主动泵会起动自动供水，当水箱液位大于 220cm 时，主动泵停止供水。主动泵处于手动或有故障时，则不会受液位的变化而自动起/停。

当主动泵故障时，自动启用备用泵，备用泵的控制要求与主动泵类似。

四、实训步骤

1. 绘制给水系统监测原理图。

2. 采用 CARE 完成给水监测原理图绘制，要求在表格中填写每个信号的用户地址、描述、属性、DDC 端口等信息。

3. 写出给水系统的主动泵、备用泵的开关逻辑，并应用 CARE 软件编写给水系统监测程序。

4. 绘制给水系统与 DDC 的硬件连接接线图。

5. 完成 DDC 与实训模块的硬件接线。

6. 完成给水系统监测程序的编译、下载及调试。

五、实训项目单

实训（验）项目单

Training Item

姓名：______　班级：______　学号：______　　　　日期：______年____月____日

项目编号 Item No.	BAS－05	课程名称 Course	楼宇自动化技术	训练对象 Class		学时 Time	
项目名称 Item	给水系统的监控		成绩				
目的 Objective	1. 熟悉给水系统的系统组成、工作原理及供水方式。 2. 掌握 Excel 50 控制器的 DI、AI、DO 通道的使用。 3. 掌握给水系统监控原理图与控制器端子接线图的绘制。 4. 掌握 CARE 开关逻辑的编程方法。 5. 掌握给水系统监控程序的编译、下载与测试方法。						

一、实训设备

1. DDC（如 Honeywell Excel 50）。
2. 给水系统模块或独立的开关元件、电位计、继电器等。
3. 万用表、插接线等。

二、实训要求

某给水系统由两台水泵（一个主动泵，一个备用泵）和一台给水箱（高 250cm）组成，每个泵有 3 个 DI 信号（手自动、故障、状态）和 1 个 DO 信号（起/停），水箱由一个液位传感器 AI 检测液位高度。液位属性为：DC 0～10V/0～280cm。

控制要求如下：

主动泵处于自动、无故障时，当水箱液位小于 45cm 时，主动泵会起动自动供水，当水箱液位大于 220cm 时，主动泵停止供水。主动泵处于手动或有故障时，则不会受液位的变化而自动起/停。

当主动泵故障时，自动启用备用泵，备用泵的控制要求与主动泵类似。

三、实训步骤

1. 绘制给水系统监测原理图。

单台泵给水系统控制的编程（液位计）

2. 采用 CARE 完成给水监测原理图绘制，要求在表格中填写每个信号的用户地址、描述、属性、DDC 端口等信息。

（续）

用户地址	描　述	属性	DDC 端口	备　注

3. 写出给水系统的主动泵、备用泵的开关逻辑，并应用 CARE 软件编写给水系统监测程序。

开关逻辑：

4. 绘制给水系统与 DDC 的硬件连接接线图。

5. 完成 DDC 与实训模块的硬件接线。

6. 完成给水系统监测程序的编译、下载及调试。

四、实训总结（详细描述实训过程，总结操作要领及心得体会）

五、思考题

某给水系统由两个水泵和一个水箱组成，若水箱由 4 个液位信号（4 个 DI），分别是溢流水位、停泵水位、起泵水位、低报警水位来检测水箱液位，而没有采用模拟液位传感器，应如何实现给水系统控制？

评语：

教师：______年____月____日

第五单元　排水系统监控实训

一、实训目的

1. 熟悉排水系统的系统组成、工作原理及排水方式。
2. 掌握 Excel 50 控制器的 DI、AI、DO 通道的使用。
3. 掌握排水系统监控原理图与控制器端子接线图的绘制。
4. 掌握 CARE 开关逻辑的编程方法。
5. 掌握排水系统监控程序的编译、下载与测试方法。

二、实训设备

1. DDC（如 Honeywell Excel 50）。
2. 排水系统模块或独立的开关元件、电位计、继电器等。
3. 万用表、插接线等。

三、实训要求

某排水系统由两台水泵（一个主动泵，一个备用泵）和污水池组成。每个泵有 3 个 DI 信号（手自动、故障、状态）和 1 个 DO 信号（起/停），污水池有 3 个液位传感器 DI 信号（停泵水位、起泵水位、高报警水位）。

控制要求如下：主动泵处于自动、无故障时，当水箱水位大于起泵水位时，主动泵自动排水；当水箱水位低于停泵水位时，主动泵停止排水。主动泵处于手动或有故障时，则不会受液位的变化而自动起/停。

当主动泵故障时，启用备用泵，备用泵的控制要求与主动泵类似。

四、实训步骤

1. 绘制排水系统监测原理图。

2. 采用 CARE 完成排水系统监测原理图绘制，要求在表格中填写每个信号的用户地址、描述、属性、DDC 端口等信息。

3. 写出排水系统的开关逻辑，并应用 CARE 软件编写排水系统监测程序。

4. 绘制排水系统与 DDC 硬件连接接线图。

5. 完成 DDC 与 I/O 实训模块的接线。

6. 完成排水系统监测程序的编译、下载及调试。

五、实训项目单

实训（验）项目单

Training Item

姓名：______　班级：______　学号：______　　　　日期：______年___月___日

项目编号 Item No.	BAS－06	课程名称 Course	楼宇自动化技术	训练对象 Class		学时 Time	
项目名称 Item	排水系统的监控		成绩				
目的 Objective	1. 熟悉排水系统的系统组成、工作原理及排水方式。 2. 掌握 Excel 50 控制器的 DI、AI、DO 通道的使用。 3. 掌握排水系统监控原理图与控制器端子接线图的绘制。 4. 掌握 CARE 开关逻辑的编程方法。 5. 掌握排水系统监控程序的编译、下载与测试方法。						

一、实训设备

1. DDC（如 Honeywell Excel 50）。

2. 排水系统模块或独立的开关元件、电位计、继电器等。

3. 万用表、插接线等。

二、实训要求

某排水系统由两台水泵（一个主动泵，一个备用泵）和污水池组成。每个泵有 3 个 DI 信号（手自动、故障、状态）和 1 个 DO 信号（起/停），污水池有 3 个液位传感器 DI 信号（停泵水位、起泵水位、高报警水位）。

控制要求如下：主动泵处于自动、无故障时，当水箱水位大于起泵水位时，主动泵自动排水；当水箱水位低于停泵水位时，主动泵停止排水。主动泵处于手动或有故障时，则不会受液位的变化而自动起/停。

当主动泵故障时，启用备用泵，备用泵的控制要求与主动泵类似。

三、实训步骤

1. 绘制排水系统监测原理图。

2. 采用 CARE 完成排水系统监测原理图绘制，要求在表格中填写每个信号的用户地址、描述、属性、DDC 端口等信息。

（续）

用户地址	描　述	属性（I/O）	DDC 端口	备　注

3. 写出排水系统的开关逻辑，并应用 CARE 软件编写排水系统监测程序。

开关逻辑：

4. 绘制排水系统与 DDC 硬件连接接线图。
5. 完成 DDC 与 I/O 实训模块的接线。
6. 完成排水系统监测程序的编译、下载及调试。

四、实训总结（详细描述实训过程，总结操作要领及心得体会）

五、思考题

当污水池采用模拟液位传感器检测污水池液位时，应如何实现排水系统控制？

评语：

教师：______年____月____日

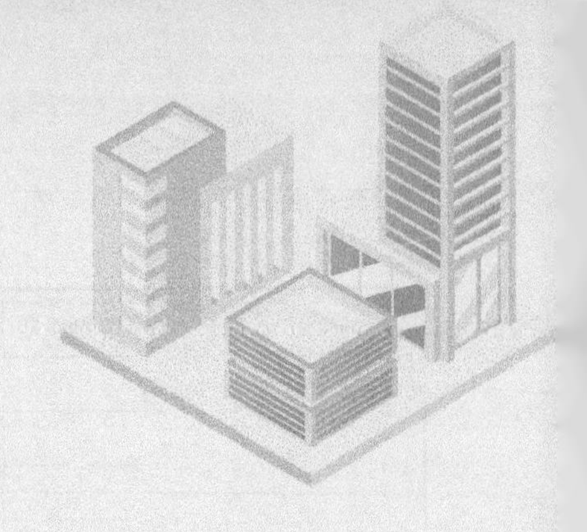

模块六 照明系统的监控

第一单元 照明系统概述

现代智能建筑中的照明不仅要求能为人们的工作、学习、生活提供良好的视觉条件，而且能够利用灯具造型和光色协调营造出具有一定风格和美感的室内环境，以满足人们的心理和生理要求。然而，一个真正设计合理的现代照明系统，除能满足以上条件外，还必须做到充分利用和节约能源。一是技术节能，通过技术手段达到节能目的；二是行为节能，通过规范人的行为习惯，树立节能环保意识。

随着现代办公大楼巨型化，工作时间弹性化，人类物质文化生活多样化和老龄化，需要营造快乐、便捷、安全、高效的照明环境和气氛，从而促进了照明控制系统向高效节能和智能化的方向发展。

一、智能照明控制系统的结构

智能照明控制系统是为了适应各种建筑的结构布局以及不同灯具的选配，从而实现照明的多样控制和 BAS 的集成。图 6-1 为智能照明系统的结构框图，它可使照明系统工作于全自动状态，系统按设定的时间相互自动切换。与传统照明控制系统相比，在控制方式和照明方式上，传统控制采用手动开关，单一的控制方式只有开和关，控制模式极为单调；而智能照明控制系统采用“调光模块”，通过灯光的调光在不同使用场合产生不同灯光效果，操作时只需按下控制面板上某个键即可启动一个灯光场景，各照明回路随即自动变换到相应状态。从管理角度看，智能照明控制系统既能分散控制又能集中管理，同时还能与闭路监控系统集成，形成一体化控制与管理。通过一台计算机就可对整个大楼的照明实现监控与合理的能源管理，这样不仅减少了不必要的耗电开支，同时还降低了用户的运行维护费用，比传统照明控制节电 20% 以上。另外，在智能照明控制系统中，可通过系统人为地设置电压限制，避免或降低电网电压以及浪涌电压对灯具的冲击，从而起到保护灯具、延长灯具使用寿命的作用。更值得一提的是，智能照明控制系统是一个开放式系统，通过标准接口可方便地与 BAS 连接，实现智能建筑的楼宇自控系统集成。

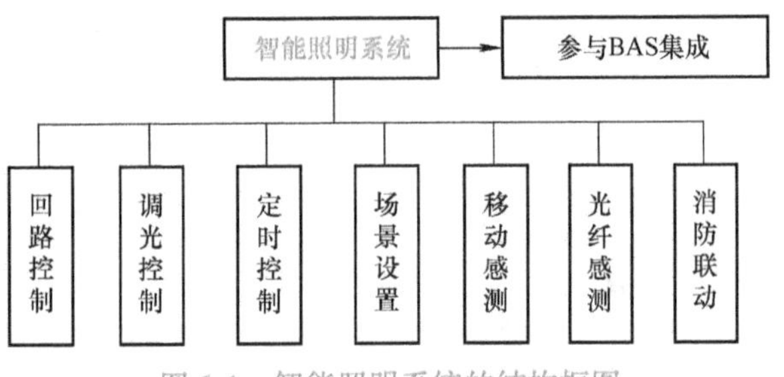

图 6-1 智能照明系统的结构框图

二、智能照明控制系统的特点

智能照明控制系统集多种照明控制方式、电子技术、通信技术和网络技术于一体，解决了传统方式控制相对分散和无法有效管理等问题，而且有许多传统方式无法达到的功能，例如场景设置以及与建筑物内其他智能系统的关联调节等。

采用智能照明控制系统的特点：

（1）多功能性　一个好的办公场所要求合适的照度和被限制的眩光。体育场馆及剧场剧院在比赛、演出、会议、电影等不同功能时要求不同的照明效果；会议厅、多功能厅、宴会厅等场所及酒会、新闻发布会、教育培训等不同的会议形式对灯光都有不同的要求。因而控制设备必须满足这些要求。

（2）灵活性　功能的多样性，季节的改变，气候条件及室外阳光照度的不同，房间布置摆设家具等的改变，都要求灯光照明要有灵活性，随时都有可能变化。即使同一种情况，也会因不同人的喜好、心情而有所不同。

（3）舒适性　高的照明质量，除了合适的照度外，对眩光和频闪都要尽量地加以限制，同时也要注意灯光亮度的静态与动态的平衡性，满足人的舒适要求不同。

（4）艺术性　舞台和电视专业照明调光的要求在一般环境照明中逐步采用，特别是一些酒店、酒吧、会所及建筑物外墙照明艺术性气氛的烘托，使环境显得更生动丰富，更有感染力。

（5）智能照明控制系统的经济效益　控制系统通过场景的预设改变亮度达到照明要求，并不需要全部负载亮度都达到100%，在某些时候有些回路可以亮80%、50%，甚至0%，从而降低耗电量，达到节能目的。对有些光源如白炽灯，适当降低电压可以延长使用寿命。它还可以抑制电网浪涌，使光源使用寿命更长。而由于以上两点，必会减少线路和灯具光源的维修维护和管理费用。智能照明控制系统可以使工作环境的照度更均匀，频闪及眩光降到最低，不会使人产生眼睛疲劳、头昏脑涨的不舒适感，为工作效率的提高创造了一个良好条件，同时照明的艺术效果无疑也会带来间接的经济效益。智能照明控制系统控制的范围主要包括以下几类：工艺办公大厅、计算机中心等重要机房、报告厅等多功能厅、展厅、会议中心、门厅和中庭、走道和电梯厅等公用部位；智能建筑的总体和立面照明也由照明控制系统提供开关信号进行控制，如图6-2所示。

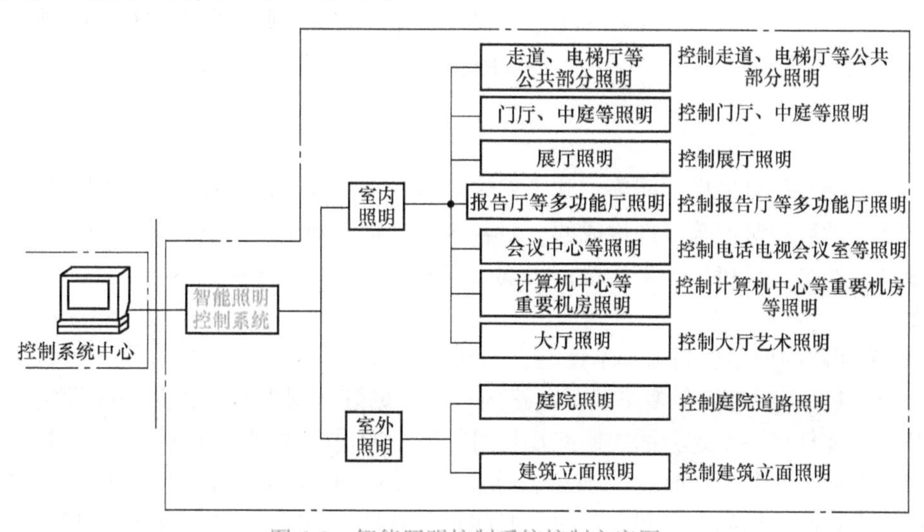

图6-2　智能照明控制系统控制方案图

三、光照度传感器

1. 定义

一个被光线照射的表面上的光照度定义为照射在单位面积上的光通量，即所得到的光通量与被照面积之比。照度广泛应用于电光源、科教、冶金行业、工业监察、农业研究以及照明行业的品控。1个单位的光照度大约为1个烛光在1m距离的光亮度。照度的单位为lx（勒克斯）。

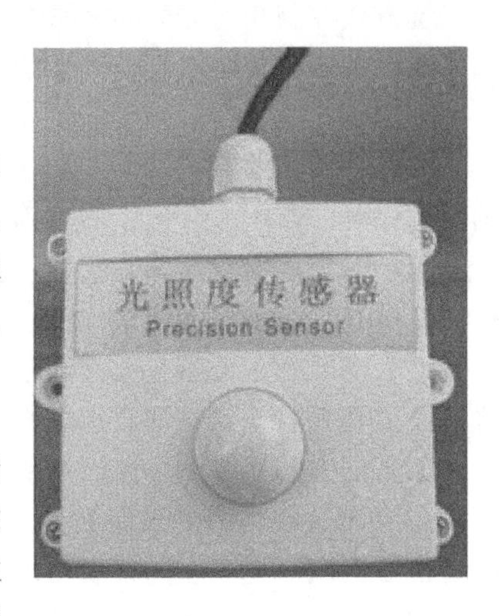

图6-3　光照度传感器

2. 工作原理

选用专业光接选器件，对于可见光频段光谱吸收后转换成电信号。电信号的大小对应光照度的强弱。内装有滤光片，使可见光以外的光谱不能到达光接收器，内部放大电路有可调放大器，用于调制光谱接收范围，从而可实现不同光照度的测量。常见的光照度传感器如图6-3所示。

第二单元　照明系统的监控原理

一、智能照明控制系统的功能

智能照明控制系统仅仅是智能楼宇控制系统中的一个部分。如果要将各个控制系统都集中到控制中心去控制，那么各个控制系统就必须具备标准的通信接口和协议文本。虽然这样的系统集成在理论上可行，真正实行起来却十分困难。因而，在工程中，BAS采用了分布式、集散型方式，即各个控制子系统相对独立，自成一体，实施具体的控制，楼宇管理信息系统对各控制子系统只是起一个信号收集和监测的作用。

目前，智能照明控制系统按网络的拓扑结构分，大致有以下两种形式，即总线型和以星形结构为主的混合型。这两种形式各有特色，总线型灵活性较强一些，易于扩充，控制相对独立，成本较低；混合型可靠性较高一些，故障的诊断和排除简单，存取协议简单，传输速率较高。

1. 基本结构

智能照明控制主系统应是一个由集中管理器、主干线和信息接口等组件构成，对各区域实施相同的控制和信号采样的网络；其子系统应是一个由各类调光模块、控制面板、光照度动态检测器及动静探测器等组件构成的，对各区域分别实施不同的具体控制的网络，主系统和子系统之间通过信息接口等来连接，实现数据的传输，如图6-4所示。

2. 照明控制系统的性能

1）以单回路的照明控制为基本性能，不同地方的控制终端均可控制同一单元的灯。

2）单个开关可同时控制多路照明回路的点灯、熄灯、调光状态，并根据设定的场面选择相应开关。在任何一个地方的控制终端均可控制不同单元的灯。

3）根据工作（作息）时间的前后、休息、打扫等时间段，执行按时间程序的照明控制，还可设定日间、周间、月间、年间的时间程序来控制照明。在每个控制面板上，均可观察到所有单元灯的亮灭状态。

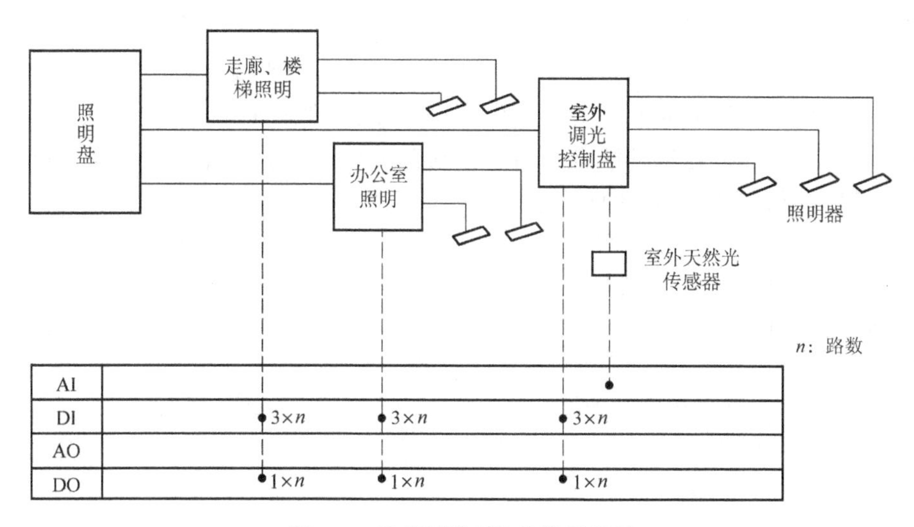

图 6-4　智能照明系统监控原理图

4）适当的光照度控制。照明器具的使用寿命会随着灯亮度的提高而下降，光照度随器具污染而逐步降低。在设计照明光照度时，应预先估计出保养率；新器具开始使用时，其亮度会高出设计光照度的 20% ~30%，应通过减光调节到设计光照度。以后随着使用时间进行调光，使其维持在设计的照度水平，以达到节电的目的。若停电，来电后所有的灯保持熄灭状态。

5）利用昼光的窗际照明控制。充分利用来自门窗的自然光（昼光）来节约人工照明，根据昼光的强弱进行连续多段调光控制，一般使用电子调光器时可采用 0 ~ 100% 或 25% ~ 100% 两种方式的调光，预先在操作盘内记忆检知的昼光量，根据记忆的数据进行相适应的调光控制。

6）人体传感器的控制。厕所、电话亭等小的空间，不特定的短期间利用的区域，配有人体传感器，检知人的有/无，自动控制灯的通/断，排除了因忘记关灯造成的浪费。

7）路灯控制。对一般的智能建筑，有一定的绿化空间，草坪、道路的照明均要定点、定时控制。

8）泛光照明控制。智能建筑是城市的标志性建筑，晚间艺术照明会给城市增添几分亮丽。但是还要考虑节能，因此，在时间上、亮度变化上进行控制。

二、各类照明控制系统的主要控制内容

（1）时钟控制　通过时钟管理器等电气器件，实现对各区域内用于正常工作状态的照明灯具时间上的不同控制。

（2）光照度自动调节控制　通过每个调光模块和光照度动态检测器等电气器件，实现在正常状态下对各区域内用于正常工作状态的照明灯具的自动调光控制，使该区域内的光照度不会随日照等外界因素的变化而改变，始终维护在光照度预设值左右。

（3）区域场景控制　通过每个调光模块和控制面板等电气器件，实现在正常状态下对各区域内用于正常工作状态照明灯具的场景切换控制。

（4）动静探测控制　通过每个调光模块和动静探测器等电气器件，实现在正常状态下

对各区域内用于正常工作状态的照明灯具的自动开关控制。

(5) 应急状态减量控制　通过每个对正常照明控制的调光模块等电气器件，实现在应急状态下对各区域内用于正常工作状态的照明灯具的减免数量和放弃调光等控制。

(6) 手动遥控器　通过红外线遥控器，实现在正常状态下对各区域内用于正常工作状态的照明灯具的手动控制和区域场景控制。

(7) 应急照明的控制　这里的控制主要是指智能照明控制系统对特殊区域内的应急照明所执行的控制，包含以下两项控制：

1）正常状态下的自动调节光照度和区域场景控制，和调节正常工作照明灯具的控制方式相同。

2）应急状态下的自动解除调光控制，实现在应急状态下对各区域内用于应急工作状态的照明灯具放弃调光等控制，使处于事故状态的应急照明达到100%。

三、各类照明控制系统的监控

1. 办公室照明系统的监控

办公室的照明主要要求照明质量高，减轻人们的视觉疲劳，使人们在舒爽愉悦的环境中工作。办公室照明的一个显著特点是白天工作时间长，因此，办公室照明要把自然光和人工照明协调配合起来，达到节约电能的目的。当自然光较弱时，根据光照度监测信号或预先设定的时间调节，增强人工光的强度。当自然光较强时，减少人工光的强度，使自然光线与人工光线始终动态地补偿。照明调光系统通常是由调光模块和控制模块组成。调光模块安装在配电箱附近，控制模块安装在便于操作的地方，如图6-5所示。

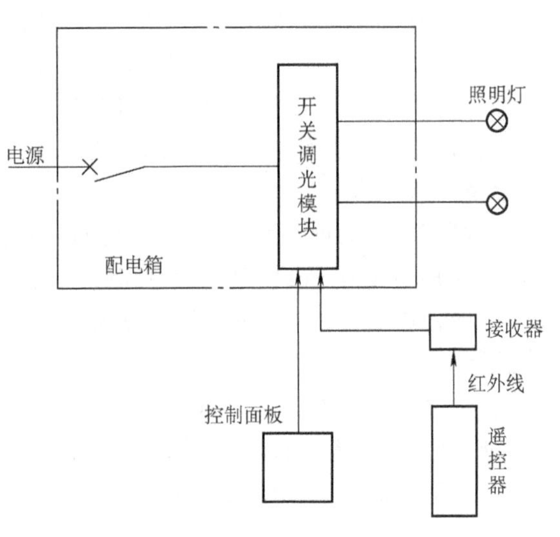

图6-5　智能照明自动控制系统图

调光模块是一种数字式调光器，具有限制电压波动和软启动开关的作用。开关模块有开关作用，是一种继电器输出。调光方法可分为光照度平衡型和亮度平衡型。光照度平衡是使离窗口近处的工作区域与远离窗口处工作区域上的光照度达到平衡，尽可能均匀一致；而亮度平衡型是使室内人工照明亮度与窗口处的亮度比例达到平衡，消除物体的影像。因此，在实际工程中，应根据对照明空间的照明质量要求和实测的室内天然光照度分布曲线来选择调光方式和控制方案。

2. 楼梯、走廊等照明系统的监控

以节约电能为原则，防止长明灯，在下班以后，一般走廊、楼梯照明灯应及时关闭。因此，照明系统的DDC监控装置依据预先设定的时间程序自动地切断或打开照明配电盘中相应的开关。

3. 障碍照明系统的监控

高空障碍灯的装设应根据该地区有关航空部门的要求来决定，一般装设在建筑物或构筑

物凸起的顶端，采用单独的供电回路，同时还要设置备用电源，利用光电感应器件通过障碍灯控制器进行自动控制障碍灯的开启和关闭，并设置开关状态显示与故障报警。

4. 建筑物立面照明系统的监控

大型的楼、堂、馆、所等建筑物，常需要设置供夜间观赏的立面照明（景观照明）。目前立面照明通常选用投光灯，根据建筑物的功能和特点，通过光线的协调配合，充分表现出建筑物的风格与艺术构思，体现出建筑物的动感和立体感，给人以美的享受。投光灯的开启与关闭由预先编制的时间程序进行自动控制，并监视开关状态，故障时能自动报警。

5. 应急照明系统的启/停控制

当正常电网停电或发生火灾等事故时，事故照明、疏散指示照明等应能自动投入工作。监控器可自动切断或接通应急照明，并监视工作状态，在发生故障时报警。

第三单元　CARE 时间程序

时间程序是建立控制器设备操作的时间序列。一个控制器最多可设 20 个时间程序。每个时间程序需要指定命令的点目录和周程序。周程序通过指定日程序（Daily Programs）来定义系统正常日活动，控制器在每周的每日（从星期日到星期六）都使用日程序。周程序用于一年中的每个周。每个时间程序只有一个周程序。

可对控制器分配 2～20 个时间程序，每个时间程序可为周程序分配一组点和一组日程序。每个时间程序也可提供假日目录及每个假日应该使用的日程序。如果在时间程序假日目录中没有某个假日，系统在该假日所在的那天将采用 normal_daily 日程序。

时间程序不包括模拟输入、数字输入或累加器点，日程序只指定分配到控制器的点。

一、时间程序的启动

若当前所选的 Plant 已与控制器连接，则可启动时间程序。具体步骤如下：

选择控制器和 Plant，单击 Controller 菜单中的 Edit Time Program Editor 或单击工具栏中的 TPE（Time Program Editor），则 Time Program 窗口显示两个下拉菜单：

（1）File　显示下列菜单命令：Print to File：输出所选时间程序到 ASCII 文本文件；Print to Printer：打印所选时间程序；Change Printer：选择不同的打印机；Exit：关闭时间程序功能，返回 CARE 窗口。

（2）Edit　显示 Time Program 对话框进行时间程序的建立、修改、删除。

（3）Help　显示下列菜单命令：About：显示 About 对话框；Help：显示时间程序帮忙主题。

二、时间程序的选择

在 Time Program 窗口中，单击菜单项 Edit，弹出已有时间程序目录的 Time Program 对话框，如图 6-6 所示。如果原来没有时间程序，则目录是空的。

1. 时间程序的建立

选择好时间程序后，可建立新的时间程序，步骤如下：

1）单击 Add，弹出 Add Time Program 对话框，如图 6-7 所示。

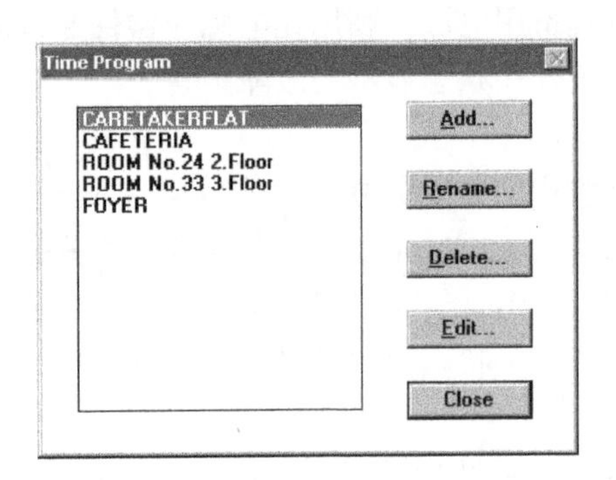

图 6-6　Time Program 对话框

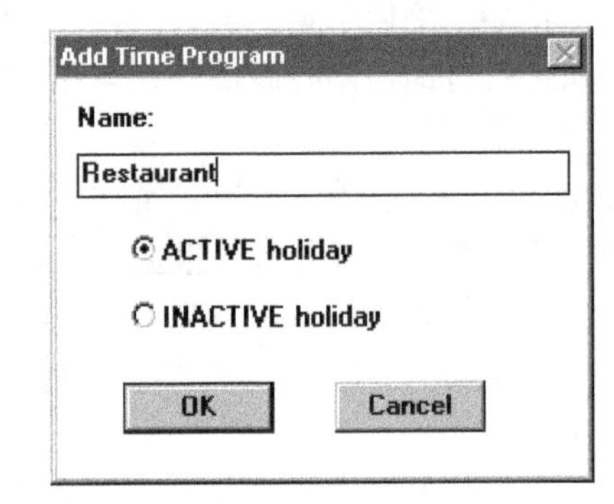

图 6-7　Add Time Program 对话框

2）键入新的时间程序的描述名字，如 weekend 或 weekday。ACTIVE holiday 按钮可激活假日程序。单击 INACTIVE holiday 按钮使假日程序不活动。如果假日程序不活动，在假日时，时间程序通过周程序设置日程序。

3）单击 Edit 开始对时间程序分配时间表。Time Program Editor 窗口显示用户地址、日程序、周程序、假日程序、年程序和返回菜单项。

2. 时间程序的更名

对已有的时间程序可进行更名，在目录中选择时间程序名，然后单击 Rename，弹出包含旧名的 Rename Time Program 对话框，在 New Name 区域输入新的名字即可。

3. 时间程序的删除

可以对已存在的时间程序进行删除操作，选择目录中时间程序名，然后单击 Delete，弹出确认对话框，询问是否真的需要删除时间程序，单击 Yes 删除，单击 No 取消。若单击 Yes，重新显示的 Time Program 对话框中没有已删除的时间程序；若单击 No，重新显示的 Time Program 对话框还包括所选择的时间程序。

三、用户地址功能

在设置日程序之前，每个时间程序必须有一系列已分配的点，可通过用户地址功能分配点到时间程序中或从时间程序中分离出点。步骤如下：

1）选择所需时间程序，弹出包含 User Address 菜单命令的 Time Program Editor 窗口。

2）单击 User Address，弹出包含已有用户地址目录的 Select User Address 对话框，如图 6-8所示，有“#”标记的用户地址说明已经分配到所选时间程序中，也可单击 Reference 弹出 User Address Reference List 对话框，如图 6-9 所示，显示已经分配的用户地址，检测完点的分配后单击 Cancel 关闭对话框。

3）分配一个未分配的点，选择用户地址后单击（De）Select 按钮进行分配。要将已分配的点分离，选择用户地址后单击（De）Select 按钮进行分离。

4）单击 Close 结束功能。

四、日程序功能

本部分介绍日程序的定义、更名、删除、复制、修改以及分配到时间程序的点命令和命

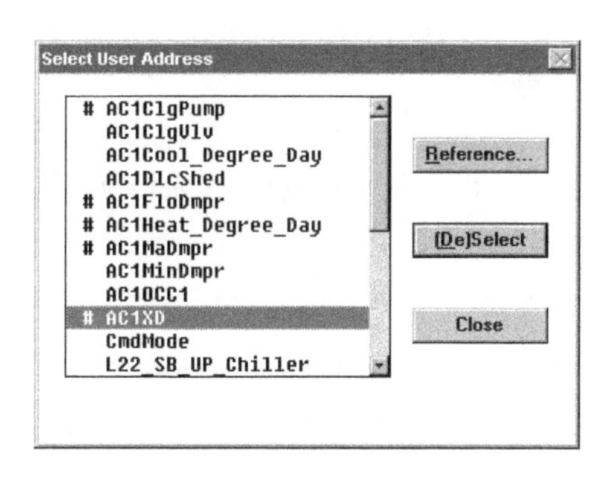

图 6-8　Select User Address 对话框

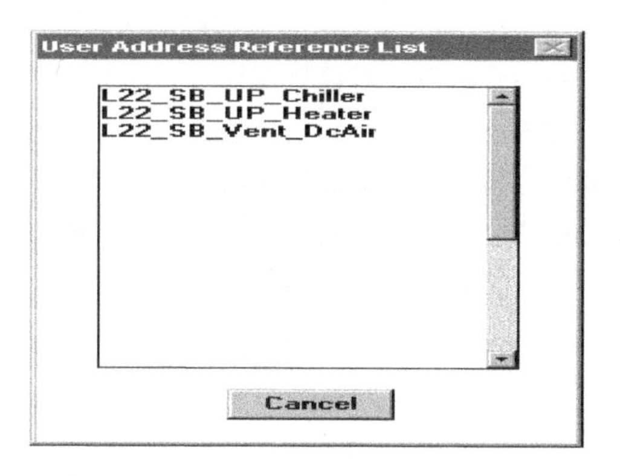

图 6-9　User Address Reference List 对话框

令时间，每个日程序应覆盖 24h。对所选的点，日程序可指定开关时间、点的设置和开关状态。

1. 日程序的建立

1）选择所需时间程序，弹出 Time Program Editor 窗口。

2）单击 Daily Program，弹出 Daily Program 对话框，如图 6-10 所示。

3）单击 Add，弹出 Add Time Program 对话框。

4）为新的程序键入一个描述名，如 Saturday 或 Sunday，然后单击 OK，关闭对话框，重新显示 Daily Program 对话框，新名字高亮显示。

2. 日程序的选择和修改

单击名字，然后单击 Edit（或双击名字），弹出 Edit Daily Program 对话框，包括分配到所选日程序的时间目录、点目录和命令目录。若日程序中没有分配的时间、点和命令，则弹出 Copy Daily Program 对话框（除非没有其他的日程序），如图 6-11 所示。若弹出 Copy Daily Program 对话框，可选择 Insert New，单击 OK 关闭对话框，返回 Edit Daily Program 对话框分配新的项目；单击 Make Copy From，再单击右边的下拉列表框显示日程序，选择所需的程序名，如果所需的名字不在目录中，通过滚动栏箭头选择，单击 OK 关闭对话框，重新显示 Edit Daily Program 对话框，从所选日程序中复制，或单击 Cancel 关闭对话框返回 Edit Daily Program 对话框，如图 6-12 所示。若复制日程序，相应的命令在目录中显示，目录中的每一行都代表一个命令，每个命令都指定了时间、用户地址、数值或状态命令。

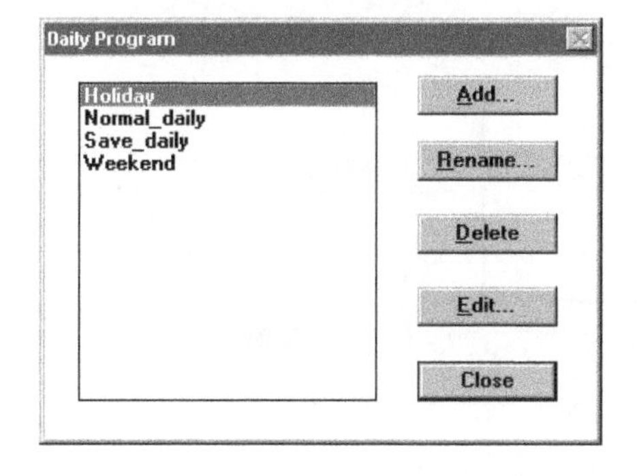

图 6-10　Daily Program 对话框

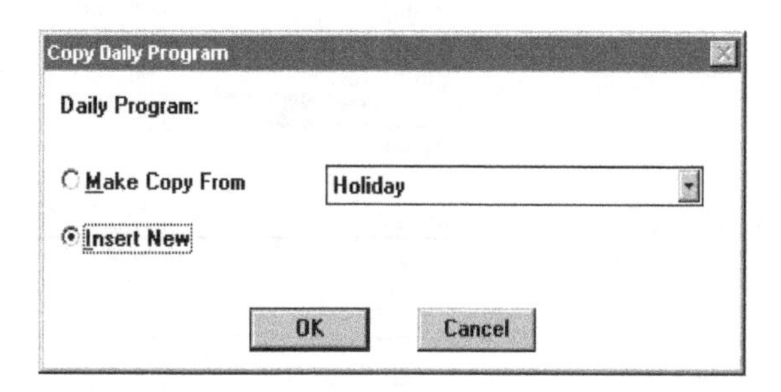

图 6-11　Copy Daily Program 对话框

在 Edit Daily Program 对话框中单击所需删除的行，再单击 Delete，可删除日程序中该点的所有命令数据，对话框保留，可继续增加、修改、删除。

在 Edit Daily Program 对话框中单击 Add，弹出 Add point 对话框，如图 6-13 所示，可建立新的点输入。在 User Address 下拉列表框中选择用户地址，在 Value 框中输入相应的数值，在 Time 框中输入时间，并选择相应的按钮 AM 或 PM。

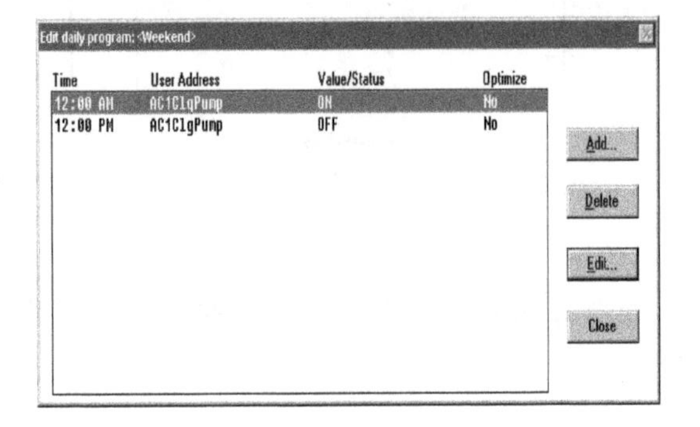

图 6-12 Edit Daily Program 对话框

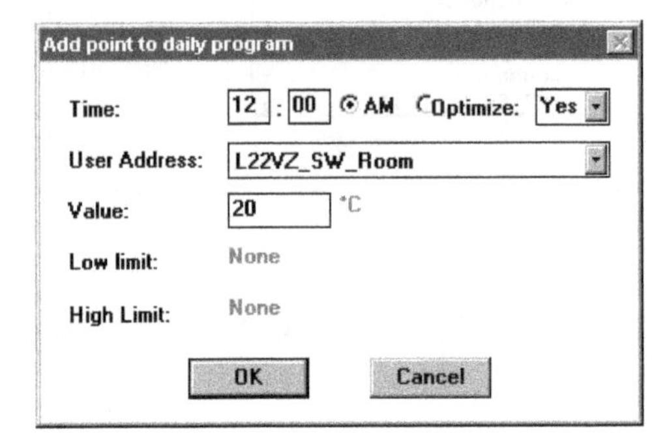

图 6-13 Add point 对话框

在 Edit Daily Program 对话框中单击 Edit，出现 Edit point in daily program 对话框，进行点的修改，单击 OK 保存或单击 Cancel 不进行保存。

日程序的更名、删除与时间程序的更名、删除类似，此处不再重复。

五、周程序功能

每个时间程序都有一个周程序，周程序中的每日由日程序指定，软件使用周程序产生年程序，年程序是指每周周程序的重复。

如果没有分配日程序到每天中，时间程序将使用以前的程序。在退出周程序后重新选择时会显示默认分配。具体步骤如下：

1）选择所需的 Time Program，显示带周程序目录项的时间程序。单击 Weekly Program，弹出 Assign daily program（s）to week days 对话框，如图 6-14 所示，已有的日程序分配到目录所选时间程序中，新的周程序没有分配日程序。

Assign daily program(s) to week days

Weekday	Daily program
Monday	- Normal_daily
Tuesday	- Normal_daily
Wednesday	- Normal_daily
Thursday	-
Friday	-
Saturday	-
Sunday	-

Assign... Delete Edit... OK Cancel

图 6-14 Assign daily program（s）to week days 对话框

2）将日程序分配到周程序，选择日程序名，再单击 Assign，弹出 Select Daily Program 对话框，如图 6-15 所示，时间程序中已存在的日程序显示在目录中。选择所需要程序名，单击 OK，对话框关闭，重新显示 Assign daily program（s）to weekdays 对话框，新分配的日程序出现在目录中。

3）在目录中单击周程序名，再单击 Delete 可进行删除；在目录中单击所需的日程序名，再单击 Edit 可进行日程序的修改。

4）日程序分配好后，单击 OK，对话框关闭，软件分配最后分配的日程序到周程序，例如，将星期一分配为 Weekday，星期二分配为 Holiday，因为 Holiday 是最后分配的日程序，所以软件将为星期三至星期日自动分配 Holiday 程序。

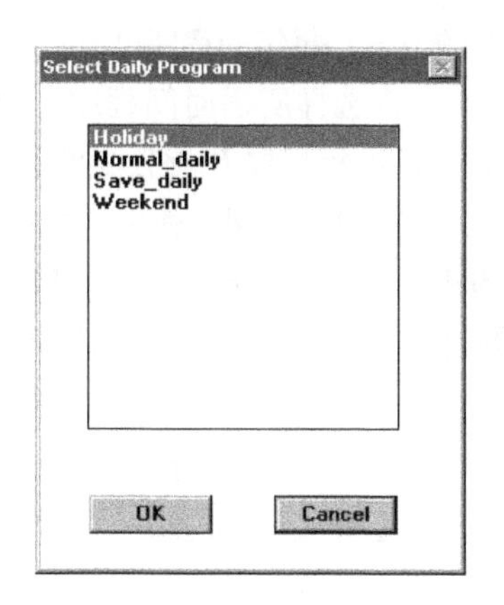

图 6-15　Select Daily Program 对话框

六、假日程序功能

对假日，如圣诞节和复活节，可分配日程序，也可不分配日程序。因为假日通常不是每周的特定时间，对假日最好使用假日程序而不是日程序，日程序可应用于每年任何假期。具体步骤如下：

1）选择所需时间程序。单击 Holiday Program，弹出 Holiday Programs 对话框，如图 6-16 所示，目录中显示所选时间程序中已分配到假日的日程序，若没有分配日程序到假日的话，周程序将每周使用日程序。

2）单击日程序名，再单击 Assign，弹出 Select Daily Program 对话框，可将日程序分配到假日，目录中显示时间程序中已有的日程序。选择所需程序名，单点击 OK 完成。

3）在目录中单击假日名，再单击 Delete 可进行删除。

4）单击 Status，弹出 Holiday Program Status 对话框，如图 6-17 所示，可使时间程序中的假日程序是否活动。

5）在目录中单击所需的假日程序名，再单击 Edit 可进行日程序的修改。

6）日程序分配好后，单击 OK，对话框关闭。

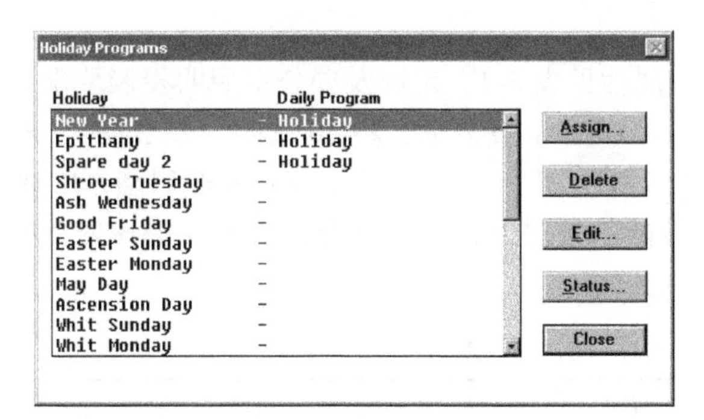

图 6-16　Holiday Programs 对话框

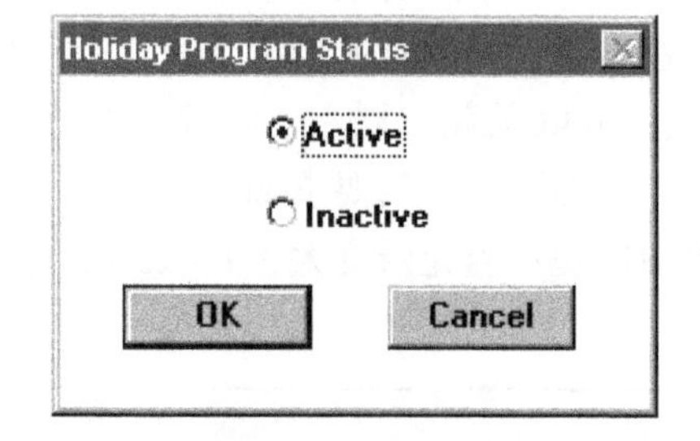

图 6-17　Holiday Program Status 对话框

七、年程序功能

对特别的日程序定义时间期限，年程序适合于特殊的地方情况，如地方性假期和公众/宗教性的节日。每年的程序可定义超过一年，因此不需要每个新年定义一个年程序，具体步骤如下：

1）选择所需时间程序。单击 Yearly Program，弹出 Yearly Program 对话框，如图 6-18 所示，显示年程序及所分配的日程序。

2）单击 Add，弹出 Add/Edit Date Override 对话框，如图 6-19 所示，加入日程序，定义新的年程序。在 Period From 和 To 框中输入时间范围，从 Daily program 下拉列表框中选择所需的日程序，然后单击 OK，对话框关闭，重新显示 Yearly Program 对话框，新的年程序出现在目录中。

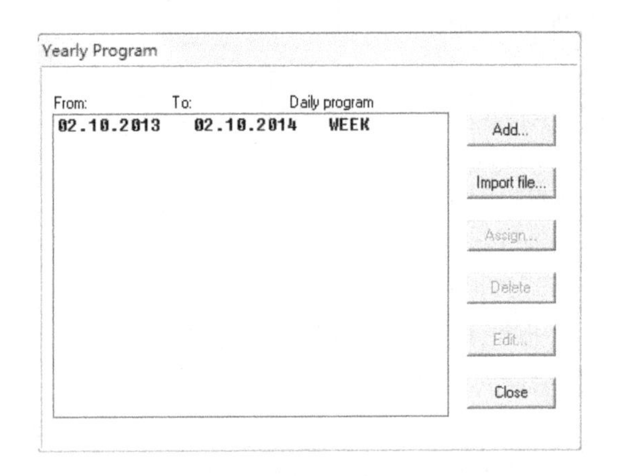

图 6-18　Yearly Program 对话框

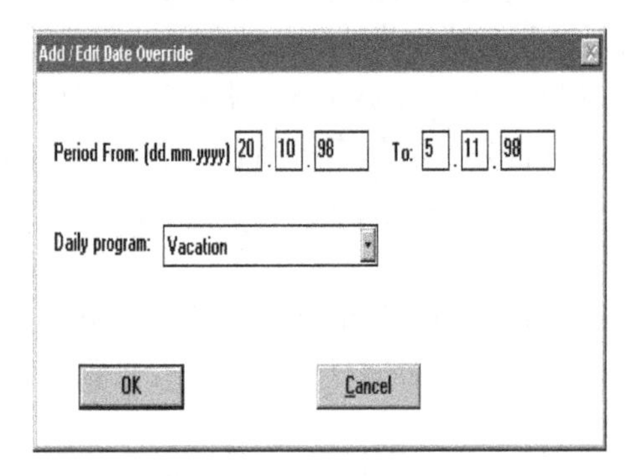

图 6-19　Add/Edit Date Override 对话框

3）单击年程序名，再单击 Assign，弹出 Select Daily Program 对话框，将日程序分配到年程序。

4）在目录中单击 Program 项，再单击 Delete 可删除年程序。

八、返回功能

单击菜单命令 Return，显示 Time Program Editor 窗口，再单击 File 菜单中的 Exit 关闭 Time Program Editor 窗口，返回 CARE 窗口。

九、时间程序实例

图 6-4 所示照明系统中各点的用户地址及属性见表 6-1，走廊及办公室照明控制要求如下：在自动、无故障的情况下，周一至周五：走廊：18:30 启动，23:30 关闭，办公室：7:30 启动，23:30 关闭。周六、周日：走廊：19:00 启动，21:30 关闭；办公室：9:30 启动，18:00 关闭。室外照明控制要求如下：在自动、无故障的情况下，当室外光照度小于 45lx 时，室外照明启动；当光照度大于 60lx 时，室外照明关闭。

表 6-1　照明系统的用户地址及属性

序号	用户地址	描述	属性（1/0）
1	zlszd	走廊手/自动	Manual/auto
2	zlgz	走廊故障	Alarm/normal
3	zlzt	走廊状态	On/off
4	zlqt	走廊启/停	On/off

（续）

序号	用户地址	描述	属性（1/0）
5	bgsszd	办公室手/自动	Manual/auto
6	bgsgz	办公室故障	Alarm/normal
7	bgszt	办公室状态	On/off
8	bgsqt	办公室启/停	On/off
9	swszd	室外手自动	Manual/auto
10	swgz	室外故障	Alarm/normal
11	swzt	室外状态	On/off
12	swqt	室外启/停	On/off
13	swzd	室外光照度	Linear Input（lx）
14	zlwd	走廊伪点	On/off
15	bgswd	办公室伪点	On/off

编程时考虑到走廊照明及办公室照明控制均需要加入自动、无故障的条件，才能按照时间要求启动或关闭，因此引入走廊伪点及办公室伪点，通过时间程序控制伪点的启/停，再通过开关逻辑来实现走廊照明及办公室照明控制。照明系统时间程序、开关逻辑分别如图 6-20、图 6-21 所示。

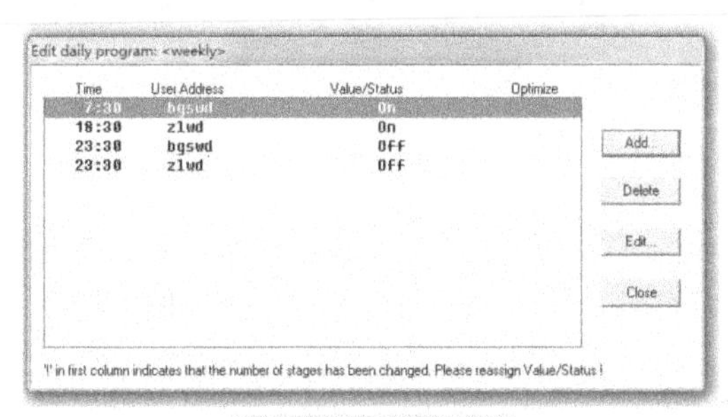

a) 周一至周五时间程序

b) 周六、周日时间程序

图 6-20　照明系统时间程序

a) 走廊照明开关逻辑

b) 办公室照明开关逻辑

c) 室外照明开关逻辑

图 6-21　照明系统开关逻辑

第四单元　照明系统监控实训

一、实训目的

1. 熟悉大楼照明系统的分类、工作原理及控制方式。
2. 掌握伪点的建立及应用。
3. 掌握照明系统监控原理图与控制器端子接线图的绘制。
4. 熟悉 CARE 时间程序的编程方法。
5. 掌握照明系统监控程序的编译、下载与测试方法。

二、实训设备

1. DDC（如 Honeywell Excel 50）。
2. 照明系统模块或独立的开关元件、电位计、继电器等。
3. 万用表、插接线等。

三、实训要求

某一组办公区域照明回路，有运行状态、手/自动模式、故障报警及启/停控制等信号的监控，要求根据下列时间段启/停。

工作日：8:30～12:00 ON；14:00～17:30 ON；其他时间 OFF。

周末：8:30～14:00 ON；其他时间 OFF。

某一组室外照明回路，有运行状态、手/自动模式、故障报警、启/停控制、室外光照度等信号的监控，要求在室外照明处于自动、无故障时，当室外光照度小于 100lx 时启动，当室外光照度大于 400lx 时停止。

光照度特性：0～10V 对应于 0～2000lx。

四、实训步骤

1. 绘制照明系统监测原理图。
2. 采用 CARE 完成照明监测原理图绘制，要求在表格中填写每个信号用户的地址、描述、属性、DDC 端口等信息。
3. 写出照明系统的走廊控制（开关逻辑或时间程序），室外照明控制程序，并应用 CARE 软件编写照明系统监测程序。
4. 绘制照明监测系统与 DDC 的硬件连接接线图。
5. 完成控制器与实训模块的接线。
6. 完成照明系统监测程序的编译、下载及调试。

五、实训项目单

实训（验）项目单

Training Item

姓名：______　班级：______　学号：______　　　　日期：______年___月___日

项目编号 Item No.	BAS－07	课程名称 Course	楼宇自动化技术	训练对象 Class		学时 Time	
项目名称 Item	照明系统的监控		成绩				
目的 Objective	1. 熟悉大楼照明系统的分类、工作原理及控制方式。 2. 掌握伪点的建立及应用。 3. 掌握照明系统监控原理图与控制器端子接线图的绘制。 4. 熟悉 CARE 时间程序的编程方法。 5. 掌握照明系统监控程序的编译、下载与测试方法。						

一、实训设备

1. DDC（如 Honeywell Excel 50）。
2. 照明系统模块或独立的开关元件、电位计、继电器等。
3. 万用表、插接线等。

二、实训要求

某一组办公区域照明回路，有运行状态、手/自动模式、故障报警及启/停控制等信号的监控，要求根据下列时间段启/停。

工作日：8:30～12:00 ON；14:00～17:30 ON；其他时间 OFF。

周　末：8:30～14:00 ON；其他时间 OFF。

某一组室外照明回路，有运行状态、手/自动模式、故障报警、启/停控制、室外光照度等信号的监控，要求在室外照明处于自动、无故障时，当室外光照度小于 100lx 时启动，当室外光照度大于 400lx 时停止。

光照度特性：0～10V 对应于 0～2000lx。

三、实训步骤

1. 绘制照明系统监测原理图。

室内照明监控系统实训——编程

（续）

2. 采用 CARE 完成照明系统监测原理图绘制，要求在表格中填写每个信号用户的地址、描述、属性、DDC 端口等信息。

用户地址	描　述	属性	DDC 端口	备　注

3. 写出照明系统的走廊控制（开关逻辑或时间程序），室外照明控制程序，并应用 CARE 软件编写照明系统监测程序。

走廊控制：　　　　　　　　　　　　　　室外控制：

4. 绘制照明监测系统与 DDC 的硬件连接接线图。

5. 完成控制器与实训模块的接线。

6. 完成照明系统监测程序的编译、下载及调试。

四、实训总结（详细描述实训过程，总结操作要领及心得体会）

五、思考题

为了减少电流对电路的冲击，如何使用 XL50 控制器对 5 个回路的灯光进行延时（每隔 2s 开或关一路）开关控制？

评语：

教师：______年____月____日

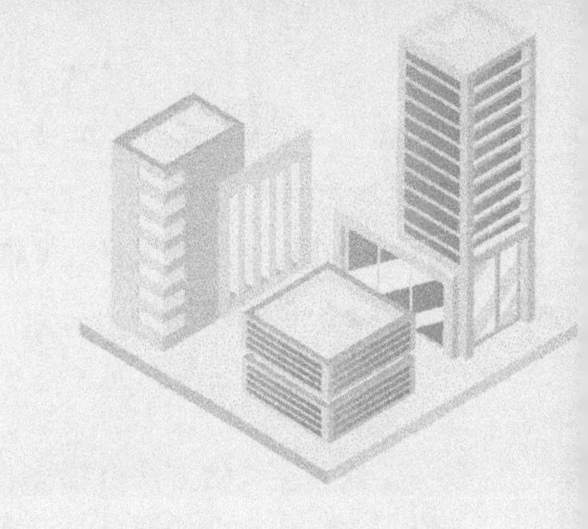

模块七 空调系统的监控

第一单元 空调系统概述

由于建筑业的发展，空调系统日趋复杂庞大，空调系统的能耗也逐年增长。国务院《关于印发2030年前碳达峰行动方案通知》明确提出大力提升建筑物公共设施的智能化水平，充分利用人工智能、物联网、工业互联网与自动控制技术等，降低中央空调系统碳排放。在一些发达国家，空调系统的能耗约占全国能耗的1/3左右。我国是个能源紧缺的国家，空调系统的运行节能具有非常重要的意义。

空调系统是BAS最重要的组成部分之一，它管理的机电设备所耗能源几乎占整个建筑能量消耗的50%，空调系统的能量主要用在冷热源及输送系统上，根据智能建筑能量使用分析，空调部分占整个建筑能量消耗的50%，其中冷热源使用能量占40%，输送系统占60%。为了使空调系统在最佳工况下运行，在智能建筑中采用计算机控制对空调系统设备进行监督、控制和调节，用自动控制策略来实现节能。空调系统是BAS中的一个子系统，也是BAS中监控点最多、监控范围最广、监控原理最复杂的一个子系统。

一、空调系统的分类

空调系统一般可按下列3种情况进行分类：

1. 按负担空调负荷所用介质分类

1）全空气空调系统。

2）全水空调系统。

3）空气-水空调系统。

4）制冷剂空调系统。

2. 按空气处理设备的集中程度分类

1）集中式空调系统。

2）半集中式空调系统。

3）分散式空调系统。

3. 按被处理空气来源分类

1）封闭式（全部回风式）空调系统。

2）直流式（全部新风）空调系统。

3）混合式（新风与一次回风或两次回风混合）空调系统。

此外还可分为：定风量、变风量空调系统，低速、高速空调系统，工艺性、舒适性空调系统以及一般性、恒温恒湿性空调系统等。

目前，绝大多数建筑中采用的是集中式与半集中式空调系统，基本为定风量、全空气空调系统和新风加风机盘管空调系统。

近几年来，变风量（VAV）空调系统（简称VAV系统）由于节省能源、控制灵活等优点，逐步被国内采用。

二、常见的空气处理方式

处理空气的方法有很多，合理地采用不同处理方式，既要满足空气的温度、湿度、焓值、空气洁净度的要求，又要节省能耗是处理空气的基本要求，下面介绍几种常见的空气处理方式。

1. 冷却减湿处理

1）采用喷水室进行冷水喷淋，空气与冷水发生湿、热交换，由于冷水温度比空气温度低，从而使空气得以冷却并带走一部分空气中的水分，使空气温度和含湿量都有所下降。

2）采用表面式冷却器即冷却盘管，盘管内流动的冷水（或制冷剂）与空气进行热交换后，使空气冷却并减湿，这种方式最适合高层民用建筑的集中式空调系统。

2. 等湿加热处理

等湿加热处理即空气的湿度不变，利用蒸汽、热水及电热器对空气的温度进行加热处理，常用于对空气的加热处理。

3. 等温加湿处理

空气温度保持不变，而湿度及焓值增加的过程称为等温加湿处理。这一过程采用干蒸汽加湿来实现。这种方法广泛应用于建筑之中。

4. 降温升焓加湿过程

采用水喷雾的方法实现，在喷雾的过程中，空气加热并加湿，使焓值增加。

5. 等焓加湿

喷淋室采用循环水喷淋加湿，加湿过程稳定，焓值不变。目前高层民用建筑应用较少。

根据建筑物的使用功能和空调系统的特点，智能建筑中多采用半集中式空调系统，将集中与分散灵活地结合起来，对于营业厅、多功能厅等公共场所采用集中式系统（全空气系统），对于办公室、客房等采用新风与风机盘管系统（空气—水系统），灵活布置，实现灵活控制与节能相结合。

三、空调系统的组成

大型物业中，因空调的冷、热媒是集中供应的，称之为集中式空调系统或中央空调系统。建筑物中央空调系统的组成分为两大部分：空气处理及输配系统和冷热源系统，其组成如图7-1所示。

（1）空气处理及输配系统　这是空调系统的核心，所用设备为空调机。它完成对混合空气（室外新鲜空气和部分返回的室内空气）的除尘、温度调节、湿度调节等工作，将空气处理设备处理好的空气，经风机、风道、风阀、风口等送至空调房间。

（2）冷热源系统　空气处理设备处理空气，需要冷（热）源提供冷（热）媒。冷（热）媒与空气进行热交换，使空气变冷（热）。夏季降温时，使用冷源，一般是制冷机组；冬季加热时，使用热源，热源通常为热水锅炉或中央热水机组。

本模块先介绍空气处理及输配系统，下一模块再介绍冷热源系统。

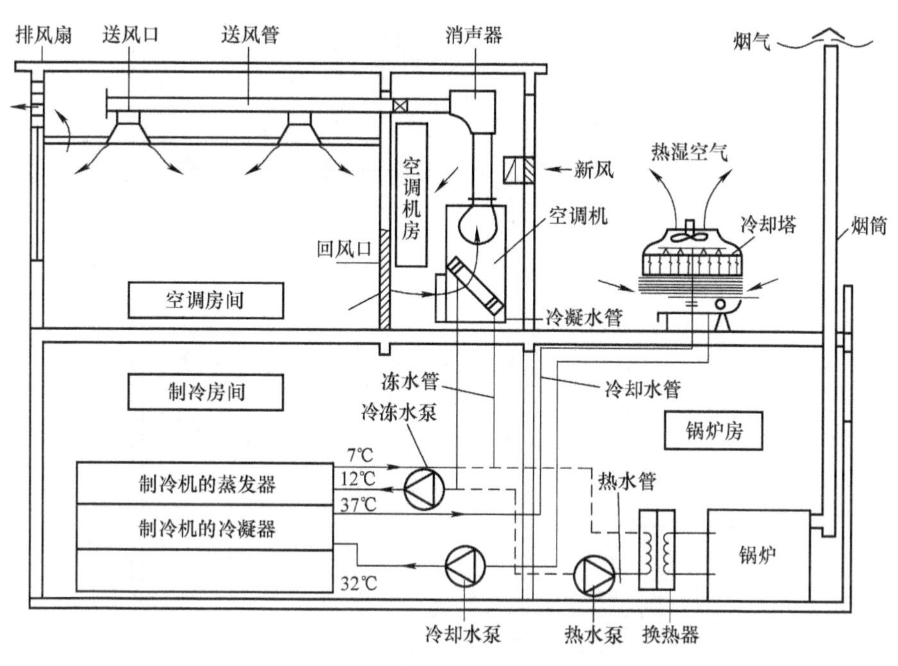

图 7-1　中央空调系统组成

四、空气处理及输配系统

1. 空气处理系统

空气处理系统又称空气调节系统，简称空调系统。中央冷暖空调系统的空气处理设备主要有空调处理机、新风空调机、风机盘管和通风机等。集中式空气处理系统原理图如图 7-2 所示。

一般空气处理系统包括以下几部分：

（1）进风部分　根据人体对空气新鲜度的要求，空调系统必须有一部分空气取自室外，常称新风。进风部分主要由新风机、进风口组成。

（2）空气过滤部分　由进风部分取入的新风，必须先经过一次预过滤，以除去颗粒较大的尘埃。一般空调系统都装有预过滤器和主过滤器两级过滤装置。

（3）空气的热湿处理部分　将空气加热、冷却、加湿和减湿等不同的处理过程组合在一起，统称为空调系统的热湿处理部分。

（4）空气的输送和分配部分　将调节好的空气均匀地输入和分配到空调房间内，由风机和不同形式的管道组成。

2. 空调系统常用设备与设施

空调系统常用设备设施如下：

（1）空气处理机　又称空气调节器，如图 7-3 所示。中央空调系统是将空气处理设备集中设置，组成空气处理机，空气处理的全过程在空气处理机内进行，然后通过空气输送管道和空气分配器送到各个房间。

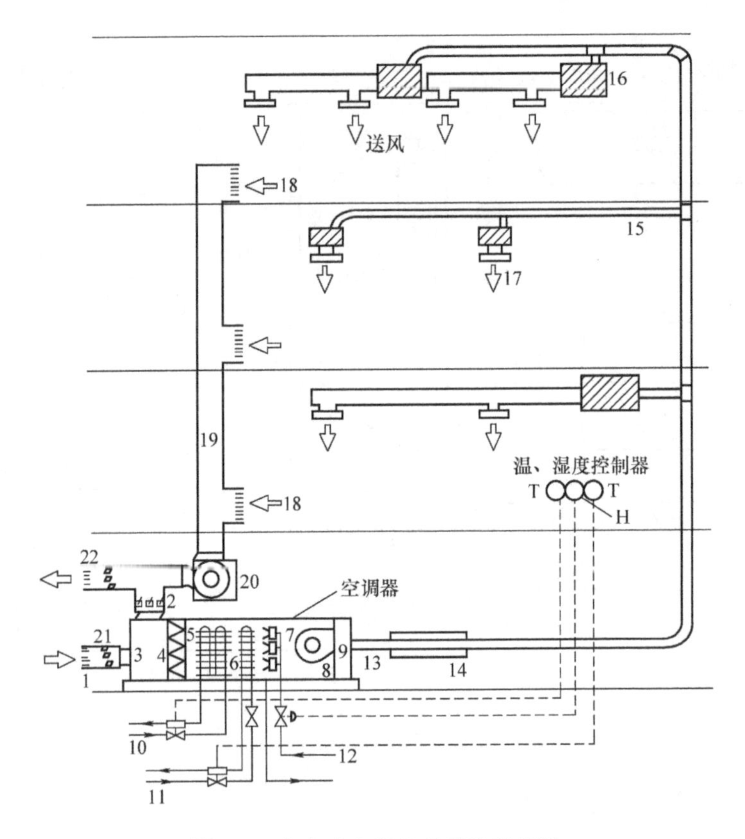

图 7-2　集中式空气处理系统原理图

1—新风进口　2—回风进口　3—混合室　4—过滤器　5—空气冷却器　6—空气加热器　7—加湿器　8—送风机　9—空气分配室　10—冷却介质进出　11—加热介质进出　12—加湿介质进出　13—主送风管　14—消声器　15—送风支管　16—消声静压箱　17—空气分配器　18—回风　19—回风管　20—回风风机　21—新风阀　22—排风口

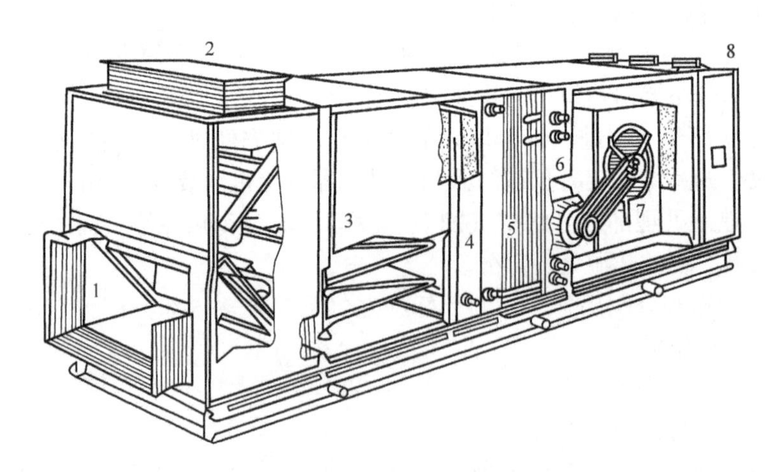

图 7-3　空气处理机

1、2—新风与回风进口　3—空气过滤器　4—空气加热器　5—空气冷却器　6—空气加湿器　7—离心风机　8—空气分配室及送风管

（2）风机盘管 风机盘管式空调系统是在集中式空调的基础上，作为空调系统的末端装置，分散地装设在各个空调房间内，可独立地对空气进行处理，其结构如图 7-4 所示。风机盘管由风机、盘管和过滤器组成。

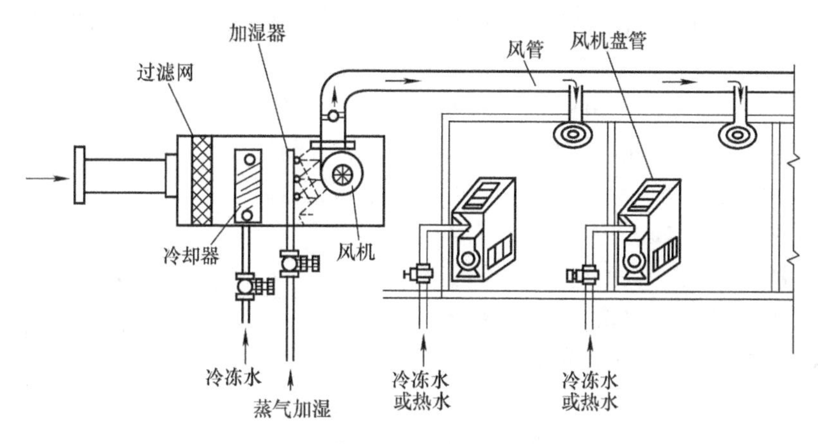

图 7-4 带有风机盘管的空调系统

（3）空气输送与分配设备

1）风管。常用的风管材料有薄钢板、铝合金板或镀锌薄钢板等，主要有矩形和圆形两种截面。

2）风机。风机是通风系统中为空气的流动提供动力以克服输送过程中的阻力损失的机械设备。在通风工程中，应用最广泛的是离心式风机和轴流式风机，结构示意图如图 7-5 所示。离心式风机的叶轮在电动机带动下随机轴一起高速旋转，叶片间的气体在离心力作用下由径向甩出，同时在叶轮的吸气口形成真空，外界气体在大气压力作用下被吸入叶轮内，以补充排出的气体，由叶轮甩出的气体进入机壳后被压向风道，如此源源不断地将气体输送到需要的场所。轴流式风机叶轮与螺旋桨相似，当电动机带动它旋转时，空气产生一种推力，促使空气沿轴向流入圆筒形外壳，并沿机轴平行方向排出。

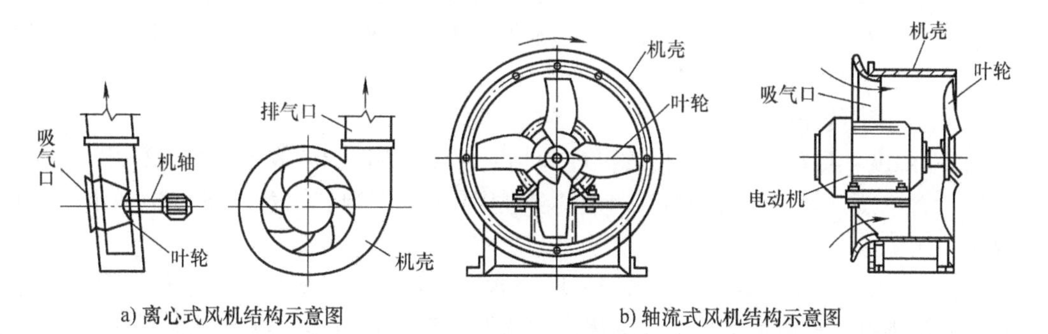

图 7-5 常用通风机类型

离心式风机常用于管道式通风系统中，中央空调系统即采用离心式风机。而轴流式风机因产生的风压较小，很适合无须设置管道的场合以及管道阻力较小的通风系统，如地下室或食堂简易的散热设备。

3）风口。一般有线形、面形送风分配器。

五、空调系统中常用的传感器和执行器

1. 温度传感器

自然界的许多物质，其物理特性（如长度、电阻、容积、热电动势和磁性能等）都与温度有关。

温度传感器（temperature transducer）是指能感受温度并转换成可用输出信号的传感器。温度传感器是温度测量仪表的核心部分，品种繁多。按测量方式可分为接触式和非接触式两大类；按传感器材料及电子元件特性可分为热电阻和热电偶两类。

热电偶和热电阻在 BAS 中应用时，需要与温度变送器相配接，从而将其输出信号转换成标准化的毫安级电流。温度变送器通常有 0 ~ 10mA 和 4 ~ 20mA 两种标准。图 7-6 所示为 BAS 中常用的温度传感器。

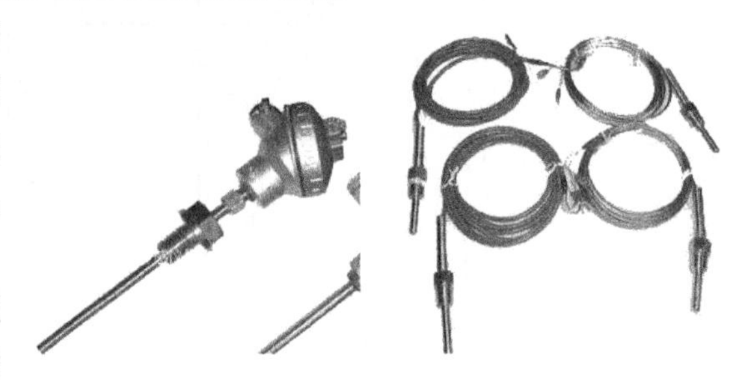

图 7-6　BAS 中常用的温度传感器

在 BAS 中对温度的检测中，主要适用范围分别如下：室内气温、室外气温，范围为 -40 ~ 45℃；风道气温，范围为 -30 ~ 130℃；水管内水温，范围为 0 ~ 100℃ 等。由于测温范围大，应用领域广，选择合适的测温仪表是必要的。传感器通常采用铂热电阻、铜热电阻、热敏电阻和热电偶等，测量准确度优于 ±1%。

2. 湿度传感器

空气湿度是表示空气中水蒸气含量的物理量，它的高低将影响人体的舒适感和工作效率。在 BAS 中，对空气湿度的检测是必不可少的，它和温度等参数一样都是衡量空气状态和质量的重要指标。湿度传感器多数与温度传感器一起检测，称为温湿度传感器。市场上的温湿度传感器一般是测量温度量和相对湿度量。

日常生活中最常用的表示湿度的物理量是空气的相对湿度，用 RH 表示。在物理量的导出上相对湿度与温度有着密切的关系。一定体积的密闭气体，其温度越高，相对湿度越低；温度越低，其相对湿度越高。

（1）有关湿度的一些定义

1）相对湿度：日常生活中所指的湿度为相对湿度，用 RH% 表示，即气体中（通常为空气中）所含水蒸气量（水蒸气压）与其空气相同情况下饱和水蒸气量（饱和水蒸气压）的百分比。

2）绝对湿度：指单位容积的空气里实际所含的水汽量，一般以克为单位。温度对绝对湿度有着直接影响，一般情况下，温度越高，水蒸气蒸发得越多，绝对湿度就越大；相反，绝对湿度就小。

3）饱和湿度：在一定温度下，单位容积空气中所能容纳的水汽量的最大限度。如果超过这个限度，多余的水蒸气就会凝结，变成水滴，此时的空气湿度便称为饱和湿度。空气的饱和湿度不是固定不变的，它随着温度的变化而变化。温度越高，单位容积空气中能容纳的水蒸气就越多，饱和湿度就越大。

4）露点：指含有一定量水蒸气（绝对湿度）的空气，当温度下降到一定程度时所含的

水蒸气就会达到饱和状态（饱和湿度）并开始液化成水，这种现象叫作凝露。水蒸气开始液化成水时的温度叫作“露点温度”，简称“露点”。如果温度继续下降到露点以下，空气中超饱和的水蒸气就会在物体表面上凝结成水滴。此外，风与空气中的温湿度有密切关系，也是影响空气温湿度变化的重要因素之一。

（2）湿度测量方法　常见的湿度测量方法有动态法（双压法、双温法、分流法）、静态法（饱和盐法、硫酸法）、露点法、干湿球法和形形色色的电子式传感器法。图 7-7 所示为 BAS 中常用的温湿度传感器。

图 7-7　BAS 中常用的温湿度传感器

3. 压力传感器

在 BAS 中，对压力的检测主要用于风道静压、供水管压、差压的检测，有时也用来测量液位的高度，如水箱的水位等。大部分的应用属于微压测量，量程范围为 0 ~ 5000Pa。

压力传感器是使用最为广泛的一种传感器。传统的压力传感器以机械结构型的器件为主，以弹性元件的形变指示压力，但这种结构尺寸大、质量重，不能提供电学输出。随着半导体技术的发展，半导体压力传感器也应运而生。其特点是体积小、质量轻、准确度高、温度特性好。特别是随着 MEMS 技术的发展，半导体传感器向着微型化发展，而且其功耗小、可靠性高。图 7-8 所示为 BAS 中常用的压力传感器。

图 7-8　BAS 中常用的压力传感器

4. 调节阀

调节阀在空调系统中占有很重要的位置，它的选择考虑到多个因素，而且直接影响到控制效果。在空调系统中，常用的调节阀有直通调节阀、三通调节阀、蝶阀等种类。下面将分别进行介绍。

（1）直通调节阀　直通调节阀又称为两通调节阀，用于变水量系统中，因其结构不同，有直通单座阀和直通双座阀之分，其结构如图 7-9 和图 7-10 所示。

1）直通单座阀。由图 7-9 可见，直通单座阀有一个阀座和一个阀芯，结构简单，故而易保证其关闭的严密性，泄漏量小，工作可靠。其不足之处是，工作时，阀杆承受的推力较大，对执行机构的力矩要求较高。它适用于工作压差较小、要求泄漏量小的场合，如空调机组及热交换器的水温控制。

2）直通双座调节阀。由图 7-10 可见，直通阀有两个阀座和阀芯，开阀时，阀杆往上提升，流体从阀左侧进入，经过上、下阀芯汇合自阀右侧流出，阀芯前后流体压差作用在两个阀芯上的推力相反，所以阀芯所受的合力（也称为不平衡力）很小，因此它又称为压力平衡阀，其对执行机构力矩的要求较低。同时，也正是由于其有两个阀芯和阀座，因加工与运行磨损的原因，它的关闭严密性较差，泄漏量较大。它适用于压差较大，但对泄漏要求较低的场合。其价格比单座阀高。

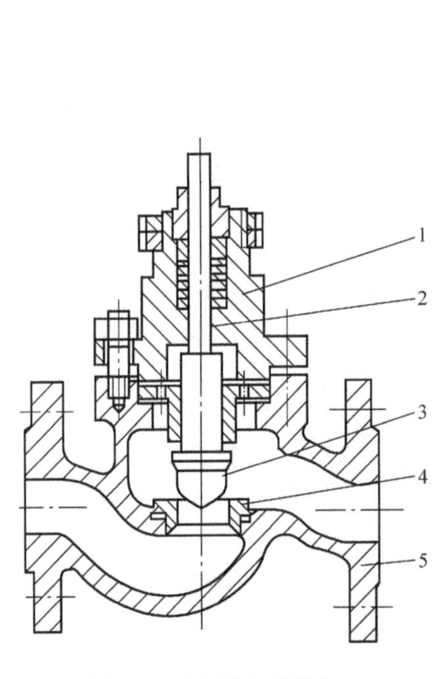

图 7-9　直通单座阀结构图

1—阀盖　2—阀杆　3—阀芯　4—阀座　5—阀体

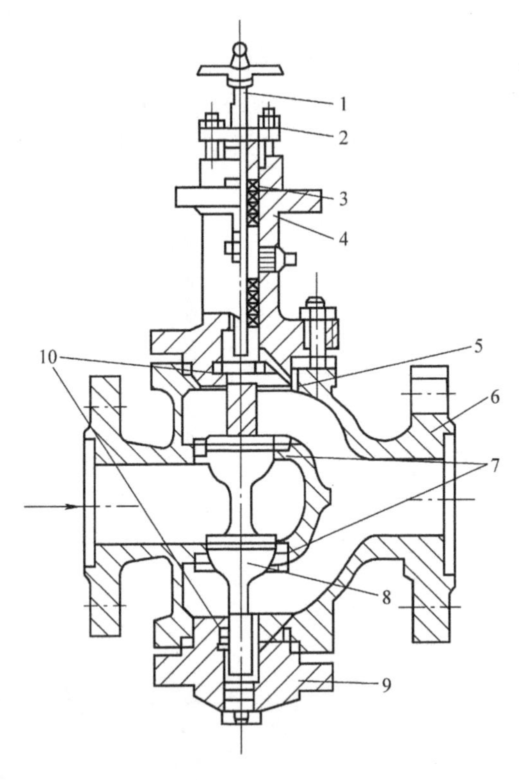

图 7-10　直通双座阀结构图

1—阀杆　2—压板　3—填料　4—上阀盖　5—斜孔
6—阀体　7—阀座　8—阀芯　9—下阀盖　10—衬套

（2）三通调节阀　三通调节阀有合流阀与分流阀之分，如图 7-11 所示。

三通合流阀是将 A、B 两个入口来的流体混合至 AB 端，改变阀芯的位置，则改变 A，B 方向的流量分配，以达到调节的目的，当 A 端全关时，B 端全开，当 A 端全开时，则 B 端全关。

三通分流阀与合流阀则相反，将一个入口的流体分别由两个出口送出。

三通阀的阀杆不论在任何位置，其总流量基本保持不变，故三通阀用于定流量水系统中。在实际工程中，因受使用条件的影响，三通阀的总流量在 0.9 ~ 1.415 之间波动。

由图 7-11 可以看出，三通合流阀与三通分流阀的结构不同，工程中应根据需要进行选择，不可混用。

若将合流阀作为分流调节阀用，则当其接近关闭位置时，入口压力会使阀芯猛击阀座，这将可能出现失控、振荡，甚至导致阀门过度地磨损。所以，虽然合流阀可以作为位式分流阀使用，但不推荐。

分流阀不可以用于合流的场合，因为若其作为合流阀用，由于两个入口的压力作用在阀芯上方向是不同的，阀芯在阀座两端运行中，存在着一个力改变方向的工作点，这一改变非常快，快速的力足以克服执行机构的机械力，使阀芯撞击阀座并反跳，以至发生水锤，损伤阀门。

（3）蝶阀　蝶阀如图 7-12 所示。其结构简单，由阀体、阀板轴及轴封等部分组成，其行程为 0 ~ 90°。蝶阀的阻力损失小，但其泄漏量较大。

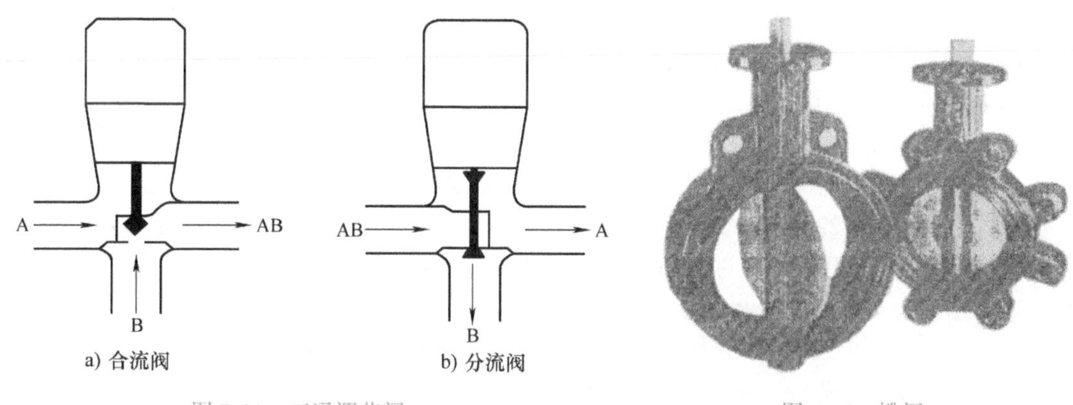

图 7-11　三通调节阀

图 7-12　蝶阀

蝶阀控制有位式控制和比例控制两种方式。除作为两通阀用外，还可以用两个蝶阀组合，完成三通阀的功能。在空调系统的控制中，开/关型电动蝶阀常用于冷冻水、冷却水和热水系统，作为水路的连通和关断控制，此时，电动蝶阀应根据工艺要求，与水系统中相应的冷机及水泵进行联锁控制。

5. 调节风阀

（1）风阀的类型　风阀用于空调系统中风量的调节。风阀的结构有多种，常用的有多叶平行型、多叶对开型及单叶型三种。多叶平行型风阀也称为百叶型风阀，单叶型风阀也称为圆形或板形风阀。前两种用于空调系统中，单叶型风阀用于一些变风量末端装置与定风量调节器中。它们的结构如图 7-13 ~ 图 7-15 所示。其中，图 7-13a、图 7-14a 为多叶平行型与多叶对开型风阀的结构示意图，图 7-13b、图 7-14b 为风阀关闭一部分时气流通过风阀的流向示意图。

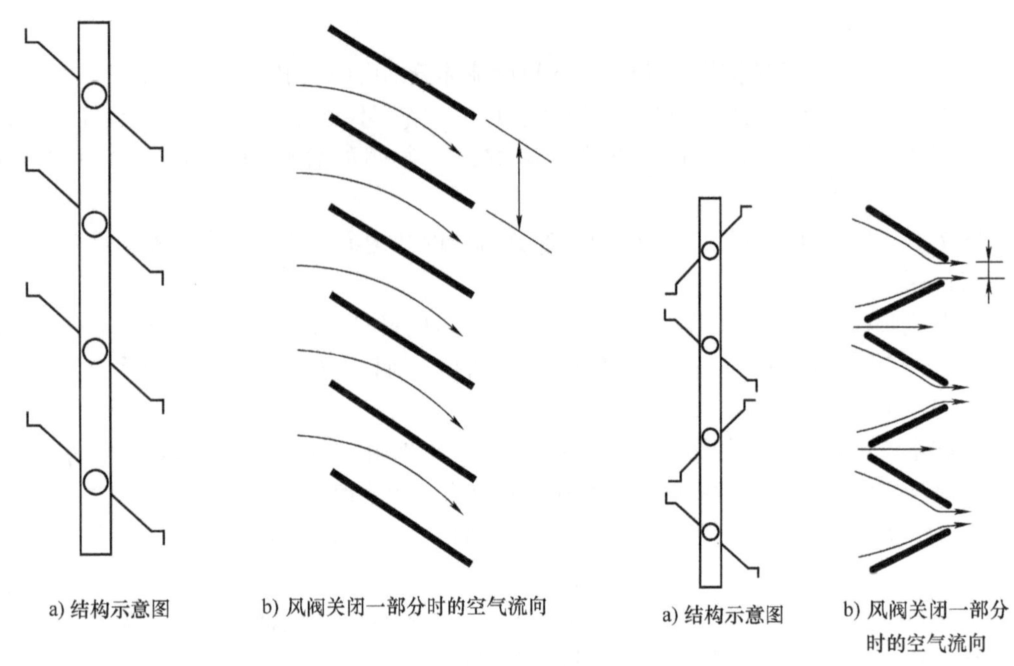

图 7-13　多叶平行型风阀　　　图 7-14　多叶对开型风阀

（2）风阀执行器　电动风阀执行器是一种专门用于风阀驱动的电动执行机构。图 7-16 所示为电动风阀执行器安装在对开型风阀上的情形，执行器直接安装在风阀的轴杆上，故又称其为直联式电动风阀执行器。

按控制方式，电动风阀执行器分为开关式与连续调节式两种，其旋转角度为 0 ~ 90°或 0 ~ 95°，电源为 AC 220V、AC 24V 及 DC 24V，控制信号为 DC 2 ~ 10V。其特点为：

1）不需要限位开关，通过电气实现过载保护，当达到极限位置时，执行器会自动停止，减少了执行器的功耗，提高了其可靠性。

2）有手动按钮，可以脱开传动机构，以便对风阀进行手动操作。

3）旋转方向可现场选择，便于工程调试。

4）有阀位指示器，便于现场检查执行器的工作情况。

5）安装简便，执行器通过专用万能夹持器直接安装到风阀的驱动轴上。

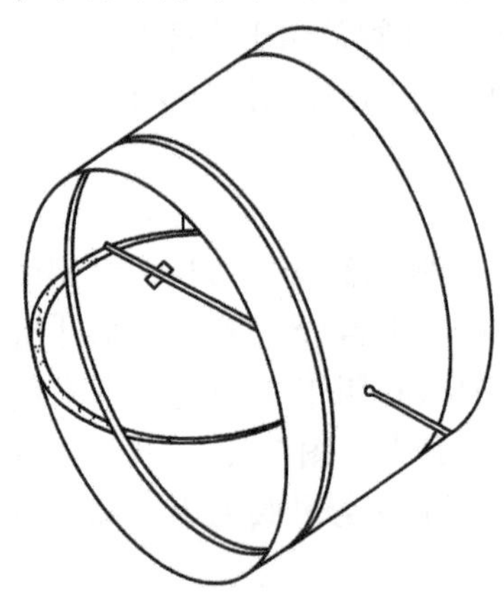

图 7-15　单叶型风阀

图 7-16　电动风阀执行器安装在对开型风阀上的情形

第二单元　空调系统的监控原理

由于智能建筑要求提供舒适健康的工作环境，以及符合通信和各种办公自动化设备工作要求的运行环境，并能灵活适应智能建筑内不同房间的环境需求，对于环境在温度、湿度、空气流速与洁净度、噪声等方面有着更高的要求。因此，智能建筑在室内空调环境和室内空气品质方面对于整个空调系统都提出了新的要求，同时也对空调系统的工作效率和控制精度提出了更高的要求。

一、空调系统的基本功能

1. 空调系统的特点

（1）多干扰性　例如，通过窗户进入的太阳辐射热是时间的函数，也受气象条件的影响；室外空气温度通过围护结构对室温产生影响；通过门、窗、建筑缝隙侵入的室外空气对室温产生影响；为了换气（或保持室内一定的正压）所采用的新风，其温度的变化对室温有着直接的影响。由于室内人员的变动，照明、机电设备的起/停所产生的余热变化，也直接影响室温的变化。此外，电加热器（空气加热器）电源电压的波动以及热水加热器的热水压力、温度的波动，蒸汽压力的波动等，都将影响室温。至于湿干扰，在露点恒温控制系统中，露点温度的波动、室内散湿量的波动以及新风含湿量的变化等都将影响室内湿度的变化。

（2）调节对象的特性　空调监控系统的主要任务是维持空调房间一定的温、湿度。对恒温恒湿控制的效果如何，在很大程度上往往取决于空调系统，而不是自控部分。所以，在空调自控设计时，首先要了解空调对象的特性，以便选择最科学的控制方案。

（3）温、湿度相关性　描述空气状态的两个主要参数温度和湿度，并不是完全独立的两个变量。当相对湿度发生变化时要引起加湿（或减湿）动作，其结果将引起室温波动；而当室温变化时，使室内空气中水蒸气的饱和压力变化，在绝对含湿量不变的情况下，就直接改变了相对湿度（温度增高相对湿度减小，温度降低相对湿度增大）。

（4）多工况性　有的空调器是按工况运行的，所以空调系统设计中包括工况自动转换部分。例如，夏季工况为冷气工作（若仅调节温度），通过工况转换，控制冷水量，调节温度；而在冬季需转换到加热器工作，控制热媒，调节温度。此外，从节能出发进行工况转换控制。全年运行的空调系统，由于室外空气参数及室内热湿负荷变化，采用多工况的处理方式能达到节能的目的。为了尽量避免空气处理过程的冷热抵消，充分利用新、回风和发挥空气处理设备的潜力，对于空调自控设计师而言，除了考虑温、湿度为主的自动调节外，还必须考虑与其相配合的工况自动转换的控制。

（5）整体控制性　空调系统是以空调室的温度控制为中心，通过工况转换与空气处理过程每个环节紧密联系在一起的整体监控系统。空气处理设备的起/停要严格根据系统的工作程序进行，处理过程的各个参数调节与联锁控制都不是孤立进行，而是与温、湿度控制密切相关。但是，在一般的热工过程控制中，例如一台设备的液位控制与温度控制并不相关，温度控制系统故障并不会危及液位控制。而空调系统则不然，空调系统中任一环节有问题，都将影响空调室的温、湿度调节，甚至使调节系统无法工作。所以，在自控设计时要全面考虑整体设计方案。空调控制系统的目的是通过控制锅炉、冷冻机、水泵、风、空调机组等来维护环境的舒适。

2. 空调系统的功能

空调系统主要控制冷、热源机组的运行，优化控制空调设备的工况，监视空调用电设备状况和监测空调房间的有关参数等，分成控制温、湿度，控制新风系统等，来实现以下主要功能：

(1) 创造舒适宜人的生活和工作环境　对室内空气的湿度、相对湿度、洁净度等加以自动控制，保持空气的最佳品质。具有防噪声措施，提供给人们舒适的空气环境。对工艺性空调而言，可提供生产工艺所需要的空气的温度、湿度、洁净度，从而保证产品质量。

(2) 节约能源　在建筑物的电气设备中，制冷空调的能耗是很大的。因此，对这类电气设备需要进行节能控制。现在已从个别环节控制，进入到综合能量控制，形成基于计算机控制的能量管理系统，达到最佳控制，其节能效果非常明显。

(3) 创造了安全可靠的生产条件　自动控制的监测与安全系统使空调系统正常工作，及时发现故障并进行处理，创造出安全可靠的生产条件。

二、空调系统的形式

空调控制最基本的就是对空调房间温度的控制，控制系统按结构形式可分为单回路控制系统和多回路控制系统。

1. 单回路控制系统

此种系统结构简单，投资少，易于调整，也能满足一般过程控制的要求，目前在空调控制系统中应用最为普遍，其系统框图如图 7-17 所示。

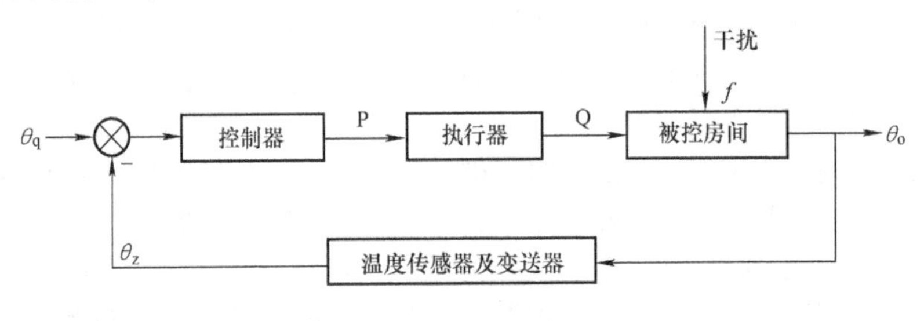

图 7-17　单回路控制系统框图

此控制系统在实际应用中主要体现在以下两个方面：

(1) 温度传感器的设置　根据对温度精度要求的不同，温度传感器设置的位置也有所不同。对温度精度要求高的场所，一般常在房间内选几个具有代表性的位置均设温度传感器，然后根据其平均值来进行控制。此种方法存在投资大、线路复杂、需要设备具有一定的计算功能、代表性位置难确定等缺点。因此在工程上，目前大多采用以回风温度代表房间温度，此种方法精度不高，但基本上能满足使用要求。

(2) 控制规律的选择　目前，工程上多采用 P、PD、PI、PID 等控制规律。

2. 多回路控制系统

随着工程技术的发展，对控制质量的要求越来越严格，各变量间关系更为复杂，节能要求更为重要，尤其是随着计算机控制系统在民用建筑中的广泛应用，许多原本较为复杂的控制系统现已简化。为此，许多专家提出了在空调控制系统中采用多回路控制系统，其主要有串级控制、前馈控制、分程控制、比值控制和选择控制等系统。但其中串级控制系统用得最多。主要是由于串级控制系统比单回路控制系统只多一个温度传感器，投资不大，控制效果却有明显改善，容易被业主接受。其系统框图如图 7-18 所示。

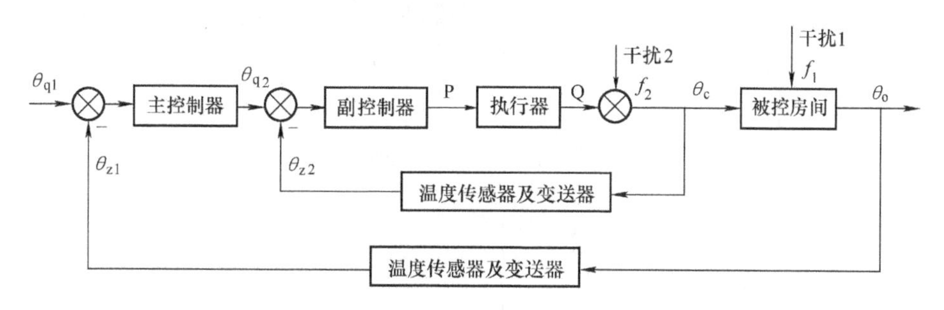

图 7-18　串级控制系统框图

下面按照被处理空气来源以及送风机的风量是否变化分类来进行空调监控系统来介绍。其中封闭式（全部回风式）空调监控系统使用较少，在这里不做介绍，主要介绍直流式（全部新风）空调监控系统（定风量）、混合式（新风与一次回风或二次回风混合）空调监控系统（定风量）和变风量空调监控系统。

三、直流式（全部新风）空调系统（定风量）

1. 定风量空调系统

定风量控制是目前非常普遍的一种控制方式，其特点是通过改变送风温度来满足室内冷（热）负荷变化。若向室内吹冷风，送入室内的冷量为

$$Q = c\rho L(t_n - t_s) \tag{7-1}$$

式中，c 为空气的比热容；ρ 为空气密度；L 为送风量；t_n 为室内温度；t_s 为送风温度；Q 为吸收（或送入）室内的热流量。

从式（7-1）可以看出，为了吸收室内相同的热流量 Q，可设 L 为一常数，改变送风温度 t_s，t_s 越小，Q 越大。因此，改变 t_s，就可适应室内负荷的变化，维持室温不变，这就是定风量空调系统的工作原理，即风机在接通电源后，便以恒速运行，从而保持风量的恒定，仅通过改变送风温度来进行空气的温度调节。

2. 直流式（全部新风）空调系统的控制原理

直流式（全部新风）空调系统主要由新风阀、过滤器、冷/热盘管和送风机构成；控制系统的现场设备由 DDC、送风温/湿度传感器、防冻开关、压差开关、电动调节阀和风阀执行器组成。

新风机组通常与风机盘管配合进行使用，主要是为了给各房间提供一定的新鲜空气，满足室内空气的清洁要求。为避免室外空气对室内温、湿度状态的干扰，在室外空气送入房间之前需要对其进行热湿处理。两管制直流式（全部新风）空调系统控制原理如图 7-19 所示，其基本控制过程为：

1）DDC 按设定时间送出风机起/停信号。新风阀与送风机联锁，当风机起动运行时，新风阀打开，风机关闭时，新风阀同时关闭。

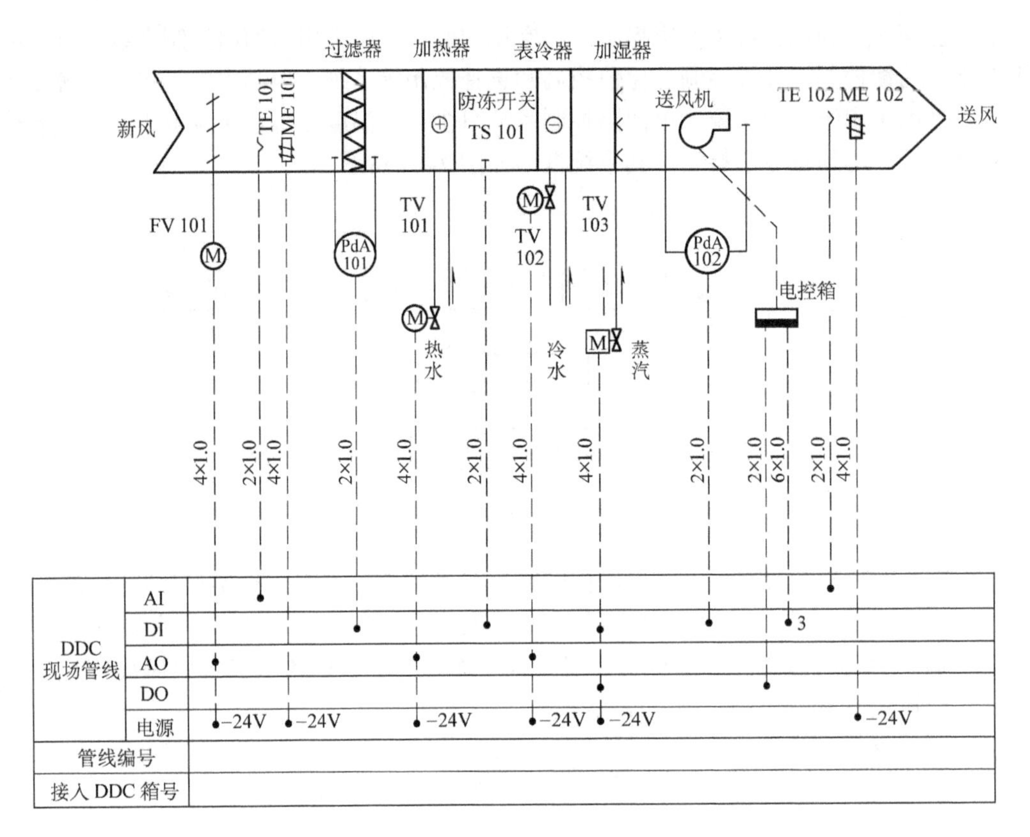

图 7-19 两管制直流式（全部新风）空调系统控制原理

2）当过滤器两侧压差超过设定值时，压差开关送出过滤器堵塞信号，监控工作站给出报警信号。

3）温度传感器检测出实际送风温度值，与 DDC 设定值比较，再经 PID 计算，输出相应的模拟信号，控制水阀门的开度，控制调节温度趋近并最终稳定在设定值。

4）系统中的湿度传感器对送风湿度进行检测，并与 DDC 设定值比较，经 PID 计算，给出相应的设定模拟调节信号控制加湿阀的开度，控制湿度趋近并稳定在设定湿度上。

5）对送风机的运行状态进行实时监测，此处主要对手动控制、自动控制、运行、故障的状态进行监控。

6）按给定时间表控制风机的起/停。

3. 直流式（全部新风）空调系统运行状态及参量监控

直流式（全部新风）空调系统运行状态及参量监控的主要内容有：

1）由安装在新风口的风管式空气温度传感器，对新风温度进行监测。

2）由安装在新风口的风管式空气湿度传感器，对新风湿度进行监测。

3）由安装在过滤网两侧的压差开关，对过滤网两侧压差进行监测。

4）由安装在送风管上的风管式空气温度传感器，对送风温度进行监测。

5）由安装在送风管上的风管式空气湿度传感器，对送风湿度进行监测。

6）通过对送风机配电柜接触器辅助触点的断通状态，监测风机的运行状态。

7）通过对送风机配电柜热继电器辅助触点的断通状态，对风机故障进行监测。

8）对送风机进行起/停的控制。

9）对新风机风门开度的控制。

10）冷水阀/热水阀开度控制调节。

11）加湿阀门开度控制。

12）通过装置在空调区域的 CO_2 传感器对空气质量进行监测。

13）通过送风管内的风管式风速传感器监测风速。

以上风门与阀门的开度调节可通过 DDC 的 DO、AO 口对驱动器控制电路进行控制。

换热器内的水温接近0℃时，其体积不仅不收缩，反而会膨胀，因而使换热器被胀裂。出现以下情况之一时，应启动防冻保护程序：

1）风机停止，室外空气温度不高于5℃时。

2）风机未停机，换热器出口水温低于8℃时。

四、混合式（新风与一次回风或二次回风混合）空调系统（定风量）

混合式空调机组主要由新风阀、回风阀、排风阀、过滤器、冷/热盘管和送风机组成；控制系统由 DDC、送风温度传感器、送风湿度传感器、防冻开关、压差开关、电动调节阀和风阀执行器等组成。

为节能运行，空调系统运行中要使用一部分回风，同时为满足对室内空气洁净度的要求，还要采用一定量的新风。空调机组的工作主要是对系统中的新风和回风混合后进行热湿处理，再送入到空调房间，调节室内空气参数达到预定要求。

如何处理新风和回风比例关系，使之既满足室内空气洁净度、湿度的要求，又能降低运行能耗，这是空调机组必须解决好的问题。

空调机组常要承担若干个房间的空气调节任务，而不同房间的热负荷、湿度各不相同（热湿特性不同），但是要求不同房间有相同的调节参数，这使得系统控制过程变得更为复杂。

新风机组工作时，仅考虑和处理室外空气参数变化对调节系统的干扰；而空调机组也同样要受到这类系统外扰动，但除此之外，还有室内人员和设备散热、散湿量变化引起的干扰。调节系统必须有效地应对和处理这些系统外干扰，使被调节空间满足预定的温/湿度要求。同时合理地降低运行能耗。

1. 混合式（新风与一次回风或二次回风混合）空调系统的控制原理

四管制混合式（新风与一次回风或二次回风混合）空调系统控制原理如图 7-20 所示，其基本控制过程为：

1）电动风阀与送风机、回风机的联锁控制。当送风机、回风机关闭时，新风阀、回风阀、排风阀都关闭。新风阀和排风阀同步动作，与回风阀动作相反。根据新风、回风及送风焓值的比较，调节新风阀和回风阀开度。当风机起动时，新风阀打开；当风机关闭时，新风阀关闭。

2）当过滤器两侧压差超过设定值时，压差开关送出过滤器堵塞信号，并由监控工作站给出报警信号。

3）送风温度传感器检测出实际送风温度，送往 DDC 与给定值进行比较，经 PID 计算后输出相应的模拟信号，控制水阀开度，直至实测温度非常逼近和等于设定温度。

4）送风湿度传感器检测到送风湿度实际值，送往 DDC 后与设定值比较，经 PID 计算后，输出相应的模拟信号，调节加湿阀开度，控制房间湿度达到设定值。

5）由设定的时间表对风机起/停进行控制，并自动对风机手动/自动状态、运行状态和故障状态进行监测；对送风机、回风机的起/停进行顺序控制。

6）在冬季温度很低时，防冻开关送出信号，风机和新风阀同时关闭，防止盘管冻裂。当防冻开关正常工作时，要重新起动风机，打开新风阀，恢复正常工作。

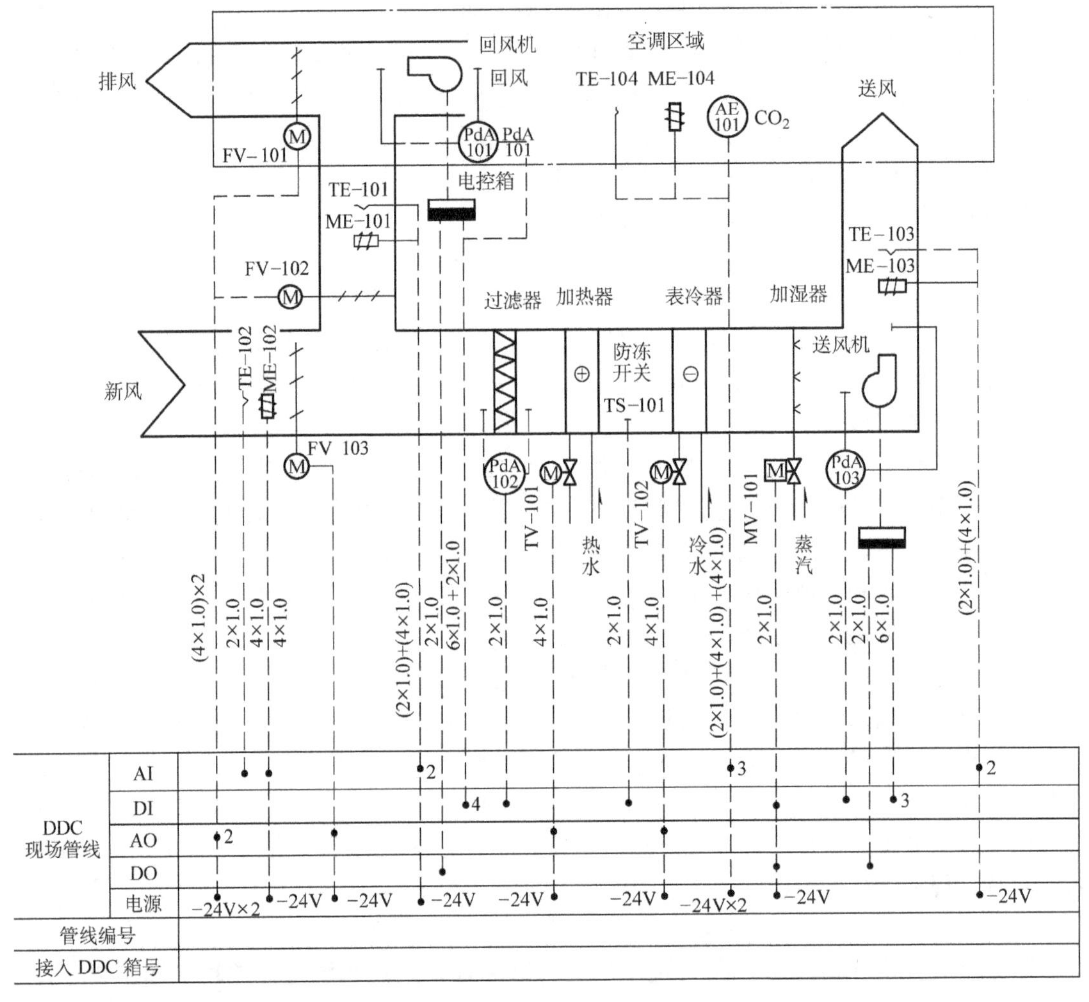

图 7-20　四管制混合式（新风与一次回风或二次回风混合）空调系统控制原理

2. 混合式空调机组运行状态及参量监控

自动控制系统对混合式空调机组的以下运行参量及状态进行监控：

1）从室外的温度传感器和新风口上的风管式空气温度传感器，采集室外温度和新风温度。

2）从室外的湿度传感器和新风口上的风管式空气湿度传感器，采集室外湿度和新风湿度。

3）从安装在过滤网上的压差开关监测过滤网两侧压差。

4）从安装在送风管和回风管上的风管式空气温度传感器，采集送风/回风温度。

5）通过安装在送风管和回风管上的风管式空气湿度传感器，采集送风/回风湿度。

6）使用安装在空调区域或回风管上的空气质量传感器（如 CO_2 传感器），进行空气质量监测。

7）采集由送风管上的风速传感器测出的风速，对送风风速进行监测。

8）通过安装在送风管表冷器出风侧的防冻开关，采集防冻开关状态监测信号（在冬季温度低于0℃的北方地区使用）。

9）通过送风/回风机配电柜热继电器辅助触点处的开闭状态，采集到送风/回风机故障状态的监测信号。

10）通过对送风/回风机配电柜热继电器辅助触点，对送风/回风机运行状态进行监测。

11）从 DDC 的 DO 口到新风口风门的驱动器控制电路，调节新风口风门开度。

12）从 DDC 的 DO 口到回风/排风风门的驱动控制电路，调节回风/排风风门开度。

13）从 DDC 的 AO 口输出冷/热水两通调节阀门驱动器控制电路，调节冷/热水两通调节阀门开度。

14）从 DDC 的 AO 口输出到冷/热水阀门的驱动控制器控制输入口，调节冷/热水阀门开度。

15）从 DDC 的 AO 口到加湿两通调节阀驱动器控制输入口，调节加湿阀门开度。

16）从 DDC 的 DO 口到送风/回风机配电箱接触器控制回路，对送风/回风机进行起/停控制。

五、变风量空调系统

变风量（VAV）空调系统是一种节能效果显著的空调系统。定风量空调系统的送风量是不变的，而是由房间最大热湿负荷确定送风量，但实际上房间热/湿负荷不可能经常处于最大值状态，而是全年的大部分时间都低于最大值，因此产生不必要的较大能耗。变风量空调系统是通过调节送入各房间的风量来适应负荷变化的系统。当室内空调负荷改变成室内空气参数，且设定值发生变化时，空调系统自动调节进入房间内的风量，将被调节区域的温度、湿度参数调整到设定值。送风量的自动调节可很好地降低风机动力消耗，降低空调系统运行能耗。

VAV 技术于20世纪90年代诞生于美国，VAV 系统追求以较低的能耗满足室内空气环境的要求。VAV 系统出现后并没有得到迅速的推广和应用，当时美国占主导地位的仍是定风量系统（CAV）加末端再加热和双风道系统。20世纪70年代爆发的能源危机使 VAV 系统在美国得到广泛应用，现已成为美国空调系统的主流，同时在其他国家也快速进入了迅速发展阶段。

据有关文献报道，VAV 系统与 CAV 系统相比，可以节能约30%~70%，对不同的建筑物，同时使用系数可取0.8左右。

VAV 系统的灵活性较好，易于改、扩建，尤其适用于格局多变的建筑，如商务办公楼，当室内参数改变或重新布置隔断时，可能只需更换支管和末端装置、移动风口位置，即能适应新的负荷情况。

1. VAV 系统的基本原理

全空气空调系统设计的基本要求是要决定向空调房间输送足够数量的、经过一定处理的空气，用以吸收室内的余热和余湿，从而维持室内所需要的温度和湿度。送入房间的风量按式（7-2）确定：

$$L=\frac{3.6Q_q}{\rho(I_n-I_s)}=\frac{3.6Q_x}{\rho c(t_n-t_s)} \tag{7-2}$$

式中，L 为送风量（m^3/h）；Q_q、Q_x 为空调送风所要吸收的全热余热和显热负荷（W）；ρ 为空气密度（kg/m^3），可取 $\rho=1.2$；c 为空气定压比热（kJ/（kg·K）），可取 $c=1.01$kJ/（kg·K）；I_n、I_s 为室内空气焓值和送风状态空气焓值（kJ/kg）；t_n、t_s 为室内空气温度和送风温度（℃）。

从式（7-2）可知，当显热负荷 Q_x 值发生变化而又需要使室内温度 t_n 保持不变时，可将送风温度 t_s 固定，而改变送风量 L，这种空调系统又称为 VAV 系统。

变风量系统的总风量控制方式一般有以下几种：

（1）风机出口阀门控制　用传动装置改变风机出口蜗壳形态，从而改变风量。

（2）风机入口导叶片控制　通过风机入口装有的放射可活动叶片来调节叶片的角度，从而改变风量。

（3）变节距控制　改变轴流式风机叶片的安装角度，以改变风量。

（4）风机转速控制　通过改变风机的转速，从而改变风机的运行曲线。

通过理论分析，VAV 系统的风量控制方式采用调节风机转速的控制方式所达到的节能效果最佳。

2. VAV 系统的特点

VAV 系统主要有如下特点：

1）节能效果好。VAV 系统的末端装置可随被控区域的实际负荷需求来改变送风量。

2）可实现各局部区域的灵活控制。与 CAV 系统相比，VAV 系统能更有效地调节局部区域的温度，实现温度的独立控制，避免在局部区域产生过冷或过热，由此可减少制冷或供热负荷 15%~30% 左右。

3）末端装置的送风散流器诱导率比较高，室内空气分布均匀，送风温度可降低，风管尺寸可减小，末端装置的数量可减少。

4）通过自动控制使空调和制冷设备按实际负荷需求运行，降低了电耗。

5）VAV 系统实际上可以不作系统风量平衡调试，就可以得到满意的平衡效果、末端装置上的风量调节可以手动设定在一个确定的空气量上，系统风量平衡只要调节新风、回风和排风阀就可以了。

6）和 CAV 系统相比，VAV 系统对室内相对湿度的控制质量要差一些，但对于一般民用建筑，对湿度的控制完全能满足要求。

7）VAV 系统中增加了系统静压、室内最大风量和室内最小风量、室外新风量等控制环节，设备成本会提高。

3. VAV 系统的控制

典型的 VAV 系统的结构原理如图 7-21 所示。

系统中，DDC 可独立地通过相关传感器自动检测和控制回风的温/湿度、过滤器阻塞报警、机组的起/停控制状态，并通过变频调速环节调节风机转速，使送风压力恒定，所有控制逻辑均由软件编程来完成；DDC 通过通信接口与中央管理站联网，在监控室可集中监控

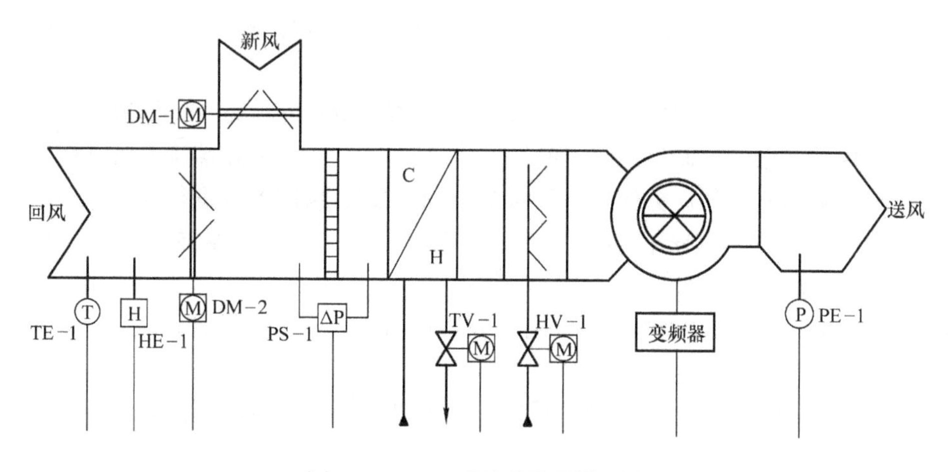

图7-21　VAV系统的结构原理图

TE-1—风管温度传感器　HE-1—风管湿度传感器　PE-1—压差变送器
TV-1—冷热水电动调节阀　HV-1—加湿电动调节阀　PS-1—压差开关
DM-1、2—风阀执行器

楼宇设备并进行管理。

4. VAV系统的运行状态及参量监控

VAV系统运行状态及参量监控的主要内容如下：

1）通过安装在室外的空气温度传感器和新风口上的风管式空气温度传感器，监测室外温度和新风温度。

2）通过安装在室外/新风口上的风管式空气湿度传感器，监测室外/新风的湿度。

3）在送/回风管中安装风管式空气温度传感器，监测送回风温度。

4）在过滤网上安装压差开关，监测过滤网两侧压差。

5）在送/回风管中安装风管式空气湿度传感器，监测送/回风湿度。

6）采用风管式压力传感器，监测送风管末端压强（空气）。

7）将空气质量传感器安装在回风管中，监测空气质量。

8）将风速传感器安装在送风管中，监测送风风速。

9）使用安装在回风管中的风速传感器监测回风风速。

10）在冬季温度较低且低于0℃的北方地区，通过安装在通风管表冷器出风侧的防冻开关输出，监测防冻开关的状态。

11）通过送/回风机配电柜接触器辅助触点闭合情况，监测送/回风机运行状态。

12）通过送/回风机配电柜热继电器辅助触点的闭合情况，监测送/回风机的故障。

13）从DDC的DO口输入到送风机配电箱接触器控制回路，对送/回风机进行起/停控制。

14）从DDC的DO口输出到送/回风电动机变频器控制口，对送/回风机的电动机转速进行调节。

15）自DDC的DO口输出到新风口风门驱动器控制输入点，进行新风口风门开度控制。

16）从DDC的DO口输入到回/排风机驱动器控制输入点，对回/排风机风门开度进行控制。

17）从DDC的AO口输入到冷热水两通调节阀门驱动器控制输入口，对冷热水阀门开度进行调节。

18）从 DDC 的 AO 口输出到加湿两通调节阀门驱动器控制输入口，对加湿阀门开度进行控制。

19）通过空调房间内的温度传感器，对 VAV 末端装置房间温度进行监测。

20）通过安装在空调房间送风管中的风速传感器，对 VAV 末端装置送风进行监测。

21）通过空调房间内的压力传感器，对 VAV 末端装置房间静压进行检测。

22）通过 VAV 末端控制器的 AO 口到末端装置送风风门驱动器控制输入口，对 VAV 末端装置送风风门开度进行调节。

23）通过 VAV 末端控制器的 AO 口到末端装置回风风门驱动器控制输入口，对末端装置回风风门开度进行控制。

24）通过 VAV 末端控制器的 DO 口到末端装置再热器控制输入口，对 VAV 末端装置再热器进行开关控制。

25）通过对所有 VAV 末端控制的风量检测值的计量及统计，实现对空调机组的送风量控制。

第三单元　CARE 控制策略

一、控制策略概述

1. 控制策略组成

Plant 控制策略由控制回路组成，为模拟点提供标准的控制功能，通过监测回路和调整设备操作来维持环境的舒适水平。控制回路是由一系列的表示事件顺序的控制图标组成。控制图标通过预编程功能和运算法来实现 Plant 原理图中的控制顺序。例如，控制图标包括 PID 功能和最大值功能等。

2. 控制策略容量

1）每个 Plant 可有多个控制回路。

2）每个控制器上与其连接的所有 Plant 最多只能有 128 个控制图标，即如果有 3 个 Plant，则用于这 3 个 Plant 的所有控制图标总数不能超过 128 个。

3）每个控制器上与其连接的所有 Plant 最多只能有 40 个 PID 控制图标，即如果有 3 个 Plant，则用于这 3 个 Plant 的 PID 控制图标总数不得超过 40 个。

如果控制回路没有完成而退出控制策略功能，则无法将 Plant 与控制器相连，也不能对 Plant 进行编译，将会出现警告信息。

二、控制策略窗口

1. 打开步骤

选择所需的 Plant。单击 Plant 菜单中的 Control Strategy 或单击工具栏中的控制策略图标按钮，出现控制策略工作区域。图 7-22 所示为典型的控制回路，其工作区域包含两个 PID 操作的控制回路。

2. 标题栏

标题栏显示 Plant 名字，如图 7-22 中，Plant 名为 OFFICE_BUILD_VENTILATION_BWMMI。

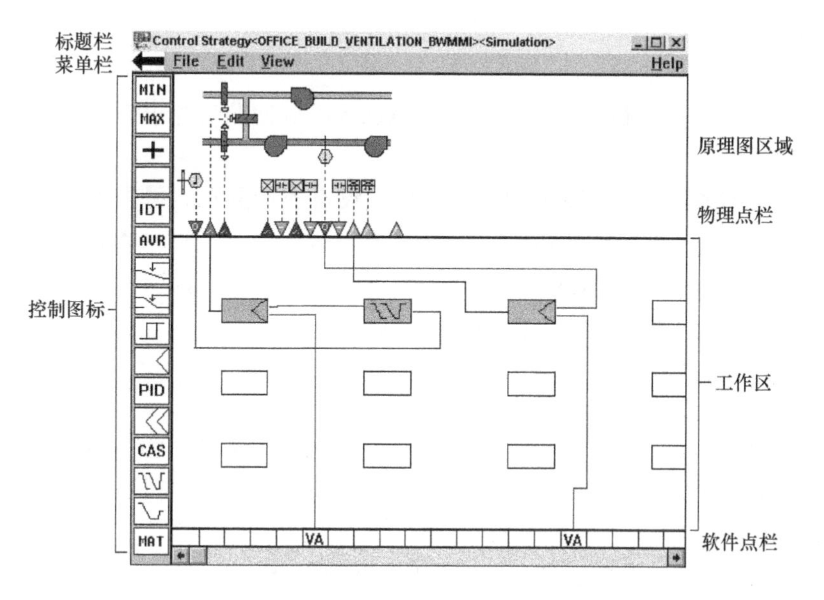

图 7-22　典型的控制回路

3. 菜单栏

在定义或选择控制回路后，⬅、File、Edit 和 View 均为活动状态。

（1）⬅　用于显示不同的控制图标栏控制选项。

（2）File　有 9 个菜单命令：New：建立新的控制回路；Load：载入已有的控制回路到 Plant 中；Copy：复制选择的控制回路并给它取一个新的名字；Delete：删除不必要的回路；Check loop：检查控制回路操作；Print with Schematic：带原理图打印当前控制回路；Print with User Address：带用户地址打印当前的控制回路；Exit：停止控制策略功能和返回主窗口；Information：显示版权和程序作者。

（3）Edit　有 6 个菜单命令：Modify Pseudo User Address：改变所选伪点的用户地址；Delete Symbol：删除当前所选的控制图标及其所有连接；Connect Symbol：显示当前所选符号的图标对话框；Symbol Parameters：显示当前所选符号的参数对话框；Load Software Points：若在开关逻辑章节定义了伪点，一定要在控制策略中载入伪点；Delete Unused SW Points：显示不用的软件点目录窗口，若需要可删除一个或更多。

（4）View　有 2 个菜单命令：Physical User Address：显示物理点用户地址；Pseudo User Address：显示伪点用户地址。

4. Plant 原理图区域

Plant 原题图区域位于菜单栏下方，用于显示或修改 Plant 原理图。

5. 物理点栏

这个区域显示原理图所需的物理点。若移动光标到箭头处按下鼠标左键，则显示该点的用户地址，可能会显示一个红色的“！”或一个绿色“√”。当松开鼠标左键时，显示消失。

红色的“！”表示：在 XFM 连接了的硬件点、与图标连接的数字输出点、与图标连接的 flex 点，以及与图标输出端连接的软件点。

6. 工作区

工作区是指放置控制图标的区域，可将控制图标分配到每个矩形中并可进行矩形、物理点和伪点之间的连接。

7. 软件点栏

显示与控制回路相关的伪点缩写，当将伪点加入控制回路后会出现缩写。

8. 未用的软件点

未用的软件点就是在 Plant 原理图控制策略中没有连接的点。单击 Edit 菜单中的 Delete Unused SW Points，弹出 Delete Unused SW Points 对话框，显示点目录和删除选项。选择想要删除的点，然后单击 Delete 删除这些不用的点。单击 Continue 关闭对话框，这时未删除的点还保留在 Plant 中，被放置到软件栏中，但未连接、未分配。

三、控制回路的选择

在选择控制图标前，必须为回路定义一个名字或选择一个已有的回路，有两种方法对回路进行命名，即可定义一个新的回路名或载入一个已有的控制回路进行修改。

1. 新的控制回路

对所选的 Plant 建立一个新的控制回路。具体步骤如下：

1）单击 File 菜单中的 New，弹出 Create New Control Loop 对话框，如图 7-23 所示。

2）在 Name 框中输入一个新的控制回路名字。单击 OK 建立一个新的回路，新窗口的标题栏显示新 Plant 名。

2. 使用已有的控制回路

为 Plant 快速建立控制功能也可使用已有的控制回路为 Plant 快速建立控制功能，具体步骤如下：

1）单击 File 菜单中的 Load，弹出 Load Control Loop 对话框，如图 7-24 所示。从已有的控制回路目录中选择控制回路进行修改。

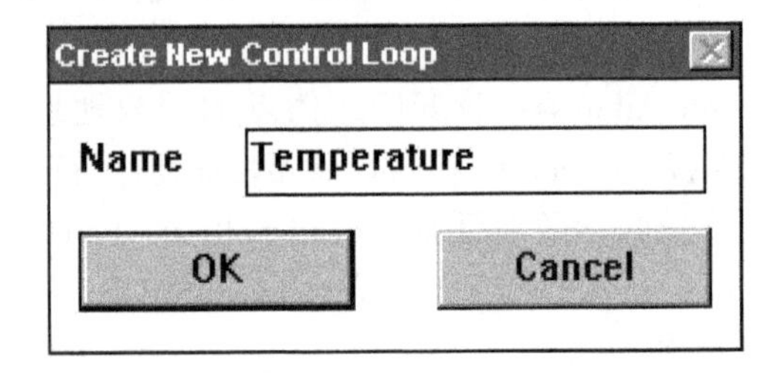

图 7-23　Create New Control Loop 对话框

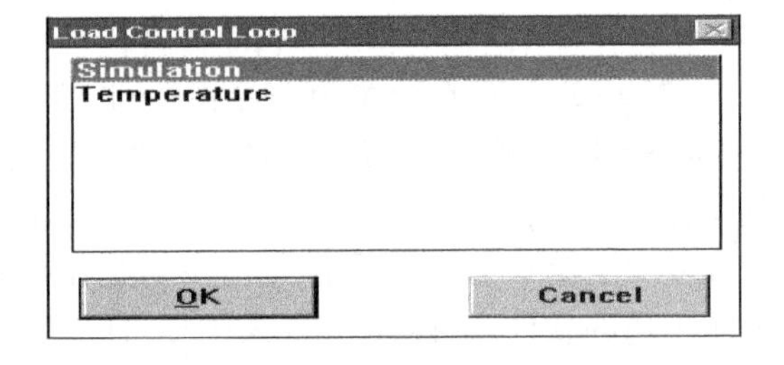

图 7-24　Load Control Loop 对话框

2）单击 OK 载入回路，控制回路名出现在标题栏 Plant 名的右边，工作区显示回路图标。若需要可马上进行控制回路的修改。

四、控制回路的功能

将控制图标与物理点、伪点连接起来就可以建立或修改一个控制回路。

1. 控制图标的选择和放置

1）在图标栏单击控制图标的图标按钮，光标呈控制图标的形状。如果在图标栏中没看到所需的控制图标，可单击菜单栏中左边箭头察看。

2）在控制策略工作区单击空的矩形，放置控制图标，矩形颜色变为红色，同时弹出一个对话框，要求输入与控制图标有关的内部参数信息。单击鼠标右键可取消还没有放置的图标。

3）要重新显示内部参数对话框，可在所需的图标上单击鼠标右键或单击 Edit 菜单中的 Symbol parameters，就会弹出当前所选图标参数对话框。当前所选图标周围是灰色框。

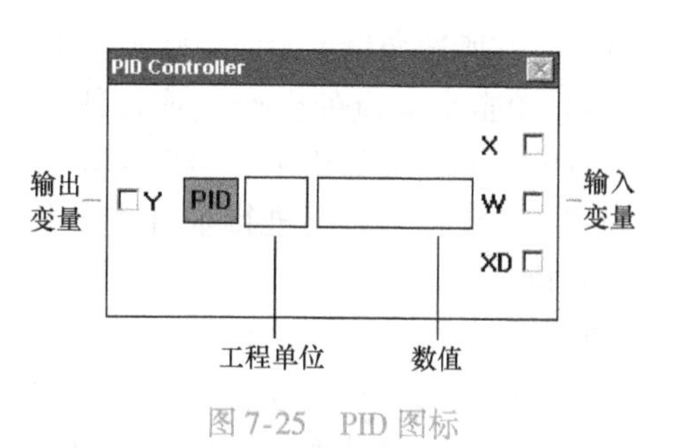

图 7-25　PID 图标

4）双击控制图标，弹出变量的输入/输出对话框，对话框左边为输出变量，中间为红色控制图标，右边为输入变量。例如，PID 图标如图7-25所示，Y、X 和 W 变量需要与物理点、伪点和其他的控制图标连接，在 PID 对话框中，中间有两个空白的矩形框，第一个空白矩形框用于输入工程单位，输入相应的检索号即可，第二个空白矩形框用于输入变量 W 数值，如果变量没有编辑区域，则不能输入数值，必须将 W 与另一个图标或点连接。

2. 控制图标与 Plant 的连接

可将控制图标与物理点（每个物理输出点只能与一个图标进行连接）、伪点、标志点和其他控制图标进行连接。因为每个类型有一不同序列的输入和输出，所以所需的步骤也不相同，通过点将控制图标与 Plant 相连的典型操作步骤如下：

1）在控制策略工作区选择并放置所需的控制图标，工作区图标符号为红色，表示还没有与所需的输入和输出连接。当前所选图标周围是深灰色框。

2）单击原理图中输入点或输出点的箭头，则箭头颜色变为黑色，图 7-26 所示为选择了点箭头与控制图标的情况。

3）双击工作区所需的控制图标或单击 Edit 菜单中的 Connect symbol，如果当前所选的控制图标就是所需的图标（周围是深灰色框），会出现控制图标输入/输出对话框，列出输入/输出要求。

4）单击输入/输出类型，注意要与所选点的情况匹配。如在 PID 对话框中单击 Y 变量，如图 7-27 所示，则在其复选框中出现“√”标志，说明变量与点类型匹配；反之，若没有出现“√”标志，则说明变量与点类型不匹配。

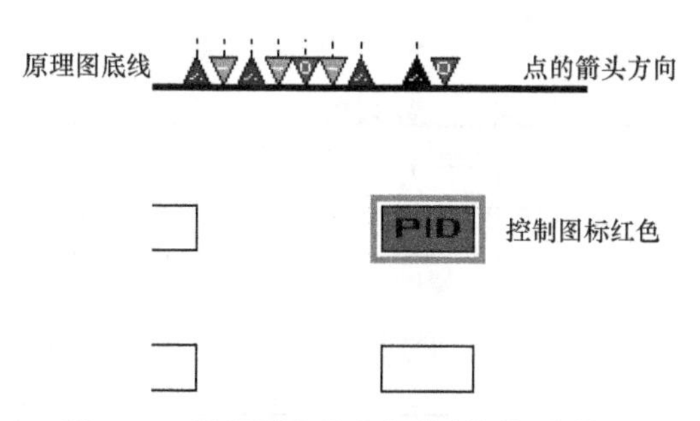

图 7-26　选择了点箭头与控制图标的情况

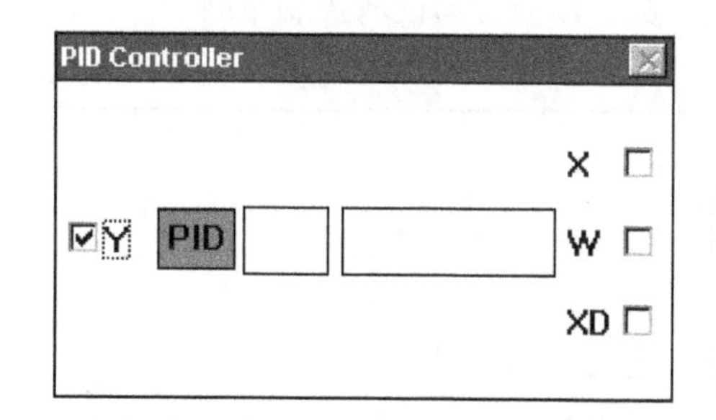

图 7-27　选择了 Y 变量的 PID 图标

5）在对话框中单击控制图标的图标按钮，工作区出现两根线：一条垂直线，一条水平线。它们交叉点处即是鼠标悬停处。可移动鼠标来移动这些线，当鼠标左右移动时，水平线也左右移动；当鼠标上下移动时，垂直线也上下移动，如图7-28所示。如果在图标对话框中所选的点与所选变量不匹配，则不会出现这种情况。

6）单击交叉点处会产生连接线，若将交叉点移到点箭头上，出现“+”号时单击箭头即可完成点与图标的连接，只能进行垂直或水平连接，不能进行对角连接。

7）重复上述步骤，将另一个输入和输出与控制图标连接。完成所有连接后，控制图标变为浅蓝色，表示回路已全部连接完毕。有时连接线会穿过其他控制图标或与其他连接线相交，这样可能会引起控制策略混乱，可通过下列方法解决：将交叉点移动到图标前产生一条更长的连接线或将交叉点移动到图标下面产生另一条连接线等。

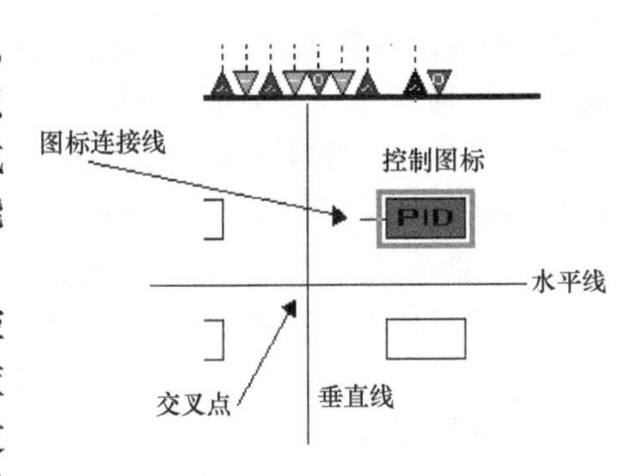

图 7-28　工作区域中的水平线和垂直线

3. 两个控制图标的连接

将几个控制图标进行连接，一个图标的输出作为第二个图标的输入。具体步骤如下：

1）选择第一个控制图标放置在工作区。

2）选择第二个控制图标放置在工作区。

3）双击每个图标，依次从左边到右边，显示它们的输入/输出对话框，右边图标的输出为左边图标的输入。

4）从每个框中选择一个变量。一个变量应该是输出，另一个变量为输入。

5）在左边的对话框中单击图标符号关闭两个对话框，左边图标出现短连接线并显示交叉线。

6）移动交叉线到右边图标的左侧。

7）单击进行连接。

一个控制图标的输出可与其他控制图标的多个输入连接，按前面描述的步骤进行连接即可。

连接时应尽量注意放置技巧，避免产生混乱。例如，图 7-29 与图 7-30都包括物理点、伪点及相互间连接的 3 个控制图标，但因为图标和连线的放置不同，图 7-30 非常混乱。控制图标的位置尽量放在相关设备下面。控制图标的左边是输出点或图标，控制图标的右边是输入点或图标。放置控制图标后进行物理点和伪点的连接时，应尽量减少连接线的穿过次数，以便容易读取控制策略。

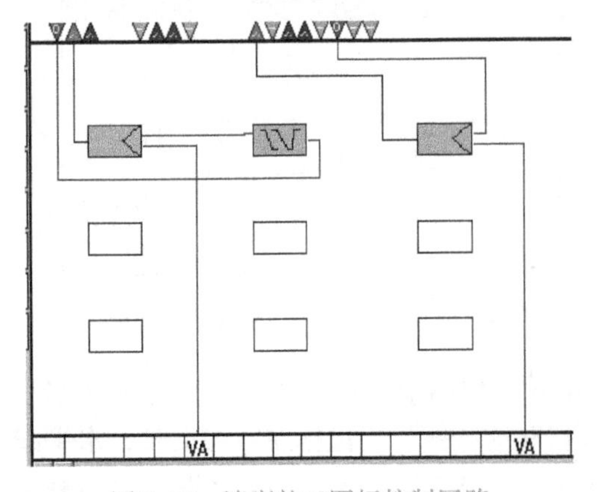

图 7-29　清晰的三图标控制回路

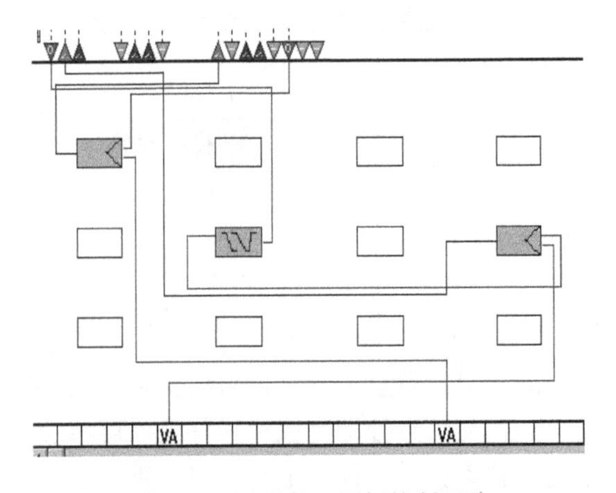

图 7-30　混乱的三图标控制回路

当连接线穿过另一条线但不需要进行连接时，在交叉处画一条短距离线即可，直接穿过则表明已连接，如图 7-31 所示。

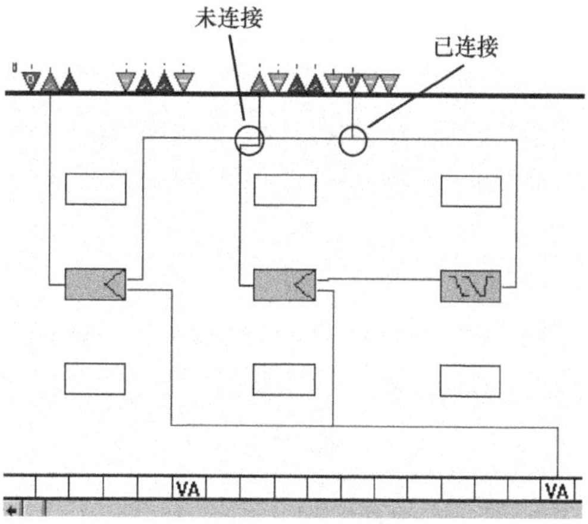

图 7-31　交叉线的连接与未连接

4. 控制图标及其连接的删除

1）单击所需删除的图标，图标周围出现灰色框。

2）单击 Edit 菜单中的 Delete symbol 或按住 Ctrl + Delete 键，弹出一个对话框显示 "Delete Symbol：Are you sure?"

3）单击 Yes 删除或单击 No 取消。若单击 Yes，则删除控制图标及它的所有连接。

5. 未完成连接的删除

1）将交叉点放在未完成连接点末尾处。

2）单击鼠标右键，删除一个连接。再次单击鼠标右键，则删除另一个连接。

五、伪点和标志点

物理点和伪点间的不同是伪点没有技术地址。伪点和标志点没有物理基础，因此没有技术地址。CARE 通过计算伪点数值，可对伪点分配用户地址以便能够像物理点一样使用并显示它们。

1. 类型

伪点和标志点有 7 种类型：VA（伪模拟点）、VD（伪数字点）、VT（伪累加器）、GA（全局模拟点）、GD（全局数字点）、FA（标志模拟点）、FD（标志数字点）。

伪点可能是模拟量、数字量或累加器。它们在控制器里代表计算数值。标志点可能是模拟量或数字量，并在 RACL 应用程序中代表 Z 寄存器。

每个控制器最多有 255 个伪点。保留 3 个数字伪点（STARTUP、SHUTDOWN 和 EXECUTING STOPPED），用户可自由分配 252 个伪点。

每个控制器每种伪点类型最多有 128 个，换句话说，最多可分配 128 个模拟伪点或 128 个累加器伪点等。因为 3 个数字伪点是预分配好的，所以最多只能用 125 个数字伪点。标志点没有最大值数值限制。

全局点是伪点（GA 或 GD）的一种类型，可为输入或输出。全局点目的是通过控制器总线共享点的信息。全局输入点接收从另一个控制器来的信息。当控制器上有一个点对许多其他控制器是有效时，使用全局输入。全局输出发送信息到其他控制器中的点。当一个控制器有用于其他控制器的唯一全局点时，使用全局输出，也能对连接输出的一些控制图标使用全局输出，全局输出只与伪点或输出点有关。

2. 点的删除

可使用 Control Strategy 中 Edit 菜单下的 Delete 命令删除未用的软件点。

3. 特殊的伪点

Excel 5000 控制器有 3 个特殊的伪点：STARTUP，SHUTDOWN 和 EXECUTING STOPPED。假设控制器有时间表和 RACL 码，每点的描述如下：

当控制器系统运行时，STARTUP 为 1（报警），不运行时为 0（常态）。当系统从数据库下载到控制器时，系统会尝试启动。如果有致命 CPU 错误，系统不运行；如果电源启动失败，电池维持内存系统，再一次尝试启动。可使用 XBS 或 XI584 中 Stop Application 功能将点设定为零，也可使用 XBS 或 XI584 中 Start Application 功能尝试重新启动系统。

当控制器系统运行时，SHUTDOWN 为 0（常态），不运行时为 1（报警）。将该点设定为 1 的唯一方法是在 XBS 或 XI584 中使用 Stop Application 功能。如果 RACL 软件阻止该点设置，则该点保留零值。

当控制器中 RACL 程序运行时，EXECUTING STOPPED 为 0（常态），RACL 停止时为 1（报警）。如果控制器检测到错误条件，会引起 RACL 暂停（如检测到不能用的点），软件将点设定为 1。如果手动设定该点为 1，RACL 暂停，所有的输出冻结为最后的数值。这时，不能将点设定为 0 或设定为自动方式来重新启动 RACL，只能通过电源复位或使用 XBS 或 XI584 中 Start Application 功能重新启动。

4. 软件点栏

分配的伪点/标志点在软件栏上出现点类型的缩写，未分配的点可从目录中获得，分配了的伪点/标志点可与控制策略符号连接。未用的软件点可以删除，用过的点不能删除。

5. 新的伪点/标志点的建立/分配

建立新的伪点/标志点并将它分配到软件栏的具体步骤如下：

1）单击软件点栏中需放置新的伪点/标志点位置，在有关的控制图标附近进行定位，弹出 Create/Select Software Address 对话框，如图 7-32 所示。该对话框显示所有已有的伪点/标志点，包括未分配的、已分配并连接的、已分配未连接的伪点/标志点。未分配和已分配的点/标志点可通过不同的符号进行区分。

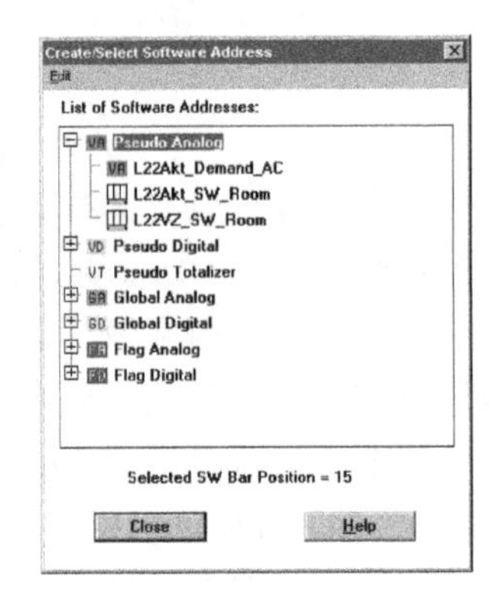

图 7-32　Create/Select Software Address

：已分配在软件点栏上的伪点/标志点。

GD：开关表中未分配的伪点/标志点，在文件夹中带颜色显示。

：映射到 XFM 的内部数据库中的未分配的软件点。

：映射为 XFM 参数的未分配的软件点。

每个伪点/标志点类型都有自己带颜色的文件夹，可能是空的，也可能包含已建立的伪点/标志点。单击“+”可打开文件夹。

2）单击所需的伪点/标志点文件夹打开伪点/标志点。

3）通过快捷菜单单击 New 或单击 Edit 菜单中的 New 来建立新的软件点，弹出 New Software Datapoint 对话框，如图 7-33 所示。

4）在 Subtype 下拉列表框中选择类型。

5）在 User Address 框中输入用户地址。

6）单击 OK，则伪点/标志点自动分配到软件点栏中，并按缩写显示。

7）将伪点/标志点与控制策略符号连

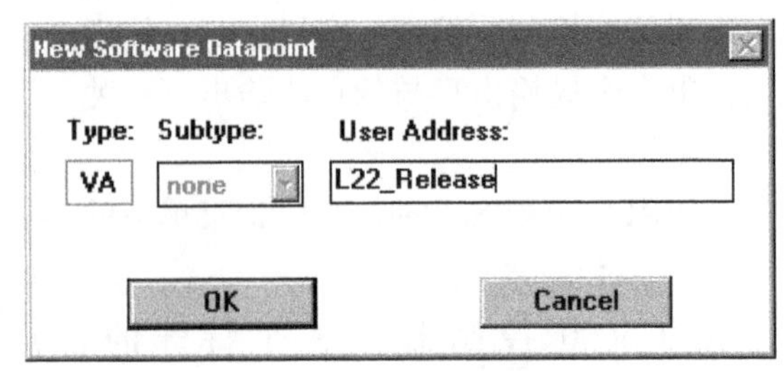

图 7-33　New Software Datapoint 对话框

接。**注意**：当出现下列情况（建立控制回路、载入控制回路、删除控制回路、删除控制策略符号）之一时，已分配到控制策略但未连接的点会变为未分配点。

8）进一步建立伪点/标志点，在软件点栏中所需位置单击，重复第2)~6）步即可。**注意**：如果未选择软件栏位置，建立的伪点/标志点是未分配的伪点/标志点，可分别使用Assign to SW Bar将点分配到软件点栏。

6. 伪点和标志点的载入/分配

软件可通过开关逻辑功能或从其他Plant载入已有的伪点或标志点，并将它们分配到软件点栏。具体步骤如下：

1）载入控制回路。

2）单击需放置伪点/标志点的软件点栏位置或单击Edit菜单中的Load Software Points，弹出Create/Select Software Address对话框。

3）打开伪点/标志点文件夹，单击要分配到软件点栏的伪点/标志点。

4）在软件点栏上单击鼠标左键选择位置，若分配点前没有在软件点栏上选择位置，CARE将会在第5）步后要求选择一个位置。

5）单击鼠标右键，在快捷菜单中单击Assign to SW Bar或单击Edit菜单中的Assign to SW Bar，结果伪点/标志点分配到软件点栏中。

六、控制回路的管理

1. 控制回路的复制

软件可对已存在的控制回路进行复制，存储为另一个文件名。具体步骤如下：

1）单击File菜单中的Copy loop，弹出Copy Control Loop对话框。从已存在的控制回路目录中选择需要复制的控制回路名，则所选的控制回路名出现在Control Loop区域。

2）在Save As的重命名框中输入新的控制回路名，新的控制回路名不能是已经存在的名字。单击OK完成复制。

2. 控制回路的删除

1）单击File菜单中的Delete loop，弹出Delete control loop对话框。从已存在的控制回路中选择需要删除的控制回路，则所需删除的控制回路名出现在Name框中。

2）单击OK删除回路并关闭对话框。

3. 控制回路的检测

检测控制回路操作是否正确，当退出控制回路功能时会询问是否需要运行此功能。单击File菜单中的Check loop，弹出Information对话框，显示回路是否完成检测的信息。单击OK关闭对话框。

七、控制策略的退出

单击File菜单中的Exit，弹出End control strategy对话框，询问是否需要检测控制回路，单击Yes开始检测回路，或单击No退出控制策略。

八、控制图标功能详解

控制图标提供了软件预先编好的功能和算法，利用这些标准的控制功能可以在设备原理图基础上快速建立控制策略。每个控制图标都有一个 I/O 对话框来定义输入和输出（可以是硬件点、软件点或是其他控制图标的 I/O），有些控制图标还有内部参数设置对话框，用来定义实现控制图标功能所需的参数。

表 7-1 所示是 CARE 提供的所有控制图标，表中简要介绍了每个控制图标的名称、符号、图标及控制功能。

表 7-1　CARE 提供的所有控制图标

控制图标	功能名	图标名	功能描述
+	加法	ADD	两个以上的模拟点输入求和
—	减法	DIF	两个以上的模拟点输入求差
	选通开关	SWI	选通开关：根据一个数字量，选通不同的控制回路
AVR	平均值	AVR	计算多个（2～6）模拟量输入点的平均值
	串级控制	CAS	串级控制器
CAS	串级控制（带 DI）	CAS	带数字量输入的串级控制器
	转换开关	CHA	根据一个数字量来传递模拟量值
	循环	CYC	建立一个循环操作
IDT	数据传递	IDT	将值从一个控制图标传递到其他图标或点
	死区	2PT	带死区的数字量开关
DUC	开关切换	DUC	间断性切换 HVAC 系统开/关，用以节能
ECO	优化运行	ECO	确定最经济的系统运行方式
	事件计数器	EVC	事件计数器
XFM	结合应用	XFM	能和其他模块或点结合的混合应用
	自适应加热曲线	HCV	使用加热曲线计算排风温度设定值
h,x	焓值和绝对湿度	H，X	计算焓值和绝对湿度
MAT	数学编辑器	MAT	数学编辑器
MAX	最大值	MAX	选择多个模拟量输入中的最大值
MIN	最小值	MIN	选择多个模拟量输入中的最小值
NIPU	夜间降温	NIPU	夜间使用较冷的室外温度以降低能耗
EOH	优化空调起/停	EOV	为起停空调设备计算最优值

（续）

控制图标	功能名	图标名	功能描述
EOV	优化加热启/停	EOH	为启/停加热系统计算最优值
	PID	PID	PID 控制器
PID	PID（带使能端）	PID	带有开关使能端的 PID 控制器
	限幅	RAMP	限制房间温度变化率
RIA	读取	RIA	读取一个用户地址的属性值
	排序	SEQ	根据模拟量输入，确定模拟量输出顺序
WIA	写入	WIA	写入一个用户地址的属性
ZEB	零能量带	ZEB	确定预先定义的舒适区的设定值

九、控制策略实例

图 7-19 所示两管制直流式（全部新风）空调系统控制原理图中对冷水阀的控制，在确保过滤网不堵塞，风机为开的状态下，采用室内温度 PID 调节冷水阀的开度，如图 7-34 所示，其中，设定温度通过伪模拟点进行设定。图中各点的属性见表 7-2。

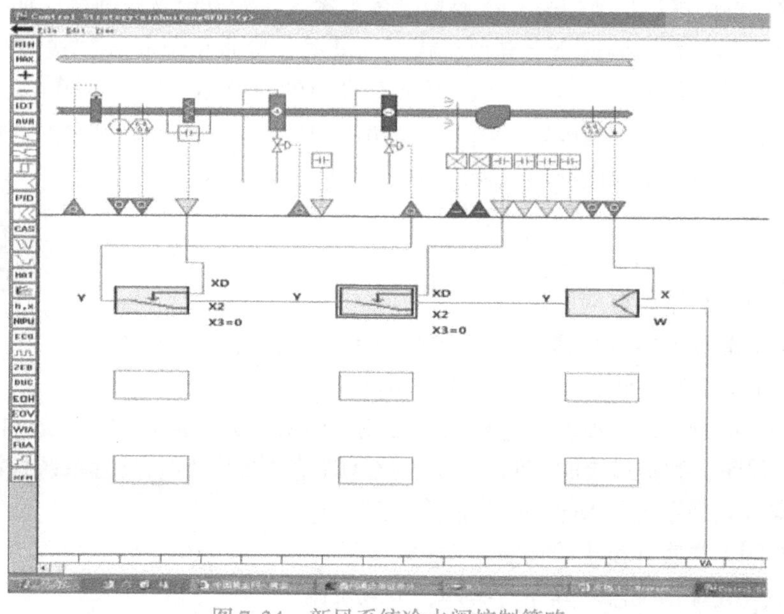

图 7-34　新风系统冷水阀控制策略

表 7-2 图 7-34 各点的属性

序号	用户地址	描述	属性
1	PdA101	过滤网状态	Normal/Alarm (1/0)
2	SFJZT	风机状态	On/off (1/0)
3	TE102	室内温度	Linear Input
4	TV102	冷水阀	Linear Graph

第四单元 空调系统监控实训

一、实训目的

1. 熟悉空调系统的组成、工作原理及控制方式。
2. 掌握 Excel 50 控制器的 DI、AI、DO、AO 通道的使用。
3. 熟悉控制图标的意义。
4. 掌握控制策略的编程方法。
5. 掌握空调系统监控程序的编译、下载与测试方法。

二、实训设备

1. DDC（如 Honeywell Excel 50）。
2. 空调系统模块或独立的开关元件、电位计、继电器等。
3. 万用表、插接线等。

三、实训要求

某空气处理系统有新风阀、新风温度、新风湿度、过滤器、冷水阀、加湿器、送风机、送风温度、送风湿度等设备及信号，需要检测各类输入、输出信号控制要求如下：

1. 在过滤网不堵塞、风机处于自动、状态为开时，冷水调节阀根据送风温度与设定温度（伪点）的偏差进行 PID 控制，送风温度传感器特性为 DC0 ~ 10V/ −10 ~ 70℃。

2. 送风机处于自动、无故障时，周一至周五 8:30 ~ 17:50 起动，其余时间停止。

3. 送风机起动时，新风阀同时开启。

四、实训步骤

空调监控系统原理图的绘制

1. 绘制空气处理系统监测原理图。

2. 采用 CARE 完成空气处理系统监测原理图绘制，要求在表格中填写每个信号的用户地址、描述、属性、DDC 端口等信息。

3. 写出空气处理系统中冷水阀的控制（控制策略或开关逻辑），写出送风机的控制（开关逻辑或时间程序）和新风阀的控制，并应用 CARE 软件编写空气处理系统监测程序。

4. 绘制空气处理系统与 DDC 的硬件连接接线图。

5. 完成控制器与实训模块的接线。

6. 完成空气处理系统监测程序的编译、下载及调试。

五、实训项目单

实训（验）项目单

Training Item

姓名：______　班级：______　学号：______　　　　　　　　　　　　　　日期：______年____月____日

项目编号 Item No.	BAS-08	课程名称 Course	楼宇自动化技术	训练对象 Class		学时 Time	
项目名称 Item	空调系统的监控			成绩			
目的 Objective	1. 熟悉空调系统的组成、工作原理及控制方式。 2. 掌握 Excel 50 控制器的 DI、AI、DO、AO 通道的使用。 3. 熟悉控制图标的意义。 4. 掌握控制策略的编程方法。 5. 掌握空调系统监控程序的编译、下载与测试方法。						

一、实训设备

1. DDC（如 Honeywell Excel 50）。
2. 空调系统模块或独立的开关元件、电位计、继电器等。
3. 万用表、插接线等。

二、实训要求

某空气处理系统有新风阀、新风温度、新风湿度、过滤器、冷水阀、加湿器、送风机、送风温度、送风湿度等设备及信号，需要检测各类输入、输出信号控制要求如下：

1. 在过滤网不堵塞、风机处于自动、状态为开时，冷水调节阀根据送风温度与设定温度（伪点）的偏差进行 PID 控制，送风温度传感器特性为 DC0～10V/－10～70℃。

2. 送风机处于自动、无故障时，周一至周五 8:30～17:50 起动，其余时间停止。

3. 送风机起动时，新风阀同时开启。

三、实训步骤

1. 绘制空气处理系统监测原理图。

空调监控系统冷水阀控制编程方法（一）

空调监控系统冷水阀控制编程方法（二）

2. 采用 CARE 完成空气处理系统监测原理图绘制，要求在表格中填写每个信号的用户地址、描述、属性、DDC 端口等信息。

空调监控系统送风机新风阀控制编程

空调监控系统加湿器控制编程

（续）

用户地址	描　述	属性（I/O）	DDC 端口	备　注

3. 写出空气处理系统中冷水阀的控制（控制策略或开关逻辑），写出送风机的控制（开关逻辑或时间程序）和新风阀的控制，并应用 CARE 软件编写空气处理系统监测程序。

冷水阀的控制　　　　送风机的控制　　　　新风阀的控制

4. 绘制空气处理系统与 DDC 的硬件连接接线图。

5. 完成控制器与实训模块的接线。

6. 完成空气处理系统监测程序的编译、下载及调试。

四、实训总结（详细描述实训过程，总结操作要领及心得体会）

五、思考题

某二管制空调机组夏天制冷、冬天供热，针对此空调机组编写调节阀自动控制程序。（注：假设夏天设定温度为26℃，每年的6月1日至8月31日制冷；冬天设定温度为20℃，每年的11月1日至次年1月31日供热。）

评语：

教师：______年____月____日

模块八

冷热源系统的监控

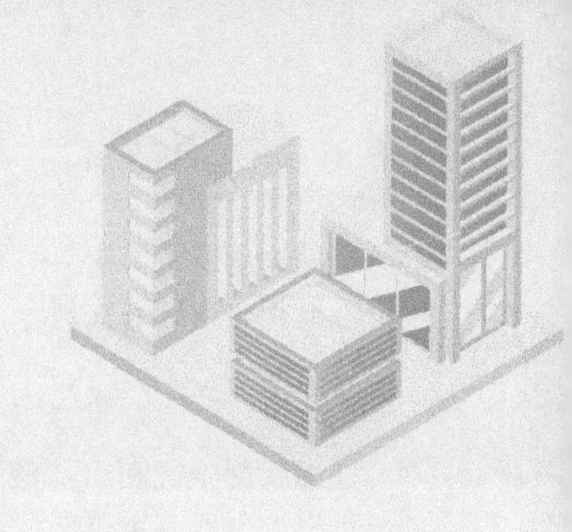

第一单元　冷热源系统概述

在现代建筑中，暖通空调系统的能耗占据了建筑物总能耗的65%左右，而冷热源设备及水系统的能耗又是暖通空调系统能耗的最主要部分，占80%～90%。如果提高了冷热源设备及水系统的效率就解决了BAS节能最主要的问题，冷热源设备与水系统的节能控制是衡量BAS成功与否的关键因素之一。同时，冷热源设备又是建筑设备中最核心，最具经济价值的设备之一，保证其安全、高效地运行十分重要。

建筑物中，系统冷源可以是冷水机组、热泵机组等，这些冷源主要为建筑物空调系统提供冷量；系统热源可以是锅炉系统或热泵机组等，除为建筑物空调系统提供热水外，还包括生活热水。其中，热泵机组既可以作为系统冷源，又可以作为系统热源。但由于它的制冷、制热效率都较低，因此单独将热泵机组作为系统冷/热源的建筑并不多见。如果单独将冷水机组作为系统冷源，将锅炉系统作为系统热源，会造成容量浪费和设备利用率低的缺点。因为冷水机组在冬天几乎不用，而锅炉系统在夏天也仅仅满足生活热水需求，同时冷水机组和锅炉机组的容量又必须满足尖峰负荷需求，因此许多建筑物都将冷水机组和锅炉系统作为主要冷/热源，其容量满足大多数情况下的负荷需求，不足部分由热泵机组承担。这种冷/热源的配置方式相对比较经济。

由于冷水机组、热泵、锅炉等设备的控制较复杂，BAS通过接口方式控制这些设备的起/停并调节部分可控参数，如冷冻水出水温度、蒸汽温度等。生活热水系统的监控原理与建筑物空调热源水循环系统的工作原理基本相同，因此下面仅讨论空调系统中冷热源系统的工作原理。

中央空调冷源系统包括冷水机组、冷冻水循环系统、冷却水系统；中央空调热源系统包括锅炉机组、热交换器等。而中央空调系统中的冷/热源系统投资费用高、运行能耗高，进行合理的设计来实现节能运行非常重要。

第二单元　制冷系统的监控原理

空调冷冻水由制冷机（冷水机组）提供，冷水机组由压缩式（活塞式、离心式、螺杆式、涡旋式）冷水机组和吸收式冷水机组两大类组成。

应综合考虑建筑物用途、建筑物负荷大小及其变化、冷水机组特性、电源情况、水源情况、初始投资运行费用、环保安全等因素来选用冷水机组（制冷机）。制冷机和冷冻水循环泵、冷却塔、冷却水循环泵一起构成冷源。

根据制冷设备所使用的能源类型，空调系统中常用制冷机分为压缩式、吸收式和蓄冰制冷。在此仅介绍压缩式制冷。

一、压缩式制冷机

压缩式制冷机利用“液体气化时要吸收热量”这一物理特性方式制冷，它由压缩机、冷凝器和蒸发器等主要部件组成，构成一个封闭的循环系统，如图 8-1 所示。其工作过程如下：

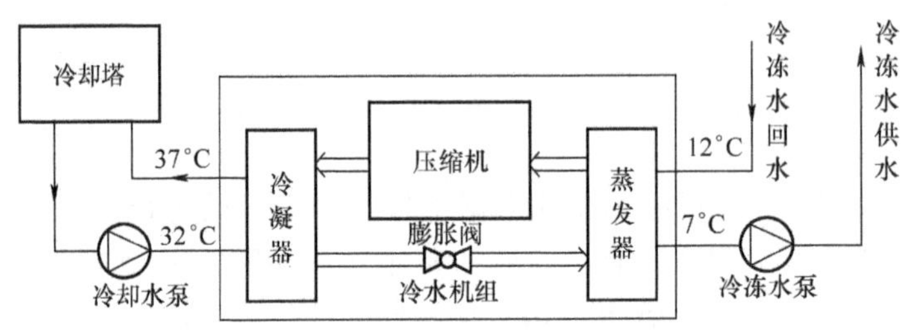

图 8-1　压缩式制冷原理示意图

压缩机将蒸发器内所产生的低压低温的制冷剂（如氟利昂 R22、R123 等）气体吸入汽缸内，经压缩后成为高压、高温的气体被排至冷凝器。在冷凝器内，高温高压的制冷剂与冷却水（或空气）进行热交换，把热量传给冷却水而使本身由气体凝结为液体。高压的液体再经膨胀阀节流降压后进入蒸发器。在蒸发器内，低压的制冷剂液体的状态是很不稳定的，立即进行汽化并吸收蒸发器水箱中水的热量，从而使冷冻水的回水重新得到冷却，蒸发器所产生的制冷剂气体又被压缩机吸走。这样，制冷剂在系统中要经过压缩、冷凝、节流和汽化 4 个过程才完成一个制冷循环。

把整个制冷系统中的压缩机、冷凝器、蒸发器和节流阀等设备，以及电气控制设备组装在一起，称为冷水机组，主要为空调机和风机盘管等末端设备提供冷冻水。图 8-2 所示为离心式冷水机组示意图。

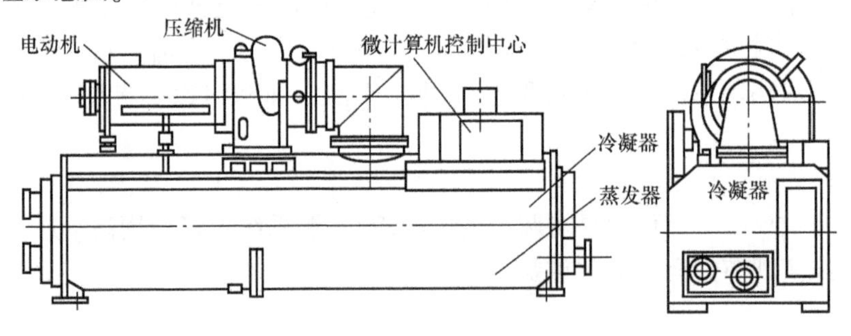

图 8-2　离心式冷水机组

二、冷冻水系统

冷冻水系统负责将制冷装置处理的冷冻水输送到空气处理设备，通常是指向用户供应冷、热量的空调水管系统，其作用是将风管道中的空气制冷。冷冻水系统一般由水泵、膨胀水箱、集水器、分水器和供回水管道等组成。如图 7-1 所示，经由蒸发器的低温冷冻水

(7℃左右)送入空气处理设备，吸收了空气热量的冷冻水升温(12℃左右)，再送到蒸发器循环使用，水循环系统靠冷冻水泵加压。

冷冻水系统的特点是系统中的水是封闭在管路中循环流动，与外界空气接触少，可减缓对管道的腐蚀，为了使水在温度变化时有体积膨胀的余地，封闭式系统均需在系统的最高点设置膨胀水箱，膨胀水箱的膨胀管一般接至水泵的入口处，也有接在集水器或回水主管上的。为了保证水量平衡，在总送水管和总回水管之间设置有自动调节装置，一旦供水量减少而管内压差增加，将使一部分冷水直接流至总回水管内，保证制冷装置和水泵的正常运转。

三、冷却水系统

冷却水系统是水冷制冷机组必须设置的系统，作用是用温度较低的水(冷却水)吸收制冷剂冷凝时放出的热量，并将热量释放到室外。冷却水系统一般由水泵、冷却塔、供回水管道等组成。如图7-1所示，经由冷凝器升温的冷却水(37℃左右)通过管道送入冷却塔，使其冷却降温(32℃左右)，再送到冷凝器循环使用，水循环系统靠冷却水泵加压。

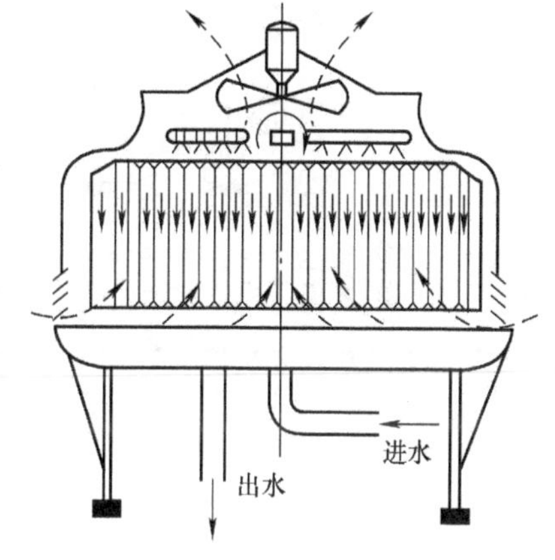

图8-3　典型的逆流式圆形冷却塔构造

冷却塔的作用是将室外空气与冷却水强制接触，使水散热降温。典型的逆流式圆形冷却塔(简称逆流塔)构造如图8-3所示。它主要由外壳、轴流式风机、布水器、填料层、集水盘和进风百叶等组成，冷却水通过旋转的布水器均匀地喷洒在填料上，并沿着填料自上而下流落；同时，被风机抽吸的空气从进风百叶进入冷却塔，并经填料层由下向上流动，当冷却水与空气接触时，即发生热湿交换，使冷却水降温。

四、空调制冷系统的监控原理

制冷系统监控的主要内容包括冷冻机组、冷却水系统以及冷冻水系统的监测与控制，以确保冷冻机有足够的冷却水通过，保证冷却塔风机、水泵安全正常工作，并根据实际冷负荷调整冷却水运行工作，保证足够的冷冻水流量。

图8-4所示为一典型的采用压缩式制冷的制冷系统监控原理图。图中共有3台冷水机组，系统根据建筑冷负荷的情况选择运行台数。冷水机组的右侧是冷却水系统，有3台冷却塔及相应的冷却水泵及管道系统，负责向冷水机组的冷凝器提供冷却水。冷水机组左侧是冷冻水系统，由冷冻水循环泵、集水器、分水器和管道系统等组成，负责把冷水机组的蒸发器提供的冷量通过冷冻水输送到各类冷水用户(如空调机和冷水盘管)。

1. 制冷系统的运行状态及参量监控

BAS对制冷系统的一些主要运行参数进行监控，这些参数有：

1）冷水机组的进水口和出水口冷冻水温度。

2）集水器回水温度与分水器供水温度(一般与冷水机组的进水口和出水口温度相同)，这个温度反映末端冷水负荷的变化情况。

3）冷冻水供/回水流量检测。通过对冷冻水(供/回水)流量及供/回水温度检测，可

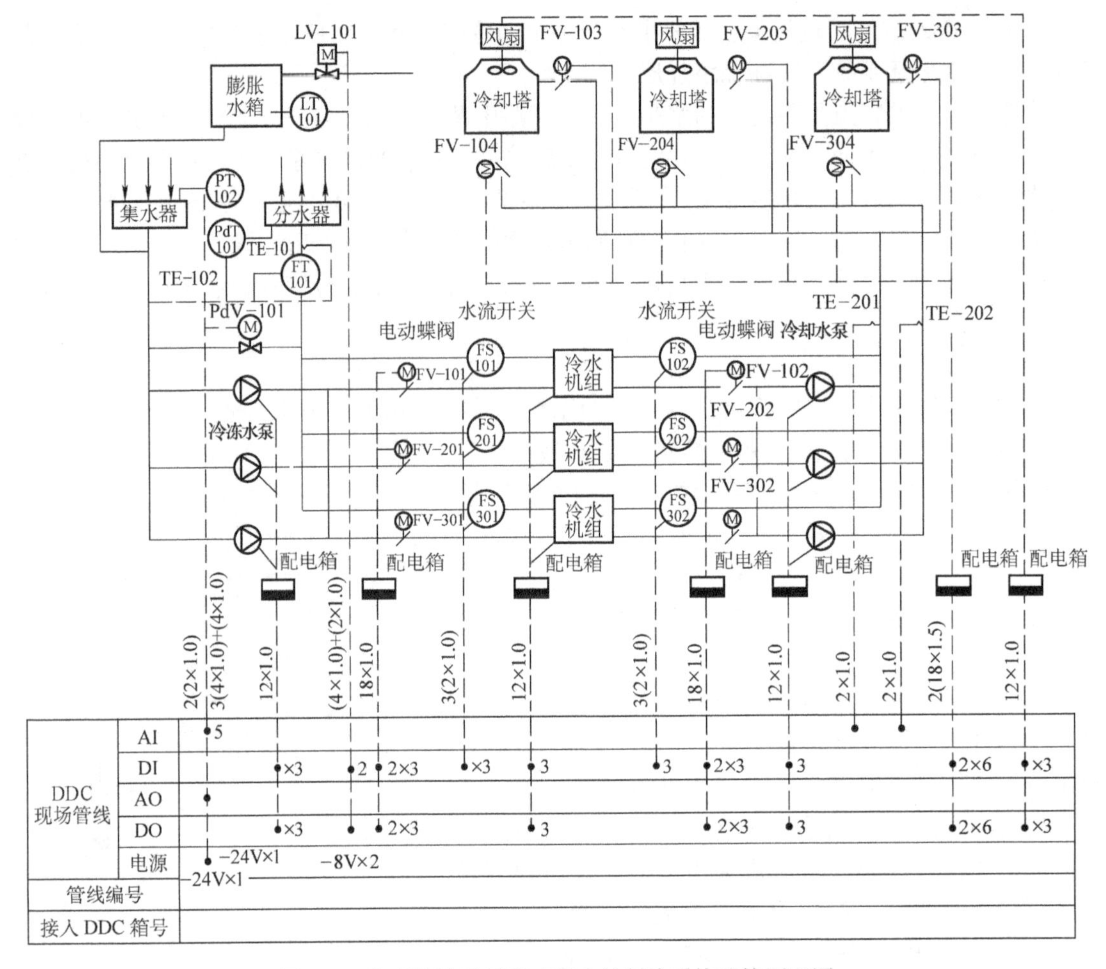

图 8-4　典型的采用压缩式制冷的制冷系统监控原理图

确定空调系统的冷负荷量，并以此数据计算能耗和系统效率。

4）分水器和集水器压力差值（压差）测量。使用压力传感器测量分水器进水口和集水器出水口的压力，或直接使用压差传感器测量这两个水口的压力差，以供/回水压差数据作为控制调节压差旁通阀的开度依据。

5）冷水机组运行状态和故障监测。

6）冷冻水循环泵运行状态监测。

2. 制冷系统的运行控制

（1）冷水机组的联锁控制　为使冷水机组运行正常和系统安全，通过编制程序，严格按照各设备起/停顺序的工艺流程要求运行。冷水机组的起动、停止与辅助设备的起/停控制须满足工艺流程要求的逻辑联锁关系。

冷水机组的起动流程为：冷却塔风机起动→冷却水泵起动→冷冻水泵起动→冷水机组起动。

冷水机组的停机流程为：冷水机组停机→冷冻水泵停机→冷却水泵停机→冷却塔风机停机。

冷水机组的起动与停机流程正好相反，冷水机组具有自锁保护功能。冷水机组通过水流开关监测冷却水和冷冻水回路的水流状态，如果正常，则解除自锁，允许冷水机组正常起/停。

（2）备用切换与均衡运行控制　制冷站水系统中的若干设备采用互为备用方式运行，如果正在工作的设备出现故障，首先将故障设备切离，再将备用设备投入运行。

为使设备和系统处于高效率的工作状态，并有较长的使用寿命，就要使设备做到均衡运行，即互为备用的设备实际运行累积时间要保持基本均衡，每次启动系统时，应先起动累积运行小时数少的设备，并具备为均衡运行进行自动切换的能力，这就要求控制系统对互为备用的设备有累计运行时间统计、记录和存储的功能，并能进行均衡运行的自动调节。

（3）冷水机组恒流量与空调末端设备变流量运行的差压旁路调节控制　冷水机组设有自动保护装置，当流量过小时，自动停止运行，冷水机组不适宜采用变流量方式。但对于二管制的空调系统，通过调节空调系统末端的两通调节阀，系统末端负荷侧的水流量产生变化。在冷冻水供水、回水总管之间设置旁路，在末端流量发生变化时，调节旁通流量来抵消末端流量的改变对冷水机组侧冷冻水流量的影响。旁路主要由旁路电动两通阀及压差控制器组成。通过测量冷冻水供回水间的压力差来控制冷冻水供水、回水之间旁路电动两通阀的开度，使冷冻水供、回水之间的压力差保持常量，来达到冷水机组侧的恒流量方式，这种方式叫差压旁路控制。差压旁路调节是两管制空调水系统必须配备的环节。

（4）两级冷冻水泵协调控制　如果冷冻水回路是采用一级循环泵的系统，一般使用差压旁路调节控制方案来实现冷冻水回路冷水机组一侧的恒流量与空调末端一侧的变流量控制。当空调系统负荷很大，空调系统末端设备数量较多，且设备分布位置分散，冷冻水管路长、管路阻力大时，冷冻水回路就必须采用二级泵才能满足空调系统末端对冷冻水的压力要求。

（5）冷水机组的群控节能　制冷系统由多台冷水机组及辅助设备组成，在设计制冷系统时，一般按最大负荷设计冷水机组的总冷量和冷水机组台数，但实际情况运行一般都与最大负荷情况有较大偏差，对应于不同的以及变化的负荷，通过冷水机组的群控实现节能运行。

1）冷冻水回水温度控制法。冷水机组输出冷冻水温度一般为7℃，冷冻水在空调系统末端负载进行能量交换后，水温上升。回水温度基本反映了系统冷负荷的大小，根据回水温度控制调节冷水机组和冷冻水泵运行台数，实现节能运行。

2）冷量控制法。使用一定的计量手段根据回水温度与流量求出空调系统的实际冷负荷，再选择匹配的制冷机台数的冷冻水泵运行台数投入运行，实现冷水机组的群控和节能。

在根据实际的冷负荷，对投入运行的冷水机组与冷冻水循环水泵的台数进行调节时，还要同时兼顾设备的均衡运行。

（6）膨胀水箱与水箱状态监控　膨胀水箱作为制冷系统中的辅助设备发挥着的作用是：冷冻水管路内的水随温度改变，其体积也产生改变，膨胀水箱与冷冻水管路直接相连，当水体积膨胀增大时，一部分水排入膨胀水箱；当水体积减小时，膨胀水箱中的水可对管路中的水进行补充。

补水箱用来存放经过除盐、除氧处理的冷冻用水，当冷冻水管路中的冷冻水需要补充时，补水泵将补水箱中的存储水泵送入管路。补水箱中设置液位开关对其进行控制，当水位低于下限水位时进行补充，达到上限水位时停止补充，防止渗流。

（7）冷却塔的节能运行控制　冷水机组的冷却用水带走了冷凝器的热量，温度升高至设计温度37℃（从冷水机组出口），送出的高温回水（37℃）在送至冷却塔上部经过喷淋降温冷却后，又重新循环送至冷水机组，这个过程循环往复进行。

来自冷却塔的冷却水进水，设计温度为32℃，经冷却水泵加压送入冷水机组，与冷凝器进行热交换。

为保证冷却水进水和冷却回水具有设计温度，就要通过装置对此进行控制。冷却水进水温度的高低基本反映了冷却塔的冷却效果，用冷却进水温度来控制冷却塔风机（风机工作台数控制或变速控制）以及冷却水泵的运行台数，使冷却塔节能运行。

利用冷却水进水温度控制冷却塔风机运行台数，这一控制过程和冷水机组的控制过程相互独立。如果室外温度较低，从冷却塔流往冷水机组的冷却水经过管道自然冷却，即可满足水温要求，此时就无须起动冷却塔风机，也能达到节能效果。

第三单元　供热系统的监控原理

在供热系统中，蒸汽是常用的空调热源之一，热水是热源中应用最广泛的一种形式，而电热是热源中最方便的一种形式。

供热系统中应用最广泛的传统方法是锅炉供热系统，分热水锅炉和蒸汽锅炉，热交换系统是以热交换器为主要设备，而这种热媒通常是由自备锅炉房或市热力网提供的。

供热系统主要包括热水锅炉房、换热站及供热网。

一、供热锅炉系统的监控原理

供热锅炉房的监控对象可分为燃烧系统及水系统两部分，采用DDC进行监控，并把数据实时地送入中央监控站，根据供热的实际状况控制锅炉及循环泵的开启台数，设定供水温度及循环流量。

1. 锅炉燃烧系统的监控原理

锅炉采用的燃料通常分为燃油、燃气和燃煤几种类型，而燃油、燃气和燃煤锅炉的燃烧过程不同，所以监控过程不同。燃油与燃气锅炉为室燃烧，即燃料随空气流喷入炉室中混合后燃烧；而燃煤锅炉为层燃烧，即燃料被层铺在炉排上进行燃烧。由于室燃烧炉污染小，效率高，且易于实现燃烧调节机械化与自动化，因此，目前民用建筑开始采用燃气、燃油锅炉。

2. 燃气、燃油锅炉燃烧系统的监控原理

为保证燃气、燃油锅炉的安全运行，必须设置油压、气压上下限控制及越限自动报警装置。此外，还应设置熄火保护装置，用于检测火焰是否持续存在。当火焰持续存在时，则熄火保护装置允许燃料连续供应；当火焰熄灭时，熄火保护装置及时报警并自动切断燃料。为保证燃料的经济、可靠，还要设置空气、燃料比的控制，并实时监测加热温度、炉膛压力等参数。

3. 燃煤锅炉燃烧系统的监控原理

燃煤锅炉燃烧系统监控的主要任务是为保证产热与外界负荷相匹配，则要控制风煤比和监测烟气中的含氧量，具体需要监控的内容有如下几种：

1）监测温度信号，它包括排烟温度、炉膛出口温度、省煤器及空气预热器出口温度，

供水温度等。

2）监测压力信号，它包括炉膛、省煤器、空气预热器、除尘器出口烟气压力，一次侧、二次侧风压力，空气预热器前后压差等。

3）监测排烟含氧量信号，它通过监测烟气中的含氧量，反映空气过剩情况，帮助提高燃烧的效率。

4）控制送煤调节机构的速度或位置以达到控制送煤量。

5）控制送风量达到控制风煤比，使燃烧系统保持最佳状态，使燃料充分燃烧，节约能源。

6）自动保护与报警装置，如蒸汽超压保护与报警装置。

4. 锅炉水系统的监控原理

锅炉水系统监控的主要任务有以下几个方面：

（1）系统的安全性　主要保证主循环泵的正常工作及补水泵的及时补水，使锅炉中的循环水不致中断，也不会由于欠压缺水而放空。

（2）计量和统计　测定供回水温度、循环水量和补水流量，从而获得实际供热量和累计补水量等统计信息。

（3）运行工况调整　根据要求改变循环泵运行台数或改变循环泵转速，调整循环流量，以适应供暖负荷的变化，节省电能。

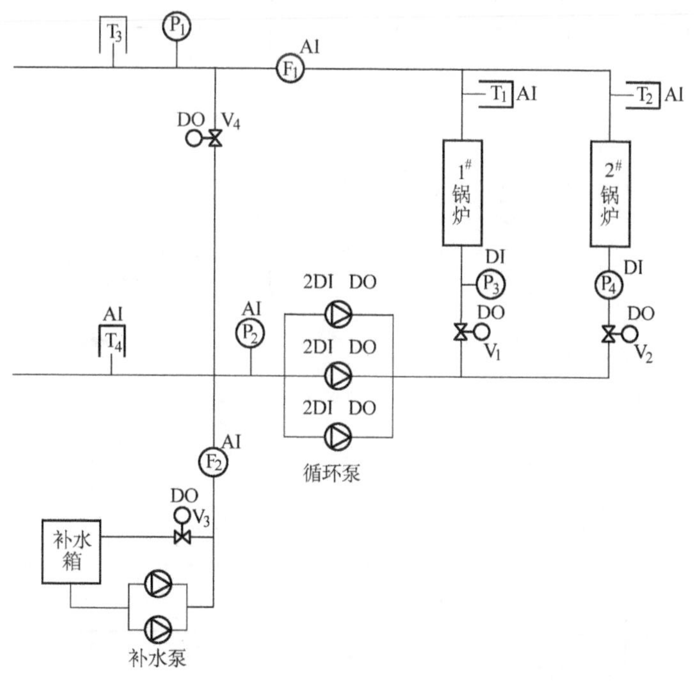

图 8-5　锅炉房水系统监控原理图

图 8-5 所示为 2 台热水锅炉和 3 台循环泵组成的锅炉房水系统监控原理图。图中，温度传感器 T_1、T_2 用来测量热水出口温度，P_3、P_4 是安装于锅炉入口调节阀后的压力传感器，它们与锅炉出口压力传感器 P_1 测量值的差间接反映了两台锅炉间的流量比例，流量通过调节阀 V_1、V_2 进行调节；温度传感器 T_3、T_4 和流量传感器 F_1 构成对热量的测量系统；压力

传感器 P_1、P_2 则用于测量网络的供回水压力；补水泵与压力传感器 P_2、流量传感器 F_2 及旁通调节阀 V_3 构成补水定压调节系统。

二、热交换系统的监控原理

热交换系统以热交换器为主要设备，其作用是供给生活、空调及供暖系统用热水，对这一系统进行监控的主要目的是监测水力工况以保证热水系统的正常循环，控制热交换过程以保证要求的供热水参数。

1. 热量计量系统

图 8-6 所示为热交换系统监控原理图。采用 DDC 进行控制。其中流量传感器 FT01 与温度传感器 TE01、TE02 构成热量计量系统，DDC 装置通过测量这 3 个参数的瞬时值，可以得到每个时刻从供热网输入的热量，再通过软件的累加计算，即可得到每日的总热量及每季度总耗热量。

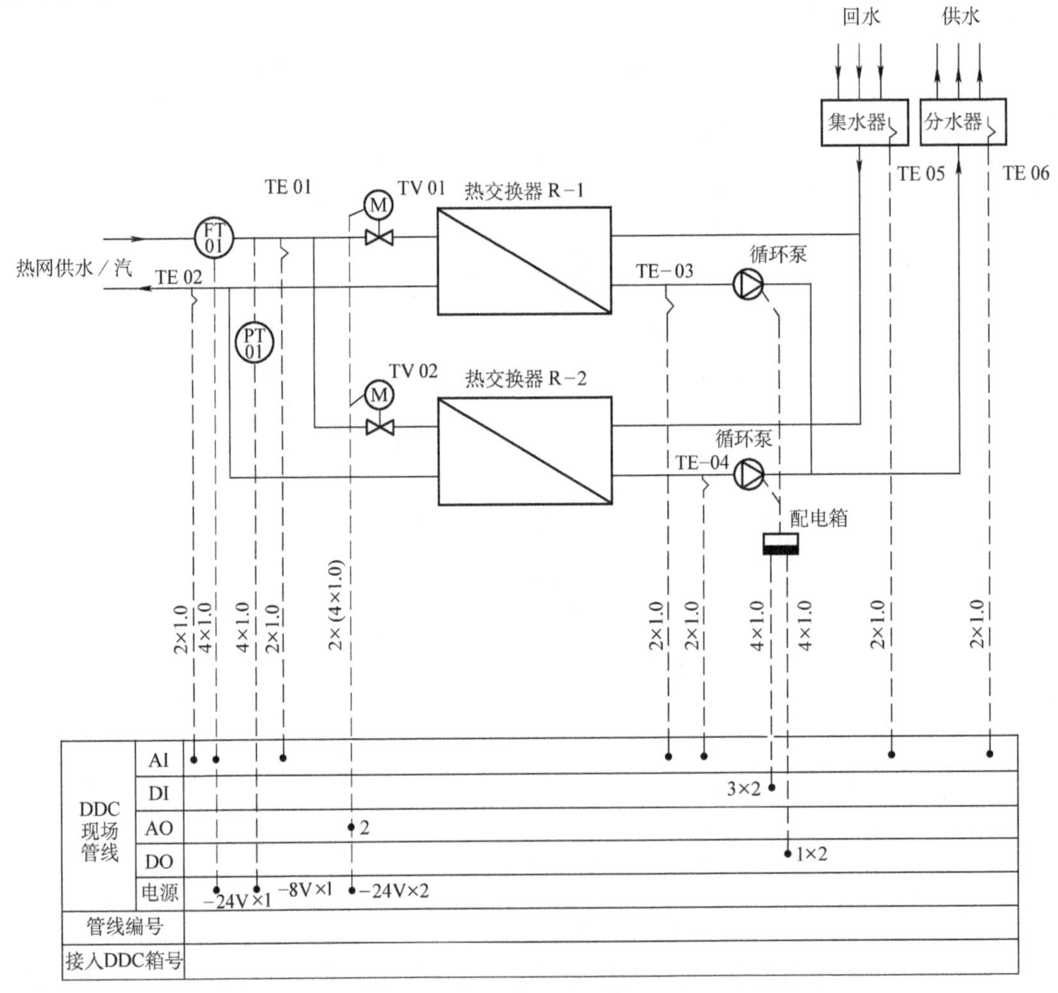

图 8-6　热交换系统监控原理图

2. 压力监测

压力传感器 PT01 用来监测外网压力状况，及时把信号送入到 DDC 中。

3. 热交换器二次侧热水出口温度控制

由温度传感器TE03、TE04监测二次热水出口温度，送入DDC与设定值比较得到偏差，运用PI控制规律进行调节，DDC再输出相应信号，去控制热交换器上一次热水/蒸汽电动调节阀TV01、TV02的阀门开度，调节一次侧热水/蒸汽流量，使二次侧热水出口温度控制在设定范围内，从而保证空调采暖温度。

4. 热水泵控制及联锁

热水泵的起/停由DDC发出信号进行控制，并随时监测其运行状态及故障情况，监测信号实时地送入DDC中，当热水泵停止运行时，一次侧热水/蒸汽电动调节阀自动完全关闭。

5. 工作状态显示与打印

包括二次侧热水出口温度，热水泵起/停状态、故障显示，一次侧热水/蒸汽进出口温度、压力、流量，二次侧热水供、回水温度等，并且累计机组运行时间及用电量。

第四单元　制冷系统监控实训

一、实训目的

1. 熟悉制冷系统中设备的起/停顺序。
2. 掌握开关逻辑几种延时时间的使用。
3. 掌握制冷系统监控原理图与控制器端子接线图的绘制。
4. 掌握时间程序、开关逻辑、控制策略的优先级别高低。
5. 掌握制冷系统监控程序的编译、下载与测试方法。

二、实训设备

1. DDC（如Honeywell Excel 50）。
2. 制冷系统模块或独立的开关元件、电位计、继电器等。
3. 万用表、插接线等。

三、实训要求

某小型冷冻站系统由一台冷水机组、一台冷却塔、一台冷冻水泵、一台冷却水泵、相应的蝶阀、冷却塔风机、冷冻水水流开关、冷却水水流开关、冷却水供回水旁通阀及压差传感器等组成，控制要求如下：

1. 周一至周五8:30开始，各设备按照起动顺序起动，间隔3min。下一个设备起动时，必须确保前一个设备的状态为正常开启。

2. 周一至周五18:30开始，各设备按照停止顺序停止，间隔3min。

3. 冷冻水管压差旁通控制程序。采集到冷冻水泵状态为开的情况下，系统根据冷冻水供回水压力差传感器与压力差设定值（初始值2.0MPa）的偏差动态PID调节电动调节旁通阀的开度。压差传感器属性为0~5MPa/DC 0~10V。

四、实训步骤

1. 绘制制冷系统监测原理图。

2. 采用 CARE 完成制冷系统监测原理图绘制，要求在表格中填写每个信号的用户地址、描述、属性、DDC 端口等信息。

3. 写出制冷系统中各设备的起/停顺序，写出旁通阀的控制，并应用 CARE 软件编写制冷源系统监测程序。

4. 绘制制冷系统与 DDC 连接的硬件接线图。

5. 完成控制器与实训模块的接线。

6. 完成制冷系统监测程序的编译、下载及调试。

五、实训项目单

实训（验）项目单

Training Item

姓名：______ 班级：______ 学号：______ 日期：______年____月____日

项目编号 Item No.	BAS－09	课程名称 Course	楼宇自动化技术	训练对象 Class		学时 Time	
项目名称 Item	制冷系统的监控		成绩				
目的 Objective	1. 熟悉制冷系统中设备的起/停顺序。 2. 掌握开关逻辑几种延时时间的使用。 3. 掌握制冷系统监控原理图与控制器端子接线图的绘制。 4. 掌握时间程序、开关逻辑、控制策略的优先级别高低。 5. 掌握制冷系统监控程序的编译、下载与测试方法。						

一、实训设备

1. DDC（如 Honeywell Excel 50）。
2. 制冷系统模块或独立的开关元件、电位计、继电器等。
3. 万用表、插接线等。

二、实训要求

某小型冷冻站系统由一台冷水机组、一台冷却塔、一台冷冻水泵、一台冷却水泵、相应的蝶阀、冷却塔风机、冷冻水水流开关、冷却水水流开关、冷却水供回水旁通阀及压差传感器等组成，控制要求如下：

1. 周一至周五 8:30 开始，各设备按照起动顺序起动，间隔 3min。下一个设备起动时，必须确保前一个设备的状态为正常开启。

2. 周一至周五 18:30 开始，各设备按照停止顺序停止，间隔 3min。

3. 冷冻水管压差旁通控制程序。采集到冷冻水泵状态为开的情况下，系统根据冷冻水供回水压力差传感器与压力差设定值（初始值 2.0MPa）的偏差动态 PID 调节电动调节旁通阀的开度。压差传感器属性为 0～5MPa/DC 0～10V。

冷冻水压差旁通阀控制编程

冷冻站系统的顺序启停控制编程

三、实训步骤

1. 绘制制冷系统监测原理图。

（续）

2. 采用 CARE 完成制冷系统监测原理图绘制，要求在表格中填写每个信号的用户地址、描述、属性、DDC 端口等信息。

用户地址	描　述	属性	DDC 端口	备　注

3. 写出制冷系统中各设备的起/停顺序，写出旁通阀的控制，并应用 CARE 软件编写制冷系统监测程序。

设备起停顺序　　　　　　　　　　　　　旁通阀的控制

4. 绘制制冷系统与 DDC 连接的硬件接线图。

5. 完成控制器与实训模块的接线。

6. 完成制冷系统监测程序的编译、下载及调试。

四、实训总结（详细描述实训过程，总结操作要领及心得体会）

五、思考题

某冷冻站系统由两台冷水机组、两台冷冻水泵、两台冷却水泵、两台冷却塔设备组成，用文字描述应如何实现该系统的群控控制。

评语：

教师：______年____月____日

模块九

楼宇自动化系统工程实施

楼宇自动化系统（BAS）工程是依据国家智能建筑的相关规范和标准，根据用户的需求及具体情况，结合楼宇自动化技术的发展水平及产品化程度，经过充分的需求分析和市场调研，从而确定建设方案，依据方案有步骤、有计划实施的建设活动。本模块详细介绍遵循国家标准、行业规范的BAS方案设计，严格施工管理的施工组织，严把验收功能的系统调试等，强化培养爱岗敬业、脚踏实地、精益求精的工程思维能力及职业素养。

第一单元　楼宇自动化系统的设计

一、设计步骤

楼宇自动化系统（BAS）设计和其他工程项目设计一样，一般分为方案设计、初步设计和施工设计三个阶段。

1. 方案设计

在方案设计阶段，主要是规划系统的大致功能和主要目标。由于BAS的造价比较高，因而需要考虑它的功效，对BAS的设置要进行比较详细的可行性研究。

（1）可行性研究的内容　可行性研究的内容必须包括：技术上的可行性分析、经济上的可行性分析和管理体制上的可行性分析。

（2）BAS的设置　一般考虑设置BAS的建筑，应该从下列几个方面综合考虑：应是重要的、多功能大型建筑，如机场、城市综合体、办公大楼等；建筑物设置BAS后，照明或空调系统可取得10%～15%以上的节能效果，投资的回收期限小于5年；设备复杂，难以用手工管理或对于消防和安保有较高要求的场所。

2. 初步设计

在初步设计阶段，应提供如下一些资料：

（1）设计说明书

1）说明BAS的功能、系统组成和划分、监控点数。

2）系统网络结构。

3）系统硬件及其组态。

4）系统软件种类及功能。

5）系统供电，包括正常电源和备用电源。

6）线路及其敷设方式。

（2）系统划分　绘制BAS控制原理图、控制点表、平面图、系统图，表明系统划分。

3. 施工设计

施工设计要在选定具体产品后进行，产品的选型要进行招标和调研，施工设计应提供设

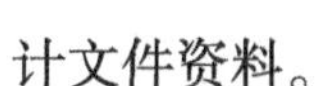

计文件资料。

（1）调研工作

1）充分了解建设单位的需求，特别是要求 BAS 达到的功能。

2）收集现有产品的样本资料，研究其性能特点，观看其演示。

3）进行实地考察，要了解已经安装运行的 BAS 运行情况和经验教训。

4）有关规范对于空调、给水排水、供电、消防和安保各方面的要求。

（2）施工设计应提供的设计文件资料

1）设计说明。

2）设备监控点表。

3）设备控制原理图。

4）控制系统图。

5）中央监控室平面图。

6）主要监控设备平面图，管线平面图。

7）设备材料清单。

4. 设计步骤

一般 BAS 的设计步骤如下：

1）由工程实际情况出发，决定哪些设备的控制纳入 BAS。

2）根据系统大致规模及今后的发展，确定监控中心位置和使用面积。

3）由于 BAS 几乎涉及所有设备工种，因此设计过程中要注意与相关工种密切配合，熟悉其控制范围与要求，确定监控点，在遵守相关工种有关规范基础上共同核定对指定监控点实施监控的技术可行性。

4）绘制设备控制原理图，即按各个控制对象设备的结构和控制内容绘制设备控制原理图。

5）编制设备监控点表。按照各种设备控制目的及要实现的控制功能，编制监控表。

6）结合各设备工种平面图，进行控制分站监控点划分。按照各种设备的控制要求及内容选择控制分站、传感器及执行机构。划分时注意各控制分站的监控点不能过于饱满，应留有 10% 以上的余量。在此基础上，确定系统硬件组态和系统软件。

7）绘制 BAS 图。按照选择的系统绘制建筑设备自动化系统图将各个设备控制系统组成网络。

8）绘制 BAS 平面图。确定控制分站、传感器及执行机构在现场的安装位置，绘制平面图。

9）进行监控中心布置。

二、设备监控表的编制

监控表是在各工种设备选型后，根据控制系统结构图，由 BAS 设计人员与各工种设计人员共同编制的重要表格，它是全部控制对象系统及其所需要的全部监控内容的汇总表，是系统规划与设计意图的集中体现，随后的每一项工作都要以此作为依据。在监控表中，各种设备的监控点信息按照不同的监控点属性进行归纳汇总，从而正确选择相应配置的 DDC，最终形成 DDC 监控表和监控点一览表。

1. 监控点属性的划分

被监控对象系统的各监控点均应明确地进行类型划分。首先，各监控点可划分为模拟输入（AI）、模拟输出（AO）、数字输入（DI）和数字输出（DO）；同时分清各监控点的信号类型（如直流电压、直流电流、常开或常闭触点等）；以上划分是 DDC 选择的依据。此外，根据监控性质，监控点又可划分为如下 3 类：

（1）显示型

1）设备即时运行状态检测与显示（包括单检、单显和巡检、连显），包括模拟量数值显示及开关量状态显示。

2）报警状态检测与显示，包括运行参数越限报警，设备运行故障报警及火灾、非法闯入与防盗报警。

3）其他需要进行显示监视的情况。

（2）控制型

1）设备节能运行控制。

2）直接数字控制，包括各种简单的、高级的、优化的、智能的控制算法的选用。

3）设备投运程序控制，包括按日、时、分、秒设置的设备投运/关断的时间程序控制；按工艺要求或能源供给的负荷能力而设置的顺序投运控制及设备起/停的远动控制。

（3）记录型

1）状态检测与汇总表输出，应区分为：只有状态检测，并在状态汇总表上输出；只进行正常或报警检测，并在报警/正常汇总表上输出，以及同时进行状态与是否报警检测，若检测到报警状态，则在上列的两个汇总表上输出。

2）积算记录及报表生成，包括运行趋势记录输出；积算报表形成，包括运行时间积算记录、动作次数积算记录、能耗（电、水、热）记录等；显示监视中发现的有价值的数据与状态的记录及需要的日报、月报表格的生成。

2. 监控表的推荐格式

监控表的格式以简明、清晰为原则，根据选定的建筑物内各类设备的技术性能，有针对性地进行制表。表 9-1、表 9-2 为推荐的参考格式。

所编制的监控表，对于每个监控点应明确列出下列内容：

1）所属设备名称及其编号。

2）监控点的被监控量。

3）监控点所属类型。

在监控表上需经反复规划后列出的内容如下：

1）规划每个分站的监控范围，并赋予分站编号。

2）对于每个对象系统内的设备，赋予为 BAS 所用的系列分组编号。

3）通信系统为多总线系统时，赋予总线通道编号。

4）对于每个监控点赋予点号。

每个点号的确定都应遵守下列主要原则：必须适合计算机处理；是一种系统有序的数字式代码；要有一定的可扩展性；所有点号位数一致；点号由数字 0～9 和非易错英文字母组成。非易错英文字母为 A、B、C、D、E、F、G、H、K、L、M、P、R、V、W、X、Y 共17 个。

表9-1　监控点总表

设　备		数量	DI(数字量输入点)										AI(模拟量输入点)															DO(数字量输出点)					AO(模拟输出)			点数小计
			开关状态	故障报警	超温压报警	过滤网压差	防冻开关	风流开关信号	水流开关	蝶阀状态	送风状态	水/油位高低	照度	送风温度	回风温/湿度	室内 CO_2	室内 CO	室外温/湿度	水/油温度	流量	压力	电流	电压	电度	功率因数	有功功率	频率	风机起动	蝶阀开关	新风阀控制	回风阀控制	开关控制	冷热水阀控制	调节蝶阀控制	热水加热控制	
1. 冷热源设备监控子系统																																				
1	冷水机组																																			
2	冷冻水泵																																			
3	冷却水泵																																			
4	冷却塔																																			
5	膨胀水箱																																			
6	冷冻水压差旁通																																			
7	冷冻水总供水管																																			
8	冷冻水总回水管																																			
9	冷却水总供水管																																			
10	冷却水总回水管																																			
	小计																																			
	合计																																			
2. 新风空调设备监控子系统																																				
1	离心式通风机(－F3)																																			
2	立柜式空调器(－F3)																																			
3	轴流式通风机(－F2)																																			
4	立柜式空调器(－F2)																																			
5	离心式通风机(－F1)																																			
6	立柜式空调器(－F1)																																			
7	新风处理机组(－F1)																																			
8	停车场环境(－F1)																																			
9	风机盘管总控(－F1)																																			
	小计																																			
	合计																																			
	点数总计																																			

表9-2 DDC配置一览表

项目		设备位号	通道号	DI类型				DO类型				AI类型								AO类型					DDC供电电源引自	管线要求			
DDC编号				接点输入	电压输入			接点输出	电压输出			信号类型						供电电源		信号类型			供电电源			导线规格	型号	管线编号	穿管直径
序号	监控点描述						其他				其他	温度	湿度	压力	流量		其他		其他			其他		其他					
1																													
2																													
3																													
4																													
5																													
6																													
7																													
8																													
9																													
10																													
11																													
12																													
13																													
14																													
15																													

小型与较小型系统的点号以 2 位或 4 位为宜；中型与中型以上系统宜采用 3 节、每节 2 位，中间以“：”分开的形式，如“01：02：14”。

3 节 2 位数码的监控点点号的排序方法如图 9-1 所示。

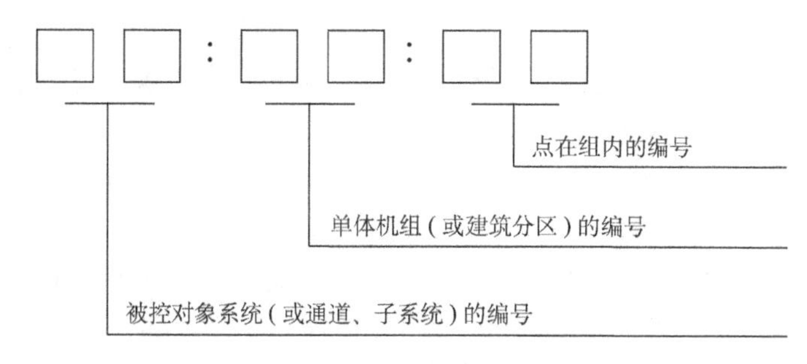

图 9-1　监控点点号的排序方法

第 1 节的 2 位数码在多总线系统中亦可用通道号取代；在含有防火与安保子系统的 BAS 中，第 1 节的 2 位数码亦可用子系统号取代。

当 BAS 设备选型已经初定时，监控表应由设备供货单位提供、BAS 规划设计人填写，但必须注意保证规划功能的完整性和所用术语及符号的准确性。

三、中央站及分站设计

基于集散控制系统（DCS）的 BAS 的典型结构是由中央站和分站两类节点组成的分级分布式系统，具有管理层和自动化层两层结构，如图 9-2 所示。从图中可以看出，BAS 共分两层，上面一层以管理总线组成管理层，下面一层以控制总线组成自动化层。管理层是高速域，信息处理服务于管理决策，制作各种报表，进行趋势记录、耗能分析等；自动化层是低速域，信息处理服务于设备控制，完成各种操作、联动、报警、参数调节等。通常，管理层采用以太网，通信协议是 TCP/IP，速度是 100～1000Mbit/s，自动化层采用总线型网，通信协议是 BACnet，速度是 9.6～100Mbit/s。

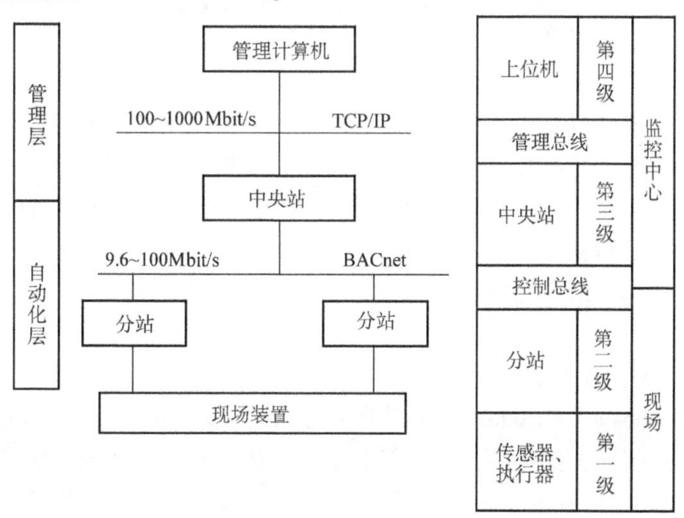

图 9-2　BAS 典型结构图

现场总线控制技术把现场信息模拟量信号（如4～20mA）转变为全数字双向多站的数字通信传输，使BAS的现场装置得以形成数字通信网络。这样，BAS的网络结构便为三层结构，即管理层、自动化层和现场层。

1. 中央站设计

中央站又称为监控中心，一般包括处理机系统、显示设备、操作键盘、打印设备、存储设备，以及一个支撑和固定这些设备的操作台。

（1）处理机系统　中央站功能强、速度快、记录数据量大，因此，对中央站内的处理机系统提出了很高的要求。一般，中央站的处理机系统都采用32位以上的处理机，内存容量最低在8MB以上，目前基本配置是128～256MB。为保证系统的可靠性，不宜选用普通的单台商用个人计算机作为中央管理计算机。目前，通常是从单台工业控制机与双机热备份两种方案中选取一种。选工业控制机作为中央管理计算机时，需根据软件功能的要求配置适当的硬件；选用双机热备份时，由于两台商用计算机同时故障的概率极低，故该系统中的微型计算机允许选用高品质的商用计算机。

（2）外围存储设备　中央站具有很强的历史数据存储功能。许多BAS在网络上专门配备一台或几台历史数据记录仪。一些BAS中央站的主机系统里直接配有1～2个大容量的外围存储设备（如磁盘、磁带机、MO光盘机），容量一般至少在20GB以上。

（3）图形显示设备　中央站的主要显示设备是CRT显示器，但新的图形显示技术也不断被采用。多数的BAS中央站配备有厂家专用的图形显示器，而且一般采用智能的图形控制器，显示器的尺寸可大可小，一般由用户根据需要选择，一般在17～18in（1in＝0.0254m）之间。

（4）操作员键盘和工程师键盘　包括操作员键盘和工程师键盘两种。

1）操作员键盘：当今的BAS的操作员键盘多采用有防水、防尘能力及明显图案（或名称）标志的薄膜键盘。这种键盘从键的分配和布置上充分考虑了操作直观、方便的要求。在键盘内装有电子蜂鸣器，以提示报警信息和操作响应。

2）工程师键盘：BAS的工程师键盘是系统工程师用来编程和组态用的键盘，该键盘通常采用大家熟悉的击打式键盘。

（5）打印输出设备　打印机是BAS中央站不可缺少的外设。一般的BAS要配备两台打印机。一台用于生产记录报表和报警列表的打印，另一台用来复制流程画面或打印报警记录和操作记录。用来打印生产记录报表和报警报表的打印机一般为行式打印机，而用来复制流程画面的打印机则多采用彩色打印机。随着非击打式打印机（如激光打印机、喷墨打印机等）的性能不断提高，价格不断下降，这类打印机在BAS中已被广泛应用，以求得到高清晰度、漂亮美观的打印质量和低噪声、高速度的打印性能。

2. 分站设计

在不同的DCS中，现场控制站的名称各异，例如，过程接口单元（Process Interface Unit）、基本控制器（Basic Controller）、多功能控制器（Multifunction Controller）等，但是所采用的结构形式大致相同，都是由安装在控制机柜内的一些标准化模块组合而成的。现场控制站源于Substation一词，在BAS中称之为分站。若从其具有的功能角度来划分，又可分成功能齐全的现场控制站、仅具有数据采集功能的监测站或仅具有顺序控制功能的顺序控制站等，模块化的结构还允许在上述各种过程站中根据不同的可靠性指标采用冗余结构。对于现场控制站，从 PLC 到单片机组成的小型控制采集装置，从诸如 STD 和工业 PC 等小型工控机到各种 16 位和 32 位总线型工业控制计算机系统等，都是可选的现场控制方案。

在 DCS 中，从各种现场检测仪表（如各种传感器、变送器等）送来的过程信号均由分站进行实时的数据采集、滤波、非线性校正及各种补偿运算、上下限报警及积累量计算等。所有测量值和报警值经通信网络传送到中央站数据库，供实时显示、优化计算、报警打印等。在分站还可完成各种闭环反馈控制、批量控制与顺序控制等功能，并可接收从中央站发来的各种手动操作命令进行手动控制，从而提供了对生产过程的直接调节控制功能。分站的组成如图 9-3 所示。

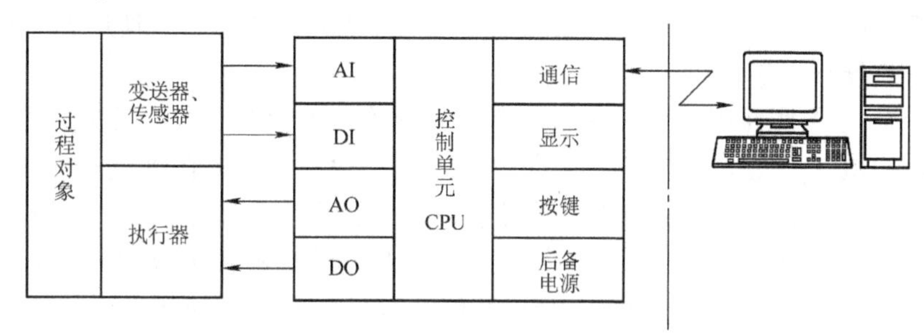

图 9-3　分站组成结构图

分站是一个可独立运行的计算机检测与控制系统。由于它是专为过程测控而设计的通用型设备，因此其机柜、电源、输入/输出通道和控制计算机等与一般的计算机系统相比均有所不同，现分述如下：

（1）机柜　分站的机柜内部均装有多层机架，以供安装电源及各种模件之用。其外壳均采用金属材料（如钢板或铝材）、活动部分（如柜门与机柜主体）之间保证有良好的电气连接，使其能为内部的电子设备提供完整的电磁屏蔽。为保证电磁屏蔽效果，也为了操作人员的安全，机柜还要求可靠接地，接地电阻应不大于 4Ω。

（2）电源　稳定、无干扰的交流供电系统是分站正常工作的重要保证，而要做到这一点，首先需要保证供给分站的交流电源的稳定可靠，一般采用以下几种措施：

1）每一分站均采用两路交流电源供电，且互为备用。

2）如果附近有经常开关的大功率用电设备，应采用超级隔离变压器，将其一次、二次绕组间的屏蔽层可靠接地，很好地隔离共模干扰。

3）若电网的电压波动很严重，应采用交流电子稳压器，以便快速地稳定输入电压。

4）装设不间断供电电源（UPS）。

（3）控制计算机　分站是一个智能化的可独立运行的数据采集与控制系统，它由 CPU、存储器、输入/输出通道等基本部分组成。控制计算机的组成如图 9-4 所示。

1）CPU。DCS 的分站已普遍采用了高性能的 16 位的微处理器，有的已使用了准 32 位或 32 位微处理器，大多为美国摩托罗拉公司的 68000 系列和英特尔公司的 80x86 系列产品。很多系统还配有浮点运算协处理器，因此数据处理能力大大提高，工作周期可缩短到 0.1 ~ 0.2s，并且可执行更为复杂、先进的控制算法，如自整定、预测控制、模糊控制等。

2）存储器。由于控制计算机正常工作时运行的是一套固定的程序，为了工作的安全可靠，大多采用程序固化的办法，不仅将系统启动、自检及基本的 I/O 驱动程序写入 ROM 中，而且还将各种控制、检测功能模块、所有固定参数和系统通信、系统管理模块全部固化，因

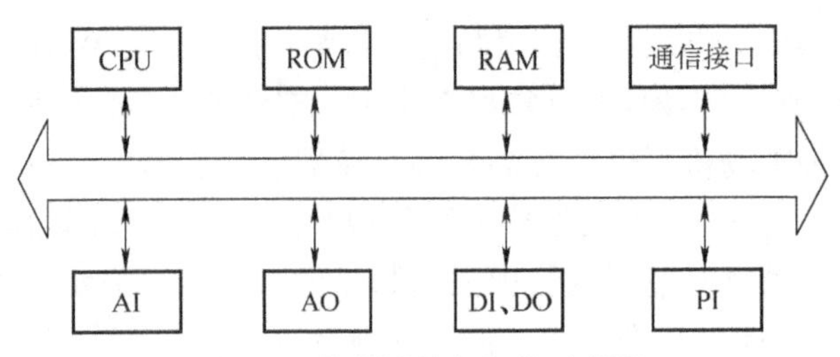

图9-4　控制计算机组成示意图

此在控制计算机的存储器中，ROM占有较大的比例，一般有数十兆字节。有的系统将用户组态的应用程序也固化在ROM中，只要一通电，分站就可正常运行，使用更加方便、可靠，但修改组态时要复杂一些。

3）BUS。DCS中所使用的总线一般采用最流行的几种微机总线，常见的有英特尔公司的多总线MULTIBUS、EOROCARD标准的VME总线，这些都是支持多主CPU的16/32位总线。VME总线采用了针式插座，抗振动等性能更好，更适合在恶劣环境中使用。

4）I/O通道。在DCS中，种类最多、数量最大的就是各种I/O接口模块。从广义上讲，分站计算机的I/O接口亦应包括它与局域网的接口以及它与现场总线（Fieldbus）网络的接口。局域网连接着系统内各个中央站与分站，是DCS的中枢，而现场总线则把分站与各种智能化调节器、变送器等在线仪表以及PLC连接在一起。一般情况下，分散控制系统中过程量I/O通道有模拟量I/O通道（AI、AO）、开关量（或称为数字量）I/O通道（DI、DO）及脉冲量输入通道（PI）几种。

每个分站监控区域的划分应符合下列规定：

1）集中布置的大型设备应规划在一个分站内监控，如果监控点过多，I/O量（包括开关量和模拟量）的总和超过一个分站所允许最大量的80%时，可并列设置两个或两个以上的分站，或在分站之外设置扩展箱。

2）分站对控制对象系统实施直接数字控制时必须满足实时性的要求。一个分站对多个回路实施分时控制时，尤其要考虑数据采集时间、数字滤波时间、控制程序运算及输出时间的综合时间，避免因分时过短而导致失控。

3）每个分站至监控点的最大距离应根据所用传输介质、选定波特率以及芯线截面积等数值按产品规定的最大距离的性能参数确定，并不得超过。

4）分站的监控范围可不受楼层限制，依据平均距离最短的原则设置于监控点附近。但防火分站应按有关消防规范参照防火分区及区域报警器的设置规定确定其监控范围。

所有分站的设置位置应满足下列规定：

1）噪声低、干扰少、环境安静，24h均可接近进行检查和操作（尤其应保证延伸板接入后操作方便）。

2）满足产品自然通风的要求，空气对流路径通畅。

大型和较大型系统的分站，必须满足：

1）将分站设置在其所属受控对象系统的附近，使之成为现场工作站。

2）以一台微型计算机为核心，按规划实现全部监控功能。

3）与中央站之间实现数据通信；分站之间亦应实现直接数据通信。

对于统一管理的建筑群或特大建筑物，当其设备数量极多，而配置又极为分散时，宜采

用多个微型中心站。

中型系统和设备布置分散的较小型系统宜采用分布式监控系统。但当受到投资、使用、维护水平限制时，亦可采用集中式结构。

小型系统和布置比较集中的较小型系统宜采用集中式结构，即仅设一台微型计算机（不设分站）对现场的多种装置实现控制，组成单机多回路系统。

3. 软件设计

BAS 的软件是系统配备的一系列程序的总称，它是计算机应用技术的具体体现。硬件必须与软件结合才能执行监控任务，软件依附于硬件，硬件靠软件发挥作用。对于软件的要求，应当是功能齐全，使计算机操作方便，能充分发挥硬件的作用。分布式系统的分层软件结构如图 9-5 所示。

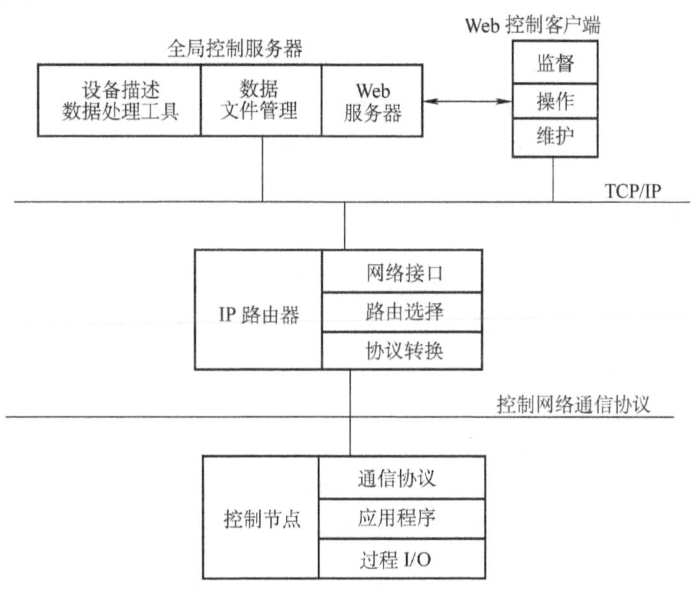

图 9-5 分布式系统的分层软件结构图

分布式系统的软件分 3 层。上层为全局控制服务器和 Web 控制客户端。全局控制服务器的功能包括：Web 服务器、数据文件管理以及对局域控制器的管理等。Web 控制客户端实现控制系统的监控、操作和维护等功能。中层 IP 路由器在逻辑上起网关作用，其功能是网络连接、路由选择和协议转换等。下层是控制节点，其功能是实现现场设备的控制功能和过程 I/O，控制节点接入网络的通信协议。这样做，事实上也就完成了 BAS 的企业网。

BAS 的软件规划、选用、编制与开发，应该注意下列事项：

1）既可用软件也可用硬件实现的监控功能要求，应在进行经济性对比，并确认软件实现更可靠，更节省投资时方可选用软件实现。

2）集中式系统只需配置中央软件，分布式系统需区分中央和分站软件，分别按功能要求仔细规划配置。在不影响系统总体功能的前提下，宜依据“危险分散”的原则进行分散配置，从软件设置上保证分站可不依赖中央软件，能完全独立地完成对所属区域或设备实施控制。

3）软件采用模块化结构，以利于简易、灵活地实现功能扩展。

4）中央和分站软件必须支持：

① 对系统的使用与操作实现有效的身份识别与访问级别管理。

② 系统具有最简易的可操作性。

③ 系统规模的可扩展性和数据的可修改性。

④ 全图形化工具和高级语言进行非标准的应用程序开发。

⑤ 逻辑与物理资源的编程处理可简单地实现：根据点型、对象系统、通信信道、建筑区域等不同组态原则区分的逻辑组进行编程。对中央站、二级分站和远方操作站及其所属外部设备的功能范围进行编程。

⑥ 每个分站均可根据需要读入其他站的共享数据。

5）软件内容的规划与设计宜按系统结构和功能要求，按下列各项进行有层次的规划：系统软件，语言处理软件，应用软件（含应用软件包），故障诊断、系统调试与维护软件，数据库生成与管理软件，通信管理软件。

6）无论何种结构，无论中央站或分站，无论对各类软件按功能要求如何取舍，均应设置完整的系统诊断功能软件，以检查程序错误、计算机故障并指出出错点或故障部位。

7）中央站与分站软件均应提供在不影响系统正常运行条件下，允许操作员或程序员进行操作练习的功能；中央站软件还应提供按分组（或分区）显示的监控点描述短语及操作指示样板的功能。

8）分布式系统的中央站软件至少应包括：系统软件（含网络协议及协议软件、网络操作系统），全图形化工具及语言处理软件，数据通信控制与管理软件，CRT 显示格式及系列标准格式报告软件，标准操作员接口软件，中央日程表软件，时间/事件诱发程序软件，报警处理软件，直接数字控制算法软件包，数据库及数据库管理软件，总体能量管理程序软件，多台外部设备/多控制台支持软件。

9）分布式系统的分站软件至少应包括：系统软件（含监控程序与实时操作系统），通信控制软件，I/O 点处理软件，操作命令的控制软件，报警锁定软件，积算软件，直接数字控制软件，事件启动的诱发软件，节能管理应用程序，一套用户控制与计算用的图形化编程语言及工具。

第二单元　楼宇自动化系统施工组织

一、智能化系统建设的实施模式

建筑智能化工程是一项技术先进、涉及领域广、投资规模大的建设项目，目前主要有以下几种工程实施模式。

1. 工程总承包模式

工程承包商负责所有系统的深化设计、设备供应、管线和设备安装、系统调试、系统集成和工程管理工作，最终提供整个系统的移交和验收。

2. 系统总承包、安装分包模式

工程总承包商负责系统的深化设计、设备供应、系统调试、系统集成和工程管理工作，最终提供整个系统的移交和验收，而其中管线、设备安装由专业安装公司承担。这种模式有助于整个建筑工程（包括土建、其他机电设备安装）的管道、线缆走向的总体布局合理，

便于施工阶段的工程管理和横向协调，但增加了管线、设备安装与系统调试之间的界面，在工程交接过程中，需业主和监理按合同要求和安装规范加以监管和协调。

3. 总包管理、分包实施模式

工程总承包商负责系统深化设计和项目管理，最终完成系统集成，而各子系统设备供应、施工调试由业主直接与分包商签订合同，工程实施由分包商承担，这种承包模式可有效节省项目成本，但由于关系复杂，工作界面划分、工程交接对业主和监理的工程管理能力提出了更高的要求。

4. 全分包实施模式

业主按设计院或系统集成公司的系统设计对所有智能化的子系统按子系统分别实施（有时系统集成也作为一个子系统实施），业主直接与各分包商签定工程承包合同，业主和监理负责对整个工程实施进行协调和管理。这种工程承包模式对业主和监理的技术能力和工程管理经验提出更高的要求，但可降低系统造价，适用于系统规模相对较小的项目。

二、工程施工的准备

工程的施工全过程可分为4个阶段，即施工准备、施工、调试开通和竣工验收。施工准备通常包括技术准备、施工现场准备、物资、机具、劳力准备以及季节施工准备，此外，还有思想工作的准备等。

1. 施工准备

工程实施应具备以下条件：

1）工程实施单位必须持有国家或省级建设行政主管部门颁发的相关系统工程实施或系统集成资质证书。

2）设计文件及施工图样齐全，并已会审批准。实施人员应熟悉有关资料图样，并了解工程情况、实施方案、工艺要求和实施质量标准等。

3）工程实施所必需的设备、器材、辅材、仪器、机械等应能满足连续实施和阶段实施的要求，并在现场开箱检查。

4）新建工程的实施，应与土建工程施工及装饰工程施工协调进行。预埋管线、支撑件，预留孔洞、沟、槽，基础、楼地面工程等均应符合智能化系统设计要求。

5）工程实施区域内应能保证充足的用电量。

2. 学习和掌握有关的规范和标准

主要施工依据为：

1）合同文件及招标文件。

2）施工图样以及有关变更修改洽商、通知。

3）国家和各地区技术质量标准和操作规程。

4）设备材料厂家有关安装使用技术说明书。

工程的施工应严格遵守建筑弱电安装工程施工及验收规范和所在地区的安装工艺标准及当地有关部门的各项规定。与BAS施工相关的国家和地方规范主要有：

《智能建筑设计标准》（GB 50314—2015）

《智能建筑工程质量验收规范》（GB 50339—2013）

《电气装置安装工程　电气设备交接试验标准》（GB 50150—2016）

《电气装置安装工程　低压电器施工及验收规范》（GB 50254—2014）

《电气装置安装工程　电缆线路施工及验收标准》（GB 50168—2018）

《电气装置安装工程　接地装置施工及验收规范》（GB 50169—2016）

《电气装置安装工程　盘、柜及二次回路接线施工及验收规范》（GB 50171—2012）

《自动化仪表工程施工及质量验收规范》（GB 50093—2013）

《民用建筑电气设计规范》（JGJ 16—2008）

《建筑电气工程施工质量验收规范》（GB 50303—2015）

《建筑工程施工质量验收统一标准》（GB 50300—2013）

《高层民用建筑设计防火规范》（GB 50045—1995）

《火灾自动报警系统施工及验收标准》（GB 50166—2019）

工程开工前，必须认真学习并备齐以上技术资料，为工程施工提供正确可靠的施工依据，从而为保证工程质量提供前提。

3. 熟悉和审查图样

设计是龙头，是工程实施的主要环节，尤其是BAS设计涉及专业、工种面较广，因此必须在施工前做好对BAS技术和施工设计的审核，及时发现问题和采取必要的措施，以确保工期和质量，减少返工。确保工程合同中的设备清单、监控点表与施工图三者一致，也就是监控点表的每一个监控点在图样上必须有反映，而且与受控点或监测点接口匹配，其设备数量、型号、规格与图样、设备清单一致，这样才可确保系统在硬件设备上的完整性，保证审核符合接口界面、联动、信息通信、接口技术参数等要求。

4. 确定BAS工程界面并根据工程实施的具体情况及时调整及相互确认

工程界面就是系统之间、设备之间的接口与界面，使其不同系统和产品之间的接口、通信规范化、标准化，以致相互之间能“对话”，或者具有互操作性。工程实施过程包括如下内容：系统设计界面的确定，各子系统设备、材料、软件供应界面的确定，系统的技术接口界面的确认、系统施工界面的确定。

应根据智能建筑设计标准和主要机电设备的性能特点，对上述的工程界面进行修正使其规范化和标准化。在工程实施前期，根据上述规范化的接口与界面要求向其他系统专业、工种提出技术条件并在实施过程中审核复查，在相应的设计和合同中予以明确，以防出现相互推卸责任的情况，确保系统开通。

（1）设计界面　包括BAS与空调、供配电、照明设计界面的划分，BAS与火灾、安保、信息传输与联动界面的确定等。

（2）系统技术接口界面　包括各类传感器、执行器与现场控制器分站之间信号与逻辑的匹配；BAS与受控设备之间进行信息交换的通信方式确定，包括它们之间的通信协议、传输速率、数据格式，各子系统之间联动控制信号的匹配等，具体有：

1）数据信息、各计算机设备之间数据传输协议、传输速率及其格式。

2）控制及监视信号，即AO、AI、DO、DI及脉冲与逻辑信号等的量程、触点容量方面的匹配。

3）其他受BAS专业控制的各类设备的主要技术参数与BAS提供设备的主要技术参数之间的匹配，例如空调系统中的各类风门所要求的力矩和传动方式，必须与BAS所提供的风门执行器的力矩和传动方式相匹配等。

(3) 设备、材料、软件供应界面　各子系统接口界面的设备包括各类传感器、阀门、风门执行机构、通信接口板、继电器柜等。材料的接口界面主要是各类通信电缆及各子系统之间数据传输介质等。设备与材料界面的具体划分如下所述:

1) 冷热源及空调系统。

① 在空调系统的管路系统中，受 BAS 监测控制与调节且由 BAS 供应商提供的设备有：各类阀门、水管温度传感器、压差与压力传感器、压差开关等；空气处理机、新风机中各种传感器、电动调节阀、驱动器、风门驱动器（其尺寸和技术参数必须与选用风门相匹配）；VAV 系统末端装置的 VAV 驱动器和各种传感器；风机盘管的温控器、三速开关、电动阀，电动阀原则上由 BAS 供应，如果风机盘管不受 BAS 控制，也可以由空调系统供应商提供；BAS 至受控设备之间的线槽、电管、电缆、电线材料与空调系统相连的应用软件。

② 空调系统供应商提供的设备：空气处理机、新风机及其各种风门；VAV 系统末端装置及其电加热和加湿设备；变风量空气处理机、新风机的变频、变速设备及其控制系统：如果冷水机组、热泵机组、锅炉设备等以通信方式与 BAS 相连，则应提供上述设备的通信接口卡、通信协议和接口软件。

③ 空调系统的供电及控制设备和二次线路设计必须满足 BAS 提出的监控、状态、报警、参数等要求。

2) 供配电及照明系统。

① BAS 供应商提供的设备和材料：各种电量与非电量传感器；BAS 至各配电柜的线槽、电缆等材料；与供配电、照明相关的应用软件，包括计量、统计软件；脉冲式电能计量表亦可以由供配电供应商提供。

② 供配电供应商提供的设备与材料：与各种电量传感器相匹配的 PT、CT 端子；以通信方式与 BAS 相连的配电柜设备，应提供通信卡、通信协议和接口软件；高压开关柜、低压配电箱等设备的二次线路设计必须满足 BAS 提出的监测和运行状态与报警的要求。

3) 热水系统。

① BAS 供应商提供的设备和材料：各种蒸汽、热水、压力、温度、油压、气压等传感器；BAS 至热水系统设备之间的线槽、电管、电缆等材料；与热水系统相连的应用软件。

② 热水系统供应商提供的设备：以通信方式与 BAS 相连的热水系统，必须提供满足 BAS 监测与控制要求的通信卡、通信协议和接口软件；提供 BAS 监测要求的信号。

③ 热水系统的供电及二次线路的设计必须满足 BAS 监测、控制的要求。

4) 给水排水系统。

① BAS 供应商提供的设备和材料：各种水箱水池的液位开关或者传感器；BAS 至给水排水系统的线槽、电管、电缆等材料；与给水排水系统相连的应用软件。

② 给水排水系统供应商提供的设备：给水排水系统与 BAS 以通信方式相连，应提供满足监测和控制要求的通信卡、通信协议和接口软件。

③ 给水排水系统的供电设备及二次线路设计必须满足 BAS 的监测和控制要求。

在工程实施过程中，尤其在商务合同阶段，必须明确各子系统的供应商在这些方面的供应范围，以避免在系统调试过程中这些子系统之间和子系统与其他专业之间形成硬、软件方面的缺口，影响系统集成。

(4) 施工界面的确定　由于各子系统的承包商承接的工程不同，其相互间的施工范围、界面必须确定，尤其是管线施工和接线的范围，以及工序和工种之间的质量控制界面等。

5. 确定各类传感器和执行机构的安装位置

由于这类设备的安装位置将直接影响系统的性能，采样数据是否正确会影响系统的测试精度和系统的可靠运行等，故必须在制造商和设计专业人员专业工程师指导下进行，以确保系统正常开通与运行。

三、系统调试

1. 工程调试程序

BAS 调试应根据相关的规范、设计要求和工程合同规定编制调试大纲，按调试大纲的要求进行调试，并根据各种测试报告和施工记录按施工验收规范进行验收。调试大纲应包括调试程序、方法、测试项目、手段、仪器设备和测试要求或标准等。在完成上述要求的基础上进行系统验收并在运行一段时期的基础上进行系统的评估，调试程序如图 9-6 所示。

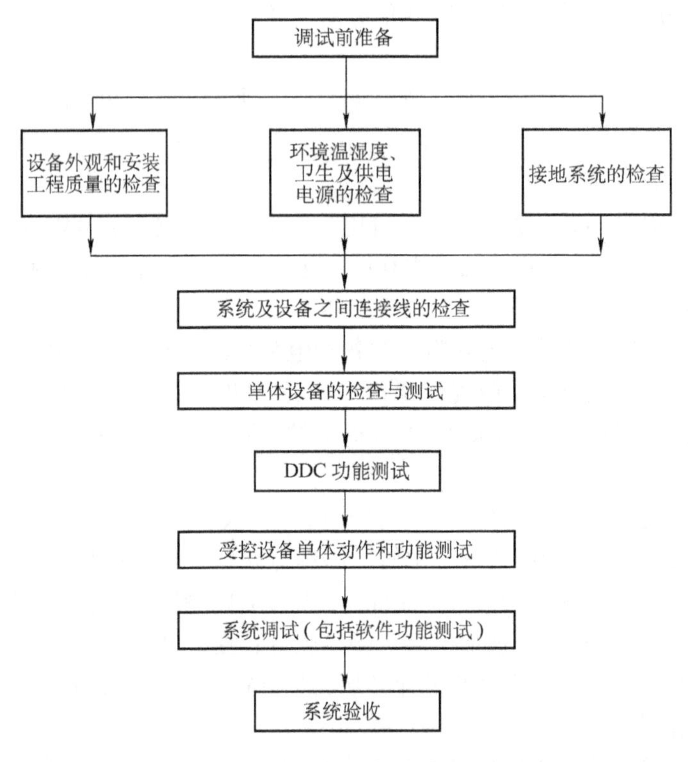

图 9-6　BAS 调试程序图

2. 空调系统单体设备的调试

（1）新风机（二管制）单体设备调试

1）检查新风机控制柜的全部电气元器件有无损坏，内部与外部接线是否正确无误，严防强电电源串入分站，如需 24V 交流电，则应确认接线正确，无短路故障。

2）按监控点表的要求，检查装在新风机上的温/湿度传感器、电动阀、风阀、压差开关等设备的位置、接线是否正确，输入、输出信号的类型、量程是否和设计相一致。

3）在手动位置确认风机在非 BAS 受控状态下已运行正常。

4）确认分站控制器和 I/O 模块的地址码设置是否正确。

5）确认分站送电并接通主电源开关后，观察分站和各元件状态是否正常。

6）用便携式计算机检测所有模拟量输入点的送风温度和风压值，并核对其数值是否正确。记录所有开关量输入点（风压开关和防冻开关等）的工作状态是否正常。检测所有的开关量输出点，确认相关的风机、风门、阀门等工作是否正常。检测所有模拟量输出点的输出信号，确认相关的电动阀（冷/热水调节阀）的工作是否正常及其位置调节是否跟随变化。

7）起动新风机，新风阀门应联锁打开，送风湿度调节控制应投入运行。

8）模拟送风温度大于送风温度设定值（一般为3℃左右），这时热水调节阀应逐渐减小，开度直至全部关闭（冬天工况）；或者冷水调节阀逐渐加大，开度直至全部打开（夏天工况）。模拟送风温度小于送风温度设定值（一般为3℃左右）时，确认其冷/热水调节阀的运行工况与上述完全相反。

9）进行湿度调节，使模拟送风湿度小于送风湿度设定值，这时加湿器应按预定要求投入工作，并且使送风湿度趋于设定值。

10）如新风机是变频调速或高、中、低三速控制时，则应模拟变化风压测量值或其他工艺要求，确认风机转速能相应改变或切换到测量值或稳定在设计值，风机转速这时应稳定在某一点上，并按设计和产品说明书的要求记录30%、50%、90%风机速度时高、中、低三速相对应的风压或风量。

11）新风机停止运转，新风门、冷/热水调节阀、加湿器等应回到全关闭位置。

12）确认按设计图样、设备供应商的技术资料、软件功能和调试大纲规定的其他功能和联锁、联动的要求。

13）单体调试完成后，应按工艺和设计要求在系统中设定其送风湿度、湿度和风压的初始状态。

（2）空气处理机（二管制）单体设备调试

1）按上述新风机单体设备调试要求中1）~6）项的要求完成测试、检查与确认。

2）起动空气处理机时，新风风门、回风风门、排风风门等应联锁打开，各种调节控制应投入工作。

3）按新风机单体设备调试要求中8）~10）的要求完成测试、检查与确认。

4）空气处理机起动后，回风温度应随着回风温度设定值的改变而变化，在经过一定时间后应能稳定在回风温度设定值附近。如果回风温度跟踪设定值的速度太慢，可以适当提高 PID 调节的比例放大作用；如果系统稳定后回风温度和设定值的偏差较大，可以适当提高 PID 调节的积分作用；如果回风温度在设定值上下明显地作周期性波动，其偏差超过范围，则应先降低或取消微分作用，再降低比例放大作用，直到系统稳定为止。PID 参数设置的原则是：首先保证系统稳定，其次满足基本的精度要求，各项参数设置不宜过分，应避免系统振荡，并有一定余量。当系统经调试不能稳定时，应考虑有关的机械或电气装置中是否存在妨碍系统稳定的因素，做仔细检查并排除这样的干扰。

5）如果空气处理机是双环控制，那么内环以送风温度作为反馈值，外环以回风温度作为反馈值，以外环的调节控制输出作为内环的送风温度设定值。一般内环为 PI 调节，不设置微分参数。

6）空气处理机停止运转时，新风风门、排风风门、回风风门、冷/热水调节阀、加湿器等应回到全关闭位置。

7）确认按设计图样、产品供应商的技术资料、软件和调试大纲规定的其他功能以及联锁、联动程序控制的要求。

8）变风量空气处理机应按控制功能变频或分档变速的要求，确认空气处理机的风量、风压，则风机的速度也相应变化。当风压或风量稳定在设计值时，风机速度应稳定在某一点上，并按设计和产品说明书的要求记录30%、50%、90%风机速度时相对应的风压或风量（变频调速）；还应在分档变速时测量其相应的风压与风量。

9）按新风机单体设备调试要求中13）的要求，完成测试、检查和确认。

10）如果需要，应使模拟控制新风风门、排风风门、回风风门的开度限位设置满足空调工艺所提出的百分比要求。

（3）送排风机单体设备调试

1）按新风机单体设备调试要求中1）~6）的要求完成测试、检查与确认。

2）检查送排风机和相关空调设备，按系统设计要求确认其联锁起/停控制是否正常。

3）接通风工艺要求，用软件对各送排风机风量进行组态，确认其设置参数是否正常，以确保风机能正常运行。

4）为了维持室内相对于室外有20Pa的通风要求（按设计要求），先进行变风量新风机的风压控制调试，然后使其室内有一定的正压，进行变速排风机的调试。模拟变化建筑物室内风压测量值，风机转速应能相应改变，当测量值大于设定值时，风机转速应减小；当测量值小于设定值时，风机转速应增大；当测量值稳定在20Pa时，风机转速应稳定在某一点上。

5）变频调速排风机起动后，建筑物室内风压测量值应跟随风压设定值的改变而变化；当风压设定值固定时，经过一定时间后测量值应能稳定在风压设定值的附近。具体按上述空气处理机单体设备调试中4）的方法调试。

（4）空调冷（热）源设备调试

1）按新风机单体设备调试要求中1）~6）的要求完成测试、检查与确认。

2）按设计和产品技术说明书规定，在确认主机、冷冻水泵、冷却水泵、冷却塔、风机、电动蝶阀等相关设备单独运行正常的情况下，在分站侧或主机侧检测该设备的全部AO、AI、DO、DI点，确认其满足设计和监控点表的要求。启动自动控制方式，确认系统各设备按设计和工艺要求的顺序投入运行和关闭自动退出运行这两种方式正常工作。

3）增加或减少空气处理机运行台数，增加其冷热负荷，检验平衡管流量的方向和数值，确认能起动或停止的冷热机组的台数能否满足负荷需要。

4）模拟一台设备故障停运以及整个机组停运，检验系统是否自动起动一个预定的机组投入运行。

5）按设计和产品技术说明规定，模拟冷却水温度的变化，确认冷却水温度旁通控制和冷却塔风机高、低速控制的功能，并检查旁通阀动作方向是否正确。

（5）VAV系统末端装置单体调试

1）VAV系统末端装置单体检测的项目和要求应按设计和产品供应商说明书的要求进行。

2）VAV系统末端装置通常应进行如下检查与测试：

① 按设计图样要求检查 VAV 系统末端装置、VAV 控制器、传感器、阀门、风门等设备的安装就位和 VAV 控制器电源、风门和阀门的电源是否正确。

② 按设计图样检查 VAV 控制器与 VAV 系统末端装置、上位机之间的连接线（包括各种传感器、阀门、风门等）。

③ 用 VAV 控制器软件检查传感器、执行器工作是否正常。

④ 用 VAV 控制器软件检查风机运行是否正常。

⑤ 测定并记录 VAV 系统末端一次风最大流量、最小流量及二次风流量是否满足设计要求。

⑥ 确认 VAV 控制器与上位机通信是否正常。

（6）风机盘管单体调试

1）检查电动阀门和温度控制器的安装和接线是否正确。

2）确认风机和管路是否已处于正常运行状态。

3）设置风机高、中、低三速和电动开关阀的状态，观察风机和阀门工作是否正常。

4）操作温度控制器的温度设定按钮和模式设定按钮，这时风机盘管的电动阀应有相应的变化。

5）如果风机盘管控制器与分站相连，则应检查主机对全部风机盘管的控制和监测功能（包括设定值修改、温度控制调节和运行参数）。

（7）空调水二次泵及压差旁通调试

1）按上述新风机单体设备调试要求中 1）~6）的要求完成测试、检查与确认。

2）如果压差旁通阀门采用无位置反馈，则应做如下测试：打开调节阀驱动器外罩，观察并记录阀门从全关至全开所需时间和全开到全关所需时间，取此两者较大者作为阀门“全行程时间”参数输入分站输出点数据区。

3）按照原理图和技术说明的内容，进行二次泵压差旁通控制的调试。先在负载侧全开一定数量调节阀，其流量应等于一台二次泵的额定流量，接着起动一台二次泵运行，然后逐个关闭已开的调节阀，检验压差旁通阀门旁路。在上述过程中应同时观察压差测量值是否基本稳定在设定值附近，否则应寻找不稳定的原因并排除之。

4）按照原理图和技术说明的内容，检验二次泵的台数控制程序是否能按预定的要求运行。其中负载侧总流量先按设备工艺参数规定，这个数值可在经过一年的负载高峰期，获得实际峰值后，结合每台二次泵的负荷适当调整。在发生二次泵台数起/停切换时，应注意压差测量值也应基本稳定在设定值附近，否则可适当调整压差旁通控制的 PID 参数，试验是否能缩小压差值的波动。

5）检验系统应具有这样的联锁功能：每当有一次机组在运行，二次泵台数控制便应同时投入运行，只要有二次泵在运行，压差旁通控制便应同时工作。

3. 给水排水系统单体设备的调试

1）检查各类水泵的电气控制柜，按设计监控要求与分站之间的接线是否正确，严防强电窜入分站。

2）按监控点表的要求，检查装于各类水箱、水池的水位传感器或水位开关，以及温度传感器、水量传感器等设备的位置，接线是否正确，其安装是否符合规范的要求。

3）确认各类水泵等受控设备，在手动控制状态下是否运行正常。

4）在分站侧主机或主机侧，按规定的要求检测该设备 AO、AI、DO、DI 点，确认其满足设计、监控点和联动联锁的要求。

4. 变配电照明系统单体设备调试

（1）接线检查

1）按设计图样和变送器接线要求，检查各变送器输入端与强电柜 PT、CT 接线是否正确、量程是否匹配（包括输入阻抗、电压、电流的量程范围）。检查变送器输出端与分站接线是否正确，量程是否匹配。

2）强电柜与分站通信方式检查。按设计图样和通信接口的要求，确认接线是否正确，数据通信协议、格式、传输方式以及速率是否符合设计要求。

（2）系统监控点的测试

1）根据设计图样和系统监控点表的要求，逐点进行测试。

2）模拟量输入信号的精度测试：在变送器输出端测量其输出信号的数值，通过计算与主机 CRT 显示器上显示数值进行比较，其误差应满足设计和产品的技术要求。

3）在确认受 BAS 控制的照明配电箱设备运行正常的情况下，起动顺序、时间或照度控制程序，按照明系统设计和监控要求，按顺序、时间程序或分区方式进行测试。

（3）电能计费测试　按系统设计的要求，启动电能计费测试程序，检查其输出打印报告的数据，用计算方法或用常规电能计量仪表进行比较，其测试数据应满足设计和计量要求。

（4）柴油发电机运行工况的测试

1）确认柴油发电机组及其相应配电柜是否运行正常。

2）确认柴油发电机输出配电柜是否处于断开状态，严禁其输出电压接入正常的供配电回路。模拟启动柴油发电机组起动控制程序，按设计和监控点表的要求确认相应开关设备动作和运行工况是否正常。

5. 电梯系统运行状态的监测

1）按设计和监控点表要求检查分站与电梯控制柜及装于电梯内的读卡机之间的连接线或通信线是否连接正确，确认其相互之间的通信接口、数据传输格式、传输速率等是否满足设计要求。

2）在分站侧或主机侧按规定的要求，检测电梯设备的全部监测点，确认其是否满足设计、监控点表和联动联锁的要求。

6. 基本应用软件设定与确认

（1）确认 BAS 图与实际运行设备是否一致

1）按系统设计要求确认 BAS 中主机、分站、网络控制器、网关等设备运行及故障状态等。

2）按监控点表的要求确认 BAS 各子系统设备的传感器、阀门、执行器等运行状态、报警、控制方式等。

（2）确认 BAS 受控设备的平面图

1）确认 BAS 受控设备的平面位置与实际位置一致。

2）激活 BAS 受控设备的平面位置后，确认其监控点的状态、功能与监控点表的功能是否一致。

3）确认在 CRT 主机侧对现场设备是否可进行手动控制操作。

7. 系统调试

（1）系统的接线检查　按系统设计图样要求，检查主机与网络控制器、网关设备、分站、系统外部设备（包括 UPS 电源、打印设备）、通信接口（包括与其他子系统）之间的连接、传输线型号规格是否正确，通信接口的通信协议、数据传输格式、数据速率等是否符合设计要求。

（2）系统通信检查　主机及其相应设备通电后，启动程序检查主机与本系统其他设备通信是否正常，确认系统内设备无故障。

（3）系统监控性能的测试

1）在主机侧按监控点表和调试大纲的要求，对本系统的 DO、DI、AO、AI 进行抽样测试。

2）系统若有热备份系统，则应确认其中一机处于人为故障状态下，确认其备份系统运行正常并检查运行参数不变，确认现场运行参数不丢失。

3）系统联动功能的测试。

① 本系统与其他子系统采取硬连接方式连接，则按设计要求全部或分类对各监控点进行测试，并确认其功能是否满足设计要求。

② 本系统与其他子系统采取通信方式连接，则按系统集成的要求进行测试。

4）系统功能测试按工程的调试大纲进行。

第三单元　某体育馆楼宇自动化系统设计案例

一、设计依据

1）工程设计图样，包括强电、空调、给排水等专业的施工设计图样（蓝图及电子版）。

2）国家有关规范及行业规定，主要有：

《民用建筑电气设计规范》（JGJ 16—2008）

《智能建筑设计标准》（GB 50314—2015）

《工业建筑供暖通风与空气调节设计规范》（GB 50019—2015）

《建筑给水排水设计标准》（GB 50015—2019）

《供配电系统设计规范》（GB 50052—2009）

《电气装置安装工程　低压电器施工及验收规范》（GB 50254—2014）

3）业主对机电设备控制方案的要求。

4）BAS 厂家的技术资料。

二、设备数量统计

对体育馆内的机电设备的情况仅从业主提供的设计图样中进行设计与统计，以下按各子系统统计其设备数量。

1. 冷热源子系统

冷热源子系统设备数量见表 9-3。

表 9-3　冷热源子系统设备数量

序号	设备名称	数量	说明
1	螺杆式冷水机组	2	位于地下 2 层制冷机房，旁通阀 DN150
2	空调冷冻水泵（DN250）	3	位于地下 2 层制冷机房
3	空调冷却水泵（DN250）	3	位于地下 2 层制冷机房
4	冷却塔	2	位于 1 层，蝶阀 4 台（DN350）
5	膨胀水箱	1	—
6	全热交换器	1	位于 4 层，纳入给水排水子系统

2. 空调、通风系统

（1）地下 3 层　地下 3 层空调、通风系统设备数量见表 9-4。

表 9-4　地下 3 层空调、通风系统设备数量

序号	设备名称	数量	功率/kW	说明
1	排烟轴流式风机	1	2.2	内走廊及辅助用房排烟，由消防系统控制
2	离心式通风机	1	5.5	用于内走廊、练习馆补风
3	离心式通风机	1	3	用于内走廊及辅助用房排风
4	轴流式通风机	2	0.37	防烟楼梯间加压送风，不监控
5	吊顶式通风器	8	0.1	辅助用房，不监控
6	立柜式空调器	1	2.2×3	网球练习馆

（2）地下 2 层　地下 2 层空调、通风系统设备数量见表 9-5。

表 9-5　地下 2 层空调、通风系统设备数量

序号	设备名称	数量	功率/kW	说明
1	排烟轴流式风机	1	7.5	内走廊及辅助用房排烟，由消防系统控制
2	离心式通风机	1	11	内走廊及辅助用房排风
3	轴流式通风机	1	0.025	储油间排风，不监控
4	轴流式通风机	1	1.1	发电机房排风，不监控
5	轴流式通风机	1	3	配电房补风
6	立柜式空调器	1	2.2×3	网球练习馆

（3）地下 1 层　地下 1 层空调、通风系统设备数量见表 9-6。

表 9-6　地下 1 层空调、通风系统设备数量

序号	设备名称	数量	功率/kW	说明
1	吊顶式空调器	2	0.55	记者休息室，不监控，由现场控制
2	立柜式空调器	1	2.2×3	运动员入口
3	吊顶式空调器	1	0.32×2	新闻记者房，不监控，由现场控制
4	卧式风机盘管	13	0.11	辅助用房，由风机盘管控制器监控
		8	0.135	辅助用房，由风机盘管控制器监控
		4	0.09	辅助用房，由风机盘管控制器监控

（续）

序号	设备名称	数量	功率/kW	说明
5	离心式通风机	1	3	训练场
		1	0.55	药检、更衣室，不监控
		1	3	走廊
6	轴流式排烟风机	2	11	训练场，由消防系统控制
7	离心式排烟风机	2	18.5	车库，由消防系统控制
8	轴流式通风机	2	0.37	防烟楼梯间加压送风，不监控
9	吊顶式通风器	2	0.025	卫生间，不监控
		5	0.06	辅助用房，不监控
10	分体空调机	1	12.875	消防控制室，由现场控制
		1	8.36	中央计算机房，由现场控制
11	热水泵	1	3	用于游泳池，位于锅炉房，纳入给排水系统的监控

（4）1层　地上1层空调、通风系统设备数量见表9-7。

表9-7　地上1层空调、通风系统设备数量

序号	设备名称	数量	功率/kW	说明
1	组合式空调器	4	22	主赛场
2	立柜式空调器	1	4×3	售票厅
		2	1.8×3	检录厅、休息厅各1台
		1	1.8	会议室，由现场控制
		1	2.2×2	乒乓球室
3	吊顶式空调器	2	0.32×2	桌球室，不监控
		1	0.25	辅助用房，不监控
4	卧式风机盘管	5	0.09	辅助用房，由风机盘管控制器监控
		17	0.1	辅助用房，由风机盘管控制器监控
		2	0.11	辅助用房，由风机盘管控制器监控
		7	0.18	辅助用房，由风机盘管控制器监控
5	斜流式通风机	1	0.55	辅助用房，不监控
		2	0.37	辅助用房，不监控
6	吊顶式通风器	5	0.025	卫生间，不监控
		18	0.06	辅助用房，不监控
7	排烟轴流式风机	1	11	售票厅，由消防系统控制
		1	3	会议室，由消防系统控制
		2	5.5	休息区、乒乓球室各1台，由消防系统控制

（5）2层　地上2层空调、通风系统设备数量见表9-8。

（6）3层　地上3层空调、通风系统设备数量见表9-9。

（7）4层　地上4层空调、通风系统设备数量见表9-10。

表 9-8　地上 2 层空调、通风系统设备数量

序号	设备名称	数量	功率/kW	说明
1	卧式风机盘管	4	0.065	包厢及其他功能房，由风机盘管控制器监控
		16	0.055	包厢及其他功能房，由风机盘管控制器监控
2	吊顶式通风器	4	0.08	卫生间，不监控

表 9-9　地上 3 层空调、通风系统设备数量

序号	设备名称	数量	功率/kW	说明
1	卧式风机盘管	9	0.18	体育商店及咖啡吧，由风机盘管控制器监控
2	吊顶式通风器	2	0.08	卫生间，不监控

表 9-10　地上 4 层空调、通风系统设备数量

序号	设备名称	数量	功率/kW	说明
1	消防通风器	8	3	主赛场，排风兼排烟，由消防系统控制
2	排烟轴流式风机	1	7.5	游泳馆，排风兼排烟，由消防系统控制
3	立柜式空调器	2	11	游泳馆
		2	2.2×2	大堂
4	吊顶式通风器	2	0.45×2	健身房，不监控
		2	0.08	卫生间，不监控
5	卧式风机盘管	2	0.055	辅助用房，由风机盘管控制器监控
		2	0.07	辅助用房，由风机盘管控制器监控
6	全热交换器	1	11	游泳馆，纳入给水排水子系统

3. 给水排水子系统

给水排水子系统设备数量见表 9-11。

表 9-11　给水排水子系统设备数量

序号	设备名称	数量	说明
1	生活变速泵	4	80DL50－20×2 型 3 台 40DL8－10×4 型 1 台
2	潜水排污泵	8	WQ30－17－3 型 2 台，WQ45－17－5.5 型 3 台，WQ70－12－5.5 型 2 台，WQ15－7－1 型 1 台，自带控制装置
3	燃气热水锅炉	2	热水系统 1 台，游泳池 1 台，提供接口将参数传入 BAS
4	热水储水罐	1	由水循环控制装置监控
5	热水循环泵	3	ISR65－100A 型 1 台，ISR65－125 型 2 台，由水循环控制装置监控
6	热水泵（游泳池）	1	GDD65－20，由水循环控制装置监控
7	泳池循环泵	2	由水循环控制装置监控
8	景池循环泵	2	由水循环控制装置监控
9	室内消火栓加压泵	2	由消防系统控制
10	室内消火栓稳压泵	1	由消防系统控制
11	室外消火栓提升泵	2	由消防系统控制

（续）

序号	设备名称	数量	说明
12	自动喷水加压泵	2	由消防系统控制
13	自动喷水补压泵	1	由消防系统控制
14	生活水箱	1	$100m^3$
15	消防水池	1	$418m^3$，由消防系统控制
16	污水池	1	配2台潜水排污泵
17	集水坑	5	配6台潜水排污泵
18	水体循环泵	2	ISG80－160型，由水循环控制装置监控

4. 变配电子系统

变配电子系统设备数量见表9-12。

表9-12　变配电子系统设备数量

序号	设备名称	数量	说明
1	高压开关柜	5	位于地下2层配电房
2	干式变压器	1	位于地下2层配电房
3	低压固定式开关柜	16	—
4	低压母联柜	1	位于地下2层配电房
5	柴油发电机	1	位于地下2层发电机房，提供接口将参数传入BAS

5. 电梯子系统

电梯子系统设备数量见表9-13。

表9-13　电梯子系统设备数量

序号	设备名称	数量	说明
1	升降电梯	3	地下1～3层使用，提供接口将参数传入BAS

6. 照明子系统

照明设备由智能照明控制系统单独监控，预留与BAS的标准接口。

根据前面设备统计表，设置总数484个监控点，详细分布见表9-14。

三、设计思路

针对体育馆对智能化系统较高要求的特点，所设计的BAS应实用、可靠，又兼具开放性、灵活性，并具有较大的扩充余地。设计中综合考虑投资与收益、长期使用费用与维护成本、实际使用效果与技术的先进性等因素，对系统进行优化设计。

这里选择Honeywell的Excel 5000系统，它能满足业主较高使用要求和管理维护可靠性的需求。

根据前面从设计图样统计出的机电设备数量及分布情况，根据目前所掌握的尽可能多的资料进行系统设计，设备数量和位置与实际情况可能存在一定差异，待工程实施时再作一定调整。届时系统的控制方式相同，只是数量上的微小变化。

BAS控制室设于地下1层自动化监控室内，在地下2层冷冻机房设置1个分控工作站，对冷热水系统进行有效监控。

表 9-14 BAS 点数分布明细

设备		数量	DI(数字量输入点)								AI(模拟量输入点)													DO(数字量输出点)					AO(模拟量输出点)			点数小计
			开关状态	故障报警	超温/压报警	过滤网压差	水流开关	蝶阀状态	送风状态	水/油位高低	送风温度	回风温/湿度	室内CO	室外温/湿度	水/油温度	流量	压力	电流	电压	电度	功率因数	有功功率	频率	风机起动	蝶阀开关	新风阀控制	回风阀控制	开关控制	冷热水阀控制	调节蝶阀控制	热水加热控制	
冷热源设备监控子系统																																
1	冷水机组	2	2	2			4	4																	4			2				18
2	冷冻水泵	3	3	3																								3				9
3	冷却水泵	3	3	3																								3				9
4	冷却塔	2	2	2				4		2															4			2				16
5	膨胀水箱	1								2																						2
6	冷冻水压差旁通	1																														1
7	冷冻水总供水管	1													1		1															2
8	冷冻水总回水管	1													1	1	1															3
9	冷却水总供水管	1													1																	1
10	冷却水总回水管	1													1																	1
	小计	16	10	10			4	8		4					4	1	2								8			10	1			
	合计		36								7													18					1			62

新风空调设备监控子系统																																
1	离心通风机(-F3)	2	2	2																				2								6
2	立柜式空调器(-F3)	1	1	1		1			1		1	2												1			1		1			10
3	离心通风机(-F2)	1	1	1																				1								3
4	轴流通风机(-F2)	1	1	1																				1								3
5	立柜式空调器(-F2)	1	1	1		1			1		1	2												1			1		1			10
6	离心通风机(-F1)	2	2	2																				2								6
7	立柜式空调器(-F1)	1	1	1		1			1		1	2												1			1		1			10
8	新风处理机组(-F1)	1	1	1		1			1		1													1					1			7
9	停车场环境(-F1)	1											1											1					1			3
10	风机盘管总控(-F1)	1																										1				1
11	组合式空调器(F1)	4	4	4		4			4		4	8												4			4		4			40
12	立柜式空调器(F1)	4	4	4		4			4		4	8												4			4		4			40
13	新风处理机组(F1)	1	1	1		1			1		1													1					1			7
14	立柜式空调器(F4)	3	3	3		3			3		3	6												3			3		3			30
15	全热交换器(F4)	1	1	1			1								1											1					1	6
	小计	25	23	23		16	1		16		16	28	1		1									23		1	14	1	17		1	
	合计		79								46													39					18			182
给排水设备监控子系统																																
1	生活变速泵	4	4	4																									4			12
2	燃气热水锅炉	2								4				2		2		2														10
3	生活水箱	1								2																						2
4	污水池	1								1																		2				3
5	集水坑	5								5																						5
	小计	13	4	4						12				2		2		2										2	4			
	合计		20								6													2					4			32

（续）

	设备	数量	DI（数字量输入点）								AI（模拟量输入点）													DO（数字量输出点）					AO（模拟量输出点）			点数小计
			开关状态	故障报警	超温/压报警	过滤网压差	水流开关	蝶阀状态	送风状态	水/油位高低	送风温度	回风温/湿度	室内CO	室外温/湿度	水/油温度	流量	压力	电流	电压	电度	功率因数	有功功率	频率	风机起动	蝶阀开关	新风阀控制	回风阀控制	开关控制	冷热水阀控制	调节蝶阀控制	热水加热控制	
供配电系统																																
1	高压进线柜	1	1	1															3	3	1	1										10
2	高压出线柜	2	2	2															6	6												16
3	干式变压器	1	1		1											1																3
4	低压固定式开关柜	16	16	16															48	48	16	16										160
5	低压母联柜	1	1	1																												2
6	柴油发电机	1	1	1															3	3	1	1	1									11
	小计	22	22	21	1											1			60	60	18	18	1									
	合计		44								158													0					0			202
电梯系统																																
1	电梯状态	3	6																													6
	小计	3	6																													
	合计		6								0													0					0			6
	总计	79	185								217													59					23			484

考虑到馆内需要监控的物理点相对集中在地下2层的冷冻机房、水泵房和变配电房，需要监控的点数较多，为此配置Excel 500大型控制器。Excel 500控制器可以通过LonWorks的技术降低安装成本，降低故障率，设计中采用LON分布式I/O模块（XFL521、XFL522、XFL523、XFL524）分散安装在重要监控现场，使BAS既降低安装成本、降低故障率，又能满足体育馆对BAS的技术要求。

各楼层的空调机、通风机的监控点比较少，也相对分散，与自动化监控机房的距离不会超过500m，则采用Excel 50小型控制器。这里利用Excel 5000系统的灵活性设置了1条C-Bus通信线（在馆内竖向走弱电竖井），将所有现场控制器连接起来。

系统设置有4台Excel 500大型控制器（每台最大128个监控点），8台Excel 50小型控制器（每台最大22个监控点），系统共有582个物理点容量。

考虑到系统将来可能的扩充和升级，在控制器配置时预留了大约36%的物理点（大部分集中在Excel 50），以作BAS修改和扩充时备用。

使用这套BAS可方便地完成体育馆内设备管理作业的大部分工作，给用户提供舒适、安全的环境，在满足用户的各种使用要求的同时，尽量节省能量消耗，从而更好地发挥建筑物的潜能。同时，该套BAS可选配电话遥控功能，有关操作人员可以使用电话遥控空调等BAS所控制的设备。

四、系统组成

BAS设有一个中央控制站，通过1条C-Bus总线将各种功能的控制器与中央工作站相连，完成冷热水系统、空调通风设备、变配电系统、给水排水系统等的监控及电梯、消防系统的监视。现场接有各种探测器、执行器、操作器、电气开关等设备。设计的系统结构如图9-7所示。

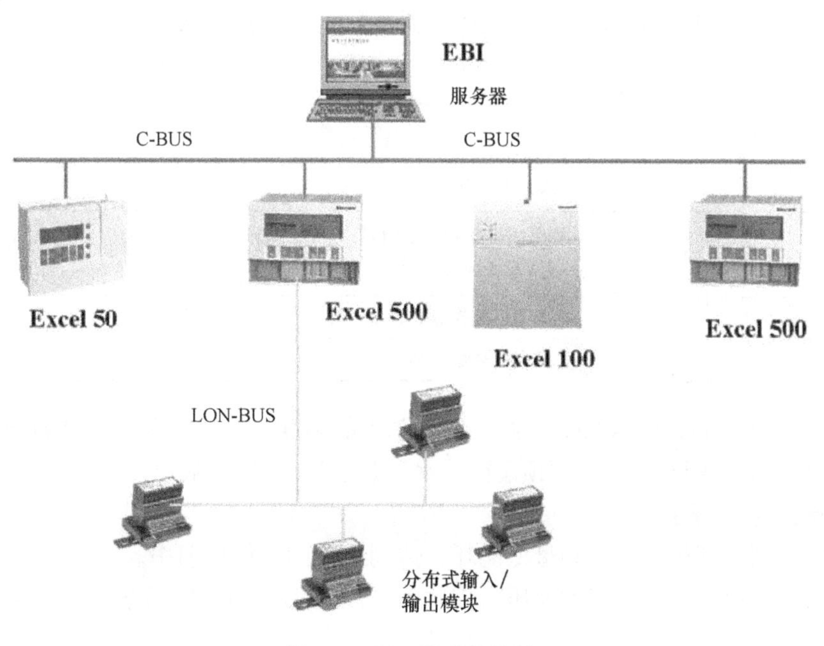

图9-7　BAS组成结构图

(1) EBI服务器（工作站）　服务器设一台监控主机，采用DELL PⅢ计算机，用于调度人员的日常控制、监视和调度管理工作，采集数据的归档、统计、报表管理等。

(2) 直接数字控制器（DDC）　DDC采用Excel 500和Excel 50控制器，它们直接对体育馆冷热水、空调通风、给水排水、变配电、智能照明和电梯等子系统设备进行监视和控制，接收设备的运行状态、故障报警、手/自动状态和传感器信号，进行数据处理后对设备进行自动化管理。直接DDC内部固化了控制程序，当工作站出现故障时，控制器仍然能够独立工作。

(3) 末端传感器、执行器　末端传感器（如温度、温湿度、压力、流量、水位等传感器）检测现场和设备的参数、运行情况，并把数据上传给直接数字控制器进行处理。执行器接收DDC的指令控制各种水阀的动作，使体育馆的环境达到舒适，并适应各种训练、比赛及平时对外营业的要求。

(4) 手提式操作员终端（POT）　BAS配置一个Excel XI582CH手提式操作员终端，用于现场调试、设备维修、设备参数设定等。

五、子系统监控设计

1. 冷热源子系统监控设计

设计中采用DDC的方式采集冷热水系统中的冷水主机、热水机组和空调水泵的各种参数，用网关的方式采集冷冻机组、热水机组的各种参数。在冷冻机组的控制中，系统具有与特灵、约克等著名冷冻机生产厂家产品的接口，它可将机组的内部运行状态、过热报警、防冻报警及机组的内部温度显示在中央站及冷冻机房监控分站上；同样，根据需要采集热水机组的内部参数并显示。

冷热水控制子系统共设置62个监控点，考虑到监控内容的扩充，预留了较多的监控点和可扩展空间，采用1台Excel 500大型控制器，配置的设备见表9-15。

表9-15　冷热源子系统监控点配置

AI	AO	DI	DO	说明
7	1	36	18	点数需求：62
8×1	8×1	12×3	6×4	采用Excel 500控制器1台，共配置1块XFL521、1块XFL522、3块XFL523和4块XFL524
8	8	36	24	控制器可监控点数容量：88点
+1	+7	0	+6	监控点数裕量：26点

系统采用DDC直接采集冷冻水的供/回水总管的温度、流量的参数；监测冷冻水旁通的压差，控制调节旁通阀开度；监测顶层冷冻水膨胀水箱的高/低液位。

程序控制内容如下：

1）程序控制冷冻机组，达到最低能耗，达到最低的主机折旧率。

2）在指定管道位置设置温度及压力传感器，以测量空调水供回水温度，空调水供回水压力。

3）根据程序或体育馆的日程安排自动开关冷冻机组。

4）根据要求自动切换2台机组的运行次序，累计每台机组运行时间，自动选择运行时间最短的机组，使每台机组运行时间基本相等，以延长机组使用寿命。

5）自动监测各关键设备的运行状态、故障报警，并按照程序及实际情况自动起动备用设备。

6）在冷水总供水管和总回水管安装压差传感器，调节电动二通阀压差，使压差保持在设定值，保证冷冻水泵的水流量。

7）根据供/回水温度差来调节冷冻机组的运行台数。负荷 Q 满足

$$Q = CM(T_1 - T_2)$$

式中，T_1 为回水总管温度；T_2 为供水总管温度；M 为回水流量。

当负荷大于一台机组的15%，则第二台机组运行。

中央管理站的功能如下：

1）三维图像显示每台机组及水泵的系统图。

2）显示所有测量点，如温度、流量、压力、压差等动态趋势图。

3）故障报警与所在平面图关联。

4）打印有关故障报警信号。

5）设定模拟信号报警上下限，打印输出。

6）自动记录及打印空调系统负荷，并可根据物业管理部门要求以不同时段累计负荷情况并打印。

2. 空调、通风子系统监控设计

该系统监控点的分布情况见表9-16～表9-21。

表9-16　空调、通风子系统监控点汇总

楼层	AI	AO	DI	DO	小计
-F3	3	1	8	4	16
-F2	3	1	8	4	16
-F1	5	3	12	7	27
F1	25	9	36	17	87
F2	0	0	0	0	0
F3	0	0	0	0	0
F4	10	4	15	7	36
合计	46	18	79	39	182

表9-17　地下3层设备配置

AI	AO	DI	DO	说明
3	1	8	4	点数需求：16
8×1	4×1	4×1	6×1	采用Excel 50控制器1台
8	4	4	6	控制器可监控点数容量：22点
+5	+3	-4	+2	监控点数裕量：6点（将4个DI信号连接到DDC的AI端口）

表 9-18 地下 2 层设备配置

AI	AO	DI	DO	说明
3	1	8	4	点数需求：16
8×1	4×1	4×1	6×1	采用 Excel 50 控制器 1 台
8	4	4	6	控制器可监控点数容量：22 点
+5	+3	-4	+2	监控点数裕量：6 点（将 4 个 DI 信号连接到 DDC 的 AI 端口）

表 9-19 地下 1 层设备配置

AI	AO	DI	DO	说明
5	3	12	7	点数需求：27
8×2	4×2	4×2	6×2	采用 Excel 50 控制器 2 台
16	8	8	12	控制器可监控点数容量：44 点
+11	+5	-4	+5	监控点数裕量：17 点（将 4 个 DI 信号连接到 DDC 的 AI 端口）

表 9-20 地上 1 层设备配置

AI	AO	DI	DO	说明
25	9	36	17	点数需求：87
8×4	8×2	12×3	6×3	采用 Excel 500 控制器 1 台，共配置 4 块 XFL521、2 块 XFL522、3 块 XFL523 和 3 块 XFL524
32	16	36	18	控制器可监控点数容量：102 点
+7	+7	+0	+1	监控点数裕量：15 点

表 9-21 地上 4 层设备配置

AI	AO	DI	DO	说明
10	4	15	7	点数需求：36
8×2	8×1	12×2	6×2	采用 Excel 500 控制器 1 台，共配置 2 块 XFL521、1 块 XFL522、2 块 XFL523 和 2 块 XFL524
16	8	24	12	控制器可监控点数容量：60 点
+6	+4	+9	+5	监控点数裕量：24 点

（1）空气处理机的监控内容

1）室内温度控制：根据回风温度与设定温度差值，对冷水阀开度进行 PID 调节，从而控制回风温度。在夏季工况时，当回风温度升高时，调节水阀开大；当回风温度降低时，调节水阀开小；在冬季工况时，当回风温度升高时，调节水阀关小；当回风温度降低时，调节水阀开大。这样使室温始终控制在设定值范围内。

2）根据室内温度调节新风阀开度。

3）预热控制：机组起动时新风阀关闭，进行预冷/预热。

4）联锁控制：新风阀与回风阀比例调节，并与风机、水阀联锁控制，停风机时自动关闭新风阀和水阀，风机起动前，延时自动打开风阀。同样，防火阀与风机联锁控制。

5）新风阀根据维持最小新风量及新回风的比例进行开度调节。

6）中央对系统中各台设备所控空间的温度进行监测和设定。

7）过滤网的压差报警，提醒清洗过滤网。

8）运行状态及故障状态监测，起/停控制。

9）监测设备的手/自动状态。

10）编制时间程序自动控制风机起/停，并累计运行时间。

11）系统将采集典型室外温湿度参数，供系统作最优起/停控制与焓值控制及其他的节能控制。各空气处理机组的参数设定值由中央站进行设定，由 DDC 自动控制，监控原理图如图 9-8 所示。

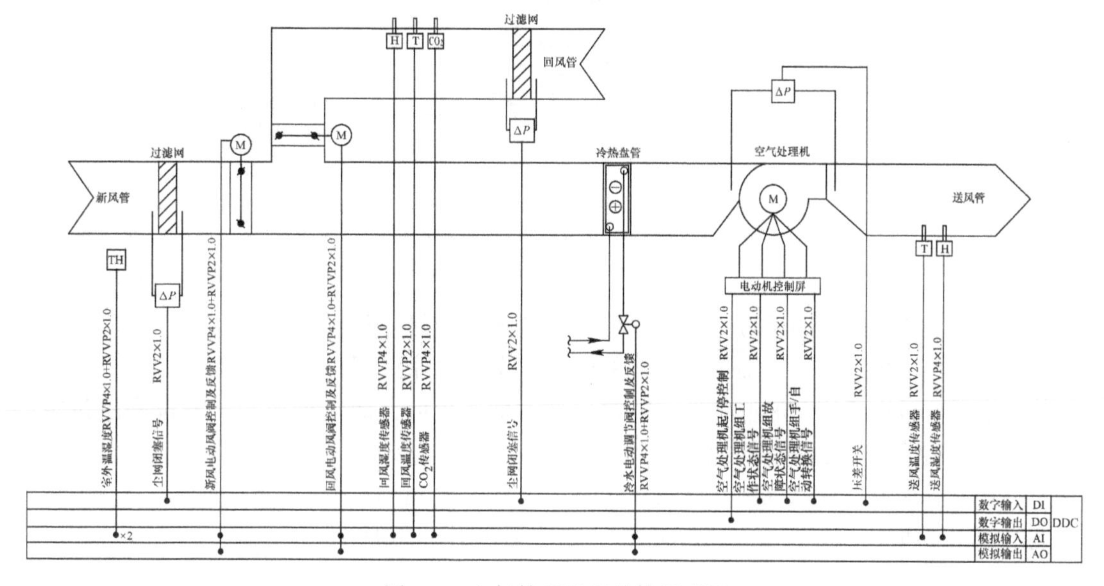

图 9-8　空气处理机组监控原理图

（2）通风机的监控内容　当房内温度升至或高过 28℃时，送、排风机起动。具体功能包括：风机起/停控制、运行状态及故障状态监测，同时累计风机的运行时间。中央站用彩色图形显示上述各参数，记录各参数、状态、报警、起停时间（手动时）、累计时间和其历史参数，通过打印机输出等。通风机监控原理图如图 9-9 所示。

（3）风机盘管监控　对风机盘管的监控采用电磁二通阀加风机盘管温控器独立调节、就地控制，不纳入 BAS。

3. 给水排水子系统监控设计

给水排水子系统共设置 36 个监控点，在地下 2 层水泵房内配置 1 台 Excel 500 控制器。给水排水子系统监控点配置见表 9-22。

表 9-22　给水排水子系统监控点配置

AI	AO	DI	DO	说明
6	0	20	6	点数需求：32
8×1	8×0	12×2	6×2	采用 Excel 500 控制器 1 台，配置 1 块 XFL521、3 块 XFL523 和 2 块 XFL524
8	0	24	12	设备监控点总数：44 点
+2	0	+4	+6	监控点数裕量：12 点

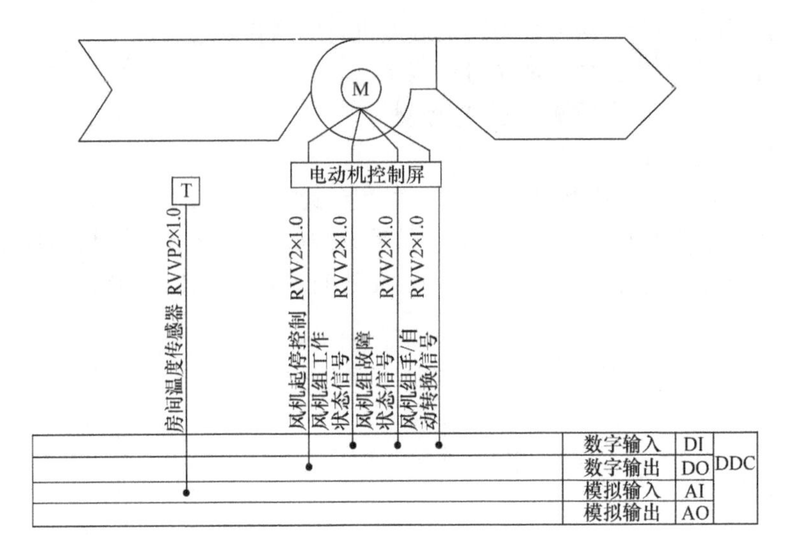

图 9-9　通风机监控原理图

监控内容包括：

1）监测生活变速泵的运行状态、故障报警和水泵的起/停控制。

2）监测燃气热水锅炉、全热交换器的运行状态、故障报警和起/停控制。

3）监测生活水箱的高液位状态，如水位到达低水位时，起动加压泵，液位高于设定的高水位时，水泵停止，如果到达超高液位则报警。

4）监测污水池、集水坑的高低液位状态，如水位到达高水位时，起动排水泵，液位低于设定的低水位时，水泵停止。集水坑控制原理图如图 9-10 所示。

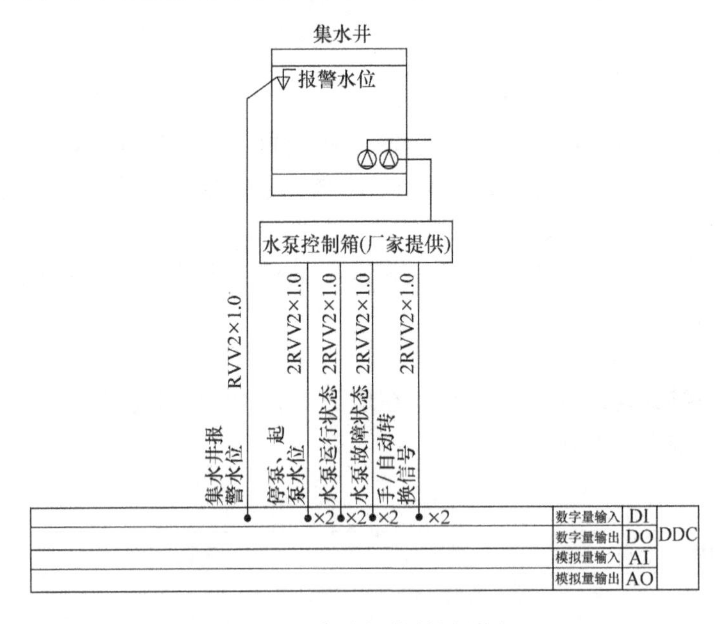

图 9-10　集水坑控制原理图

5）中央站用彩色图形显示上述各参数，记录各参数、状态、报警、起/停时间、累计时间和其历史参数，且可通过打印机输出。

4. 变配电子系统监控设计

变配电子系统共设置205个监控点，采用2台Excel 500大型控制器，见表9-23。

表9-23 变配电子系统监控点配置

AI	AO	DI	DO	说明
158	0	44	0	点数需求：202
8×10×2	8×0×2	12×2×2	6×0×2	采用Excel 500控制器2台，每台配置10块XFL521、2块XFL523
160	0	48	0	设备监控点总数：208点
+2	0	+4	+0	监控点数裕量：6点

5. 电梯子系统监控设计

由电梯供货商提供RS232、RS422或RS485等通用接口及标准通信协议（ModBus或OPC），BAS采集电梯运行、故障等各种参数，对电梯运行进行实时监视，并将电梯运行状态、故障报警及累计运行时间等信息显示在EBI工作站上。采用高级接口集成的方式原理图如图9-11所示。

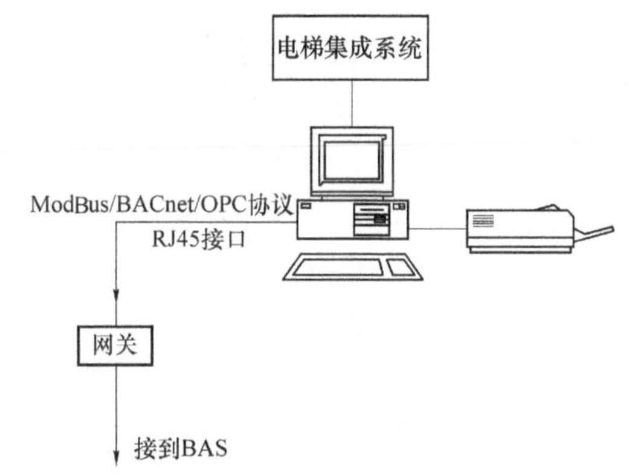

图9-11 电梯集成系统原理图

如果采用硬件连接的方式，电梯控制箱提供表征电梯运行状态、故障等信息的触点信号，BAS设置一台Excel 50小型控制器，见表9-24。

表9-24 电梯子系统监控点配置

AI	AO	DI	DO	说明
0	0	6	0	点数需求：6
8×1	4×1	4×1	6×1	采用Excel 50控制器1台
8	4	8	6	控制器可监控点数容量：26点
+8	+4	-2	+6	监控点数裕量：16点（将2个DI信号连接到DDC的AI端口）

六、楼宇自动化系统图

根据上述各子系统的配置及楼层分布，BAS组成结构如图9-12所示。

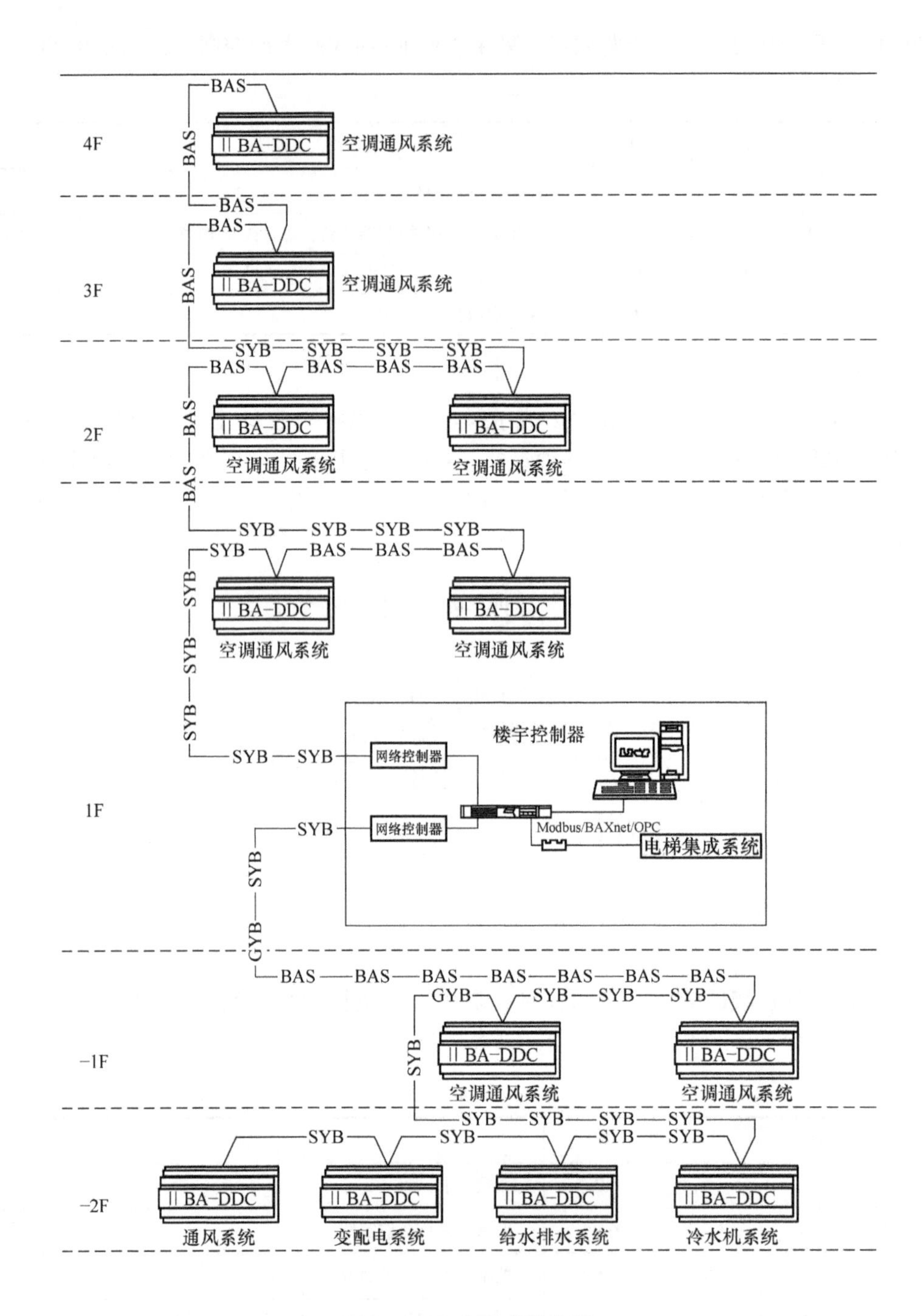

图 9-12　BAS 组成结构图

七、楼宇自动化系统设备材料清单示例

根据上述各子系统的控制器配置及图样的绘制，一套完整的 BAS 的设备材料清单详见表 9-25。

表 9-25 BAS 的设备材料清单

序号	设备名称	规格型号	品牌	数量	单位	备注
一、BAA 工作站						
1	BAS 中央工作站	扬天	Lenovo	1	台	
2	系统软件包	EBI	Honeywell	1	套	含 DDC，电梯通信接口
3	CARE 基本版	CARE	Honeywell	1	套	DDC 编程软件
4	通信适配器	BNA-2C	Honeywell	1	个	
二、DDC						
1	现场控制器	Excel 500				模块化控制器
1.1	CPU 模块	XCL5010	Honeywell	5	个	含电源模块
1.2	数字量输入模块	XFL523B	Honeywell	12	个	12 个 DI 点
1.3	数字量输出模块	XFL524B	Honeywell	11	个	6 个 DO 点
1.4	模拟量输入模块	XFL521B	Honeywell	27	个	8 个 AI 点
1.5	模拟量输出模块	XFL522B	Honeywell	7	个	8 个 AO 点
1.6	模块底座	XSL513	Honeywell	46	个	适用于 AI、AO、DI 模块
1.7	模块底座	XSL514	Honeywell	11	个	适用于 DO 模块
2	现场控制器	Excel 50-MMI-FP	Honeywell	4	个	紧凑型，22 点
3	现场控制器箱	大型	订制	5	个	适用于 Excel 500 控制器
4	现场控制器箱	小型	订制	4	个	适用于 Excel 50 控制器
三、传感器、阀门及执行机构						
1	水管温度传感器	T4-3-5	国产	4	个	供参考
2	水压力传感器	QBE2002-P10	国产	2	个	供参考
3	水流量计	DWM2000	国产	3	个	供参考
4	水流开关	QVE1900	国产	4	个	供参考
5	水液位开关	MAC	国产	12	个	供参考
6	风管式温度传感器	T2-3-5	国产	16	个	供参考
7	压差开关	QBM81-5	国产	16	个	供参考
8	风道温湿度传感器	QFM2160	国产	14	个	供参考
9	三相电压变送器	YDD-3U	国产	20	个	供参考
10	三相电流变送器	YDD-3I	国产	20	个	供参考
11	功率因数变送器	YDD-COS	国产	18	个	供参考
12	有功功率变送器	YDD-PS	国产	18	个	供参考
13	压差旁通阀	DN150		1	套	含执行器
14	电动蝶阀	DN350		4	套	含执行器
四、线缆及辅材						
1	电源线	RVV2×1.5	国产		m	
2	模拟量信号线	RVVP2×1.0	国产		m	
3	数字量信号线	RVV2×1.0	国产		m	
4	通信总线	RVVP2×1.5	国产		m	

第四单元　楼宇自动化系统课程设计

一、设计目的

1. 掌握 BAS 各个子系统的组成、监控内容及监控方法。
2. 熟悉 BAS 组态编程软件使用。
3. 熟悉 BAS 设计流程。
4. 掌握报告的书写方式。
5. 培养学生的社会能力及方法能力。

二、设计说明

1. 每 2 人为一小组，以小组为单位进行课程设计。
2. 自由选择设计对象，但每个小组的设计对象不能相同。
3. 自由选择控制器品牌。

三、设计要求

1. 绘制系统网络图。
2. 绘制设备子系统的监控原理图。
3. 设备子系统的组态编程。
4. 市场调研，确定 DDC 品牌及类型。
5. DDC 系统配置。
6. 设计报告及答辩。

四、设计步骤

1. 社会调研，确定设计对象。
2. 现场勘查所选设计对象，确定所需监控的 BAS。
3. 绘制 BAS 组成结构图。
4. 完成 BAS 各个子系统的原理图绘制。
5. 完成 BAS 各个子系统的控制程序。
6. 确定 DDC 的型号及类型。
7. 将子系统分配到 DDC。
8. 绘制监控点总表及 DDC 配置一览表。
9. 完成一个子系统的下载与调试。
10. 完成设计报告。
11. 以小组为单位在班级答辩、交流。

五、设计项目单

设计项目单

Planning Item

姓名：______ 班级：______ 学号：______ 日期：______年____月____日

<table>
<tr><td>项目编号
Item No.</td><td>BAS-10</td><td>课程名称
Course</td><td>楼宇自动化技术</td><td>训练对象
Class</td><td></td><td>学时
Time</td><td></td></tr>
<tr><td>项目名称
Item</td><td colspan="3">楼宇自动化系统设计</td><td>成绩</td><td colspan="3"></td></tr>
<tr><td>目的
Objective</td><td colspan="7">1. 掌握 BAS 各个子系统的组成、监控内容及监控方法。
2. 熟悉 BAS 组态编程软件使用。
3. 熟悉 BAS 设计流程。
4. 掌握报告的书写方式。
5. 培养学生的社会能力及方法能力。</td></tr>
</table>

一、设计说明

1. 每 2 人为一小组，以小组为单位进行课程设计。
2. 自由选择设计对象，但每个小组的设计对象不能相同。
3. 自由选择控制器品牌。

二、设计要求

1. 绘制系统网络图。
2. 绘制设备子系统的监控原理图。
3. 设备子系统的组态编程。
4. 市场调研，确定 DDC 品牌及类型。
5. DDC 系统配置。
6. 设计报告及答辩。

三、设计步骤

1. 社会调研，确定设计对象。
2. 现场勘查所选设计对象，确定所需监控的 BAS。
3. 绘制 BAS 组成结构图。
4. 完成 BAS 各个子系统的原理图绘制。
5. 完成 BAS 各个子系统的控制程序。
6. 确定 DDC 的型号及类型。
7. 将子系统分配到 DDC。
8. 绘制监控点总表及 DDC 配置一览表。
9. 完成一个子系统的下载与调试。
10. 完成设计报告。
11. 以小组为单位在班级答辩、交流。

四、总结（详细描述系统设计中遇到的问题、解决的方法，总结设计要领及心得体会）

评语：

教师：______年____月____日

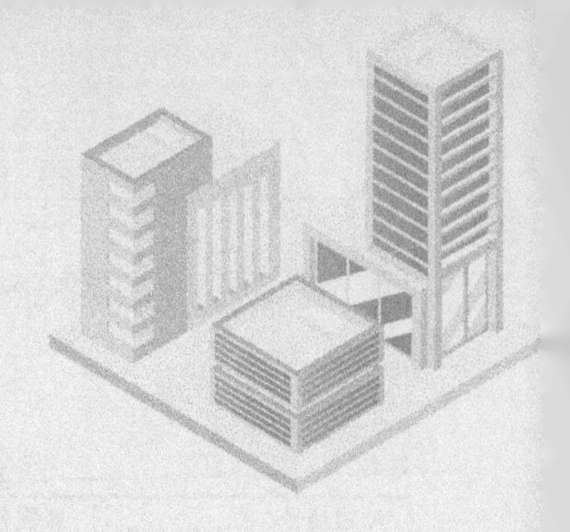

附　录

附录A　常用文字符号

字　母	第一位		后继功能
	被测变量	修饰词（小写）	
A	分析		报警
C			控制，调节
D		差	
E	电压		检测元件
F	流量		
H	手动		
I	电流		指示
J	功率	扫描	
K	时间或时间程序		操作
L	物位		灯
M	湿度		
N	热量		
P	压力或真空		
Q	启动器		积分，累积
R			记录或打印
S	速度或频率		开关或联锁
T	温度		传送
U	多变量		多功能
V			阀，风门，百叶窗
W	重量或力		运算，转换单元，伺服放大
Z	位置		驱动，执行器

附录 B 常用图形符号

图形符号	说明	图形符号	说明	图形符号	说明
	风机	数字符号 数字符号	就地安装仪表	M	电动二通阀
	水泵	数字符号 数字符号	盘面安装仪表	M	电动三通阀
	空气过滤器	数字符号 数字符号	盘内安装仪表	M	电磁阀
S	空气加热冷却器 S = + 为加热 S = − 为冷却	数字符号 数字符号	管道嵌装仪表	M	电动蝶阀
	风门		仪表盘 DDC 站	M	电动风门
	加湿器		热电偶	200×30	电缆桥架 （宽×高）
	水冷机组		热电阻	2010	电缆及编号
	冷却塔		湿度传感器	—	—
	热交换器		节流孔板	—	—
	电气配电，照明箱		一般检测点	—	—

参考文献

[1] 刘占孟，聂发辉，张磊，等．建筑设备 [M]．北京：清华大学出版社，2018.
[2] 李生权，曹晴峰．建筑设备自动化工程 [M]．2 版．北京：中国电力出版社，2018.
[3] 段晨旭．建筑设备自动化系统工程 [M]．北京：机械工业出版社，2016.
[4] 江亿，姜子炎．建筑设备自动化 [M]．2 版．北京：中国建筑工业出版社，2017.
[5] 鲍东杰，刘占孟．建筑设备工程 [M]．北京：科学出版社，2019.